工业和信息化普通高等教育"十三五"规划教材

21 世纪高等学校计算机规划教材

21st Century University Planned Textbooks of Computer Science

计算机基础及应用教程（微课版 第2版）

Tutorial of Computer Foundation and Application

姬广永 王振 孔庆伟 宋姗姗 主编

刘清云 杨春霞 李杰 邢紫阳 刘玉杰 张蕊 袁红芝 副主编

高校系列

人民邮电出版社

北 京

图书在版编目（CIP）数据

计算机基础及应用教程：微课版 / 姬广永等主编
. -- 2版. -- 北京：人民邮电出版社，2018.12（2019.9重印）
21世纪高等学校计算机规划教材. 高校系列
ISBN 978-7-115-50188-2

Ⅰ. ①计… Ⅱ. ①姬… Ⅲ. ①电子计算机－高等学校
－教材 Ⅳ. ①TP3

中国版本图书馆CIP数据核字(2018)第265800号

内 容 提 要

本书从实用的角度出发，注重计算机应用能力的培养，内容通俗易懂、由浅入深、重点突出。全书共 8 章，主要包括信息技术与计算机基础、计算机操作系统、Word 2010 文字处理软件、Excel 2010 电子表格软件、PowerPoint 2010 演示文稿、计算机网络基础和 Internet 应用、网页制作、平面设计等内容。

本书各章节重点内容均配备微课，特别适合于高校作为计算机应用能力培养的基础教程，也可作为计算机爱好者学习计算机基础的参考用书。

◆ 主　　编　姬广永　王　振　孔庆伟　宋姗姗
　副 主 编　刘清云　杨春霞　李　杰　邢紫阳
　　　　　　刘玉杰　张　蕊　袁红芝
　责任编辑　许金霞
　责任印制　彭志环
◆ 人民邮电出版社出版发行　　北京市丰台区成寿寺路 11 号
　邮编　100164　电子邮件　315@ptpress.com.cn
　网址　http://www.ptpress.com.cn
　固安县铭成印刷有限公司印刷
◆ 开本：787×1092　1/16
　印张：17.25　　　　　　　　　2018 年 12 月第 2 版
　字数：454 千字　　　　　　　2019 年 9 月河北第 3 次印刷

定价：49.80 元

读者服务热线：(010)81055256　印装质量热线：(010)81055316
反盗版热线：(010)81055315

前言

随着信息技术的发展，计算机技术的应用日益普及。掌握计算机基础知识和基本技能，已经成为当今社会对人才的基本要求。

本书在保留第 1 版教材特点的基础上，把数据库基础知识融入第 1 章，增加了平面设计相关知识。根据计算机技术的发展和学生的认知特点，对计算机基础的知识点和案例进行了精心的梳理。全书图文并茂、讲解深入浅出。本书为微课版教材，各章节主要内容均配备微课，扫描书中二维码即可观看。

本书作为高校计算机能力培养的基础教材，注重学生计算机应用能力的培养，将理论和实际应用相结合。学生在学习计算机基础知识的基础上，可以掌握计算机的基本操作和利用计算机解决实际问题的能力。

本书内容翔实，语言通俗易懂，案例丰富。其配套教材《计算机基础及应用实验教程》，可以作为学生上机练习或教师上机辅导的参考用书。

本书共分为 8 章，各章节主要内容如下。

第 1 章主要讲解计算机的起源和应用领域，以及计算机系统的组成，详细介绍了信息在计算机中的表示、信息的编码、各种进制之间的转换，简要地介绍了数据库以及计算机安全相关的基本知识。

第 2 章主要讲解 Windows 7 操作系统的基本知识和各种操作，包括文件和文件夹的基础知识、Windows 7 的菜单、窗口对话框等内容，简要地介绍了 Windows 7 日常使用、个性化设置、文件管理、网络连接的设置，以及 Windows 7 的一些特殊功能和快捷键的使用。

第 3 章主要讲解 Word 2010 文字处理软件的基本使用方法，包括 Word 2010 的基本操作、文档的编辑、文档的排版、表格的编辑，并简要介绍了文档的审阅和打印操作等其他高级功能。

第 4 章主要讲解 Excel 2010 的基本概念、基本知识和常用操作，包括 Excel 2010 的编辑、公式与函数的使用以及数据表格化的管理，并详细介绍数据管理操作，包括数据的排序、筛选和分类汇总，简要地介绍页面的设置与打印。

第 5 章主要讲解 PowerPoint 2010 幻灯片的基本操作、演示文稿的放映，详细介绍在幻灯片中添加各种对象及其动画设置、插入多媒体，简要介绍演示文稿的母版设置、幻灯片的放映、排练计时等操作。

第 6 章主要讲解计算机网络拓扑结构、计算机网络的组成与分类、网络的标准化以及网络传输介质、IP 地址的组成与分类，简要介绍计算机网络的形成与发展、Internet 的特点与发展、Internet 的相关应用以及企业内联网的相关情况。

第 7 章主要讲解网页制作的基本概念、常用工具、网站制作流程和 HTML 语言，简要地介绍网页制作工具软件 Dreamweaver CS6 和使用其制作网页的方法。

第 8 章主要讲解图像相关的基本概念、Photoshop CS6 的工作环境以及使用 Photoshop 对图像文件的各种操作，包括图层、钢笔工具和路径、蒙版的应用等。

　　教材建设是学校教学工作的重要组成部分，是一项长期的系统工程。由于编者水平有限，书中难免有不妥之处，敬请广大读者批评指正。

　　本书提供电子课件及相关教学资源，可登录人邮教育社区免费下载使用。在使用本书的过程中，读者如有问题或建议请发送电子邮件至 admin@mobile521.com 。

编　者

2018 年 10 月

目　录

第1章
信息技术与计算机基础

电子计算机的出现是 20 世纪人类最伟大的发明之一，它的出现使人类迅速进入了信息时代，计算机以其卓越的性能和强大的生命力，在科学技术、国民经济、社会生活等各个方面得到了广泛的应用，它极大地促进了生产力的发展和社会的进步，也由此产生了第五次技术革命和工业 4.0。

我们在信息时代，必须要掌握一定的计算机基础知识、具备一定的计算机应用能力，才能跟上时代的步伐。

本章主要介绍计算机的起源、计算机的发展过程、计算机的特点、计算机的应用领域以及计算机的发展趋势。

本章要点：

- 了解计算机的起源、发展、特点、应用领域
- 掌握计算机中信息的表示和存储
- 掌握信息、信息技术、信息安全的基本概念
- 掌握计算机系统主要组成部件以及部件之间的组装连接
- 了解信息安全的常用技术
- 掌握数据库、关系数据库的基本概念

1.1 计算机概述

进入了 21 世纪，人类享受着第五次技术革命带来的幸福时光，以移动互联网、云计算、大数据、物联网、智能化制造和绿色能源等为标志的新一代信息技术，正以前所未有的广度和深度，影响和渗透着经济、社会和生活，以前所未有的深度和力度，推动着资源配置方式、生产方式、组织方式和经济发展模式的变革，它使世界正在进入以信息产业为主导的新经济发展时期，它使人类社会即将进入以"大化学""新生命""大智慧"和物理科学为标志的互联网经济时代，即第六次技术革命。

1.1.1 计算机的诞生与发展

电子计算机（Computer），简称为"计算机"，是一种能存储程序和数据，并按照预定的程序，自动、高效地完成各种数字化信息处理的电子设备。其存储性，是计算机自动进行运算的前提和基础。

1. 计算机的诞生

世界上第一台真正意义上的电子计算机为 ENIAC（Electronic Numerical Integrator And Calculator），是美国国防部为了完成弹道轨迹的复杂计算，出资 48 万美元于 1946 年 2 月在美国的宾夕法尼亚大学研制成功的。ENIAC 长 30.48 米，宽 1 米，体积庞大，占地面积 170 平方米，约相当于 10 间普通房间的大小，重达 30 吨，由 18800 个真空管耗电 150 千瓦/时，运算速度每秒执行 5000 次加法或 400 次乘法，是继电器计算机的 1000 倍、手工计算的 20 万倍。这台计算机成本很高，使用不便，如图 1-1 所示。

图 1-1　ENIAC

ENIAC 虽然有很多缺点，如体积庞大、耗电惊人，但它比当时已有的计算装置要快 1000 倍，而且具有按编好的程序自动执行算数运算、逻辑运算和存储数据的功能，它使科学家们从复杂的计算中解脱出来。它的诞生具有划时代的意义，宣告了一个计算机科学技术时代的开始。

对计算机的发展影响最大的是美籍匈牙利科学家冯·诺依曼，他于 1946 年提出存储程序原理，主要思想是采用二进制进行存储，即把程序本身当成数据来对待，程序和该程序要处理的数据均以二进制的方式存储。按照冯·诺依曼的思想，把计算机划分成五大部分：运算器、控制器、存储器、输入设备、输出设备，该理论称为冯·诺依曼体系结构，并沿用至今。冯·诺依曼也被誉为"现代电子计算机之父"。他研制的计算机为 EDVAC（Electronic Delay Storage Automatic Calculator），是当时运算速度最快的计算机，1952 年，EDVAC 正式投入运行，其外观如图 1-2 所示。

图 1-2　EDVAC

2. 计算机的发展

从 ENIAC 问世至今，计算机的发展以构成计算机的元器件为发展依据，划分为五代，每一个发展阶段在技术上都是一次新的突破，在性能上都是一次质的飞跃。

（1）第一代电子管计算机（1946 年～1956 年），也叫真空管计算机，主要元件是电子管。第一代电子管计算机运算速度仅为每秒几千次，采用磁鼓、小磁芯作为存储器，存储空间有限。输入/输出设备简单，采用穿孔纸带或卡片，存储容量空间仅几千字节。程序设计语言采用机器语言和汇编语言，这个时候的计算机主要用于科学计算。代表机型有 ENIAC、EDVAC、UNIVAC、IBM700 系列等。电子管元件在运行时产生的热量太多，可靠性较差，运算速度不快，价格昂贵，体积庞大，这些都使计算机的发展受到限制。

（2）第二代晶体管计算机（1956 年～1964 年），主要元件是晶体管。第二代晶体管计算机运算速度可达每秒几十万次到几百万次，采用磁芯作为内存储器，存储容量增至几十万字节。其采用磁盘、磁带作为外存储器，存储容量大大增加了。同时程序语言也相应地出现了，如 Fortran、Cobol、Algo160 等计算机高级语言，简化了编程工作，并提出了操作系统的概念，如 FMS 和 IBMSYS。晶体管计算机被用于科学计算的同时，也开始在数据处理、过程控制方面得到应用，出现了程序员、分析员和计算机系统专家等职业，整个软件产业由此诞生。代表机型有 IBM7090、IBM7094、Honeywell800、CDC6600 等。

（3）第三代集成电路计算机（1964 年～1971 年），主要元件是中小规模集成电路。第三代集成电路计算机运算速度达到了每秒上亿次，甚至上千万亿次。主存储器也渐渐过渡到半导体存储器，计算机的体积更小，大大地降低了计算机的功耗，进一步提高了计算机的可靠性。在软件方面，有了标准化的程序设计语言和人机会话式的 Basic 语言。集成电路计算机的应用领域也进一步扩大，出现多终端计算机和计算机网络。

（4）第四代集成电路数字计算机（1971 年到现在），主要元件采用了中规模、大规模、超大规模集成电路芯片作为计算机的主要部件，是以微处理器为核心的微型计算机。内存储器普遍采用半导体存储器，且具有虚拟存储能力。它的容量大，计算速度快，每秒可达几百万至上亿次，操作系统更完善。高度的集成化使计算机的中央处理器和其他器件可以集中到同一个集成电路中，这就是微处理器。集成电路数字计算机微型化、耗电极少、可靠性很高。

1971 年年末，世界上第一台微处理器和微型计算机在美国旧金山南部的硅谷诞生，它开创了微型计算机的新时代。微软总裁比尔·盖茨凭借 MS-DOS 成为个人计算机（PC）操作系统领域的霸主，几乎一统世界微型计算机市场。随着大规模集成电路的成功制作并用于计算机硬件生产过程中，计算机的体积进一步缩小，性能进一步提高。集成更高的大容量半导体存储器作为内存储器，发展了并行技术和多机系统，出现了精简指令集计算机（RISC），软件系统工程化、理论化，程序设计自动化，微型计算机几乎应用到每一个领域。

（5）第五代未来计算机。"未来计算机"是指以超大规模集成电路和人工智能为主要特征的完全崭新的一代计算机，能够模拟人的交流方式，具有推理、联想、判断、决策和学习的能力。现在世界上许多发达国家正在加紧研制第五代计算机——量子计算机、分子计算机、生物计算机、神经元计算机以及光计算机。

美国专家表示，新一代的计算机很可能在 2019 年问世，其每秒浮点运算次数可高达 1000 万亿次，大约是位于美国加州劳伦斯利佛摩国家实验室中的"蓝色基因/L"超级计算机的 2 倍，这种千兆级超级计算机的超强运算能力，很可能加速各种科学研究方法的改进，促成科学的重大新发现。

3. 中国计算机的发展

计算机在中国的发展起步比较晚，但是，发展速度迅猛。1958 年 8 月 1 日我国第一台电子管计算机"103 机"诞生，1965 年中科院计算所研制成功了中国第一台大型晶体管计算机"109

乙机"。

1983 年 12 月，国防科技大学成功研制出我国第一台巨型计算机"银河一号"，运算速度每秒 1 亿次，标志着我国计算机科研水平达到了一个新高度。

1999 年 10 月，曙光公司成功研制"神威计算机"，峰值运算速度每秒 3840 亿次，使我国成为继美国、日本之后，第三个具备研制大规模高性能计算机系统能力的国家。

2002 年 9 月 28 日，中科院计算所宣布，中国第一个可以批量投产的"龙芯-1" CPU 研制成功，同时，采用该 CPU 的曙光公司，推出了拥有完全自主知识产权的"龙腾"服务器。

2014 年 11 月 7 日，在全球超级计算机 500 强名单中，中国的"天河二号"以比美国的"泰坦"快近一倍的运算速度，连续第四次获得冠军。

2016 年，在全球超级计算机 500 强名单中，中国自主芯片制造的"神威太湖之光"取代"天河二号"，登上榜首，运算速度达每秒 9.3 亿亿次，"中国超算榜"总数量有史以来首次超过美国，名列世界第一。

2017 年 11 月 13 日新华社报道，新一期全球超级计算机 500 强榜单发布，中国超算"神威太湖之光"和"天河二号"连续第四次分列冠亚军，且"中国超算上榜"总数又一次反超美国，夺得第一，再次领跑全球。

1.1.2　计算机的特点及分类

1. 计算机的特点

计算机具有超强的生命力，发展迅猛，具体表现在以下几方面。

（1）运算速度快。运算速度是计算机的一个重要性能指标，其是指单位时间内执行指令的条数，计算机的主频越高，在同等条件下，运算速度越快。

（2）计算精确度高。计算机的计算精确度取决于计算机的字长。字长是指计算机的运算部件能同时处理的二进制数据的位数，分 8 位、16 位、32 位、64 位，计算机的字长越长，单位时间内计算机处理信息的有效位数就越多，内部存储的数值精度就越高。

（3）存储容量大。计算机具有许多存储记忆载体，可以将运行的数据、指令程序和运算结果存储起来，还可以存储海量信息，如文字、图像、音频、视频等各种有用信息。

（4）逻辑判断能力强。计算机能够通过编码技术对各种信息进行算术运算、逻辑运算、推理和证明。计算机的逻辑判断能力和思维能力是计算机智能化必备的基本条件，采用逻辑运算，对任务进行分析，进而采取相应的措施。

（5）自动化程度高。计算机是自动化程度极高的电子装置，工作过程无需人工干预，自动执行存放在存储器中的程序。在企业流水线和各种自动化生产设备里面，计算机控制系统起到无可替代的作用。

（6）具有网络和通信功能。通过计算机网络技术，可以把不同城市、不同国家的计算机连在一起，形成一个计算机网络。这改变了人类交流和信息获取的方式。

2. 计算机的分类

计算机分类的方法较多，根据处理的对象、用途和规模可有不同的分类方法，下面介绍常用的分类方法。

微课：计算机的
分类

（1）按照处理的信号类型，把计算机分为模拟计算机、数字计算机和混合计算机。

（2）按用途，把计算机分为专用计算机和通用计算机。

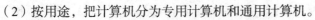

专用计算机指为某些专用目的而设计的计算机，如数控机床、银行存储款、超市结算机等计算机，针对性强、效率高，但应用单一。一般的微机都是通用计算机，其用途广泛，结构完善。

（3）按规模，计算机分为巨型机、大型机、中型机、小型机、微型机、工作站等。

■　巨型机

巨型机主要是从性能方面去定义的，它运算速度快，存储容量大，结构复杂，价格昂贵，用于国防尖端技术、空间技术、大范围长期性天气预报、石油勘探等方面。近年来，巨型机又发展成为超级计算机，我国自主研发的银河-Ⅰ型、银河-Ⅱ型、神威太湖之光等都是巨型机。

■　大型机

大型机包括我们平常所说的大、中型计算机，其特点是运算速度快、存储量大和通用性强，主要应用于计算量大、信息流量多、通信能力强的场合，目前生产大型机的公司主要是 IBM。

■　小型机

小型机面向中小型企业，它采用精简指令集的处理器，是处理性能介于微型机和大型机之间的一种高性能 64 位计算机。

■　微型机

微型机也叫个人计算机（PC 或微机），微型机的中央处理器采用微处理器芯片，其体积小、价格低、功能全、操作方便。

■　工作站

工作站与微型机的界限不是十分清晰，其性能接近小型机，用途比较特殊，如计算机辅助设计、图像处理、软件工程以及大型控制中心等。

1.1.3　计算机的应用

计算机已经渗入社会的各行各业，改变着传统的工作、学习、和生活方式，推动社会向前发展。计算机的主要用途有以下几个方面。

1. 文字处理

从 DOS 时代的 WordStar、WPS 到 Windows 操作系统下的 WPS 和 Word，文字处理一直都是计算机信息处理的一个重要方面。通过计算机的文字处理软件可以方便地对文字材料进行录入、修改、删除、排版、打印等，从而为人们的生活、工作、学习提供方便。

2. 科学计算

科学计算是指用计算机完成科学研究和工程技术中提出的数学问题，利用计算机的高速计算、存储容量和连续运算的能力，实现人工无法解决的科学计算问题，如世界上第一台计算机的研制目的就是用于弹道计算。如今的航天飞机、人造卫星、核能技术、天气预报、高层建筑、大型桥梁、密码解译、地震测级、地质勘探和机械设计等领域都离不开计算机的科学计算。

3. 数据处理和信息管理

数据处理和信息管理是指用计算机对大量的数据进行分析、加工和处理，从而得到有用的数据信息。数据处理和信息管理被广泛地应用在办公自动化、事物分析、情报分析和企业管理等方面，数据处理已经发展成为一门新的计算机应用科学。

4. 计算机辅助系统

计算机辅助系统是指计算机通过人机对话，辅助人们完成某一个任务（设计、加工、计划和学习等）的系统。

（1）计算机辅助设计（Computer Aided Design，CAD）是指利用计算机高速处理、大容量存储和图形处理的能力，帮助设计人员进行产品设计和工程设计等工作。其广泛地应用于飞机、汽车、机械、电子、建筑和轻工业等领域。

（2）计算机辅助制造（Computer Aided Manufacturing，CAM）是指利用计算机，通过各种数控机床和设备，自动完成离散产品的加工、装配、检测和包装等制造过程的技术。CAM 已广泛应用于飞机、汽车、家电等制造业。

（3）计算机辅助教育（Computer Based Education，CBE）是指利用计算机完成对学生的教学、技能训练和对教学事务的管理，包括计算机辅助教学（Computer Aided Instruction，CAI）和计算机管理教学（Computer Managed Instruction，CMI）。多媒体技术和网络技术的发展推动了 CBE 的发展。

（4）计算机辅助测试（Computer Aided Test，CAT）是指用计算机作为工具，辅助产品测试。

（5）计算机集成制造（Computer Intergrated Manufacturing，CIM）是指在信息技术、自动化技术和制造技术的基础上发展起来的，通过计算机技术，把分散在产品设计制造过程中各种孤立的自动化子系统有机地集成起来，能够实现集成化和智能化的制造系统。

（6）计算机模拟（Computer Simulation，CS）是指用计算机完成工程、决策的模拟实验等。

5. 过程控制

过程控制也称实时控制，是指用计算机及时采集检测数据，按照最优值迅速对控制对象进行自动控制调节，各种控制策略在计算机内进行实时运算，最后输出控制量。过程控制广泛应用于电力、机械制造、化工、冶金、航天、交通等部门，大大提高了自动化水平和控制精确度，改善了劳动生产效率、产品质量，减少生产成本，减轻劳动强度。

6. 人工智能

人工智能（Artificial Intelligence，AI）是指利用计算机来模拟人脑，进行演算推理和分析决策的过程，人工智能研究的是把人脑思维的过程编成计算机程序，然后让计算机自动探索解答方法，其主要应用在机器人、机器翻译、模式识别等方面。

7. 计算机通信和网络应用

计算机技术和现代通信技术的结合，构成了计算机网络，通过计算机网络，人们很容易实现不同地区间、国际间的通信与数据的传输与处理，可以实现世界范围内的信息资源共享。

8. 云计算

"云计算"的概念是 Google 公司最先提出的，它是网格计算、分布式计算、并行计算、效用计算、网络存储、虚拟化和负载均衡等计算机技术和网络技术发展融合的产物。旨在通过网络把多个成本相对较低的计算实体整合成一个具有强大计算能力的系统，它强调的是通过不断提高"云"处理能力，进而减少用户终端的处理负担，最终把用户终端简化为一个单纯的输入输出设备，并享受云服务。目前，Google 公司的云由 100 多万台服务器组成。

9. 物联网

物联网是通过传感器、射频识别技术、全球定位系统等技术，实时采集任何需要监控、连接、互动的物体或过程，通过各类网络，实现对物品和过程的智能化感知、识别和管理。物联网是继计算机、互联网和移动通信之后的又一次信息产业的革命性发展。其应用范围广泛，几乎覆盖了所有领域。

10. 多媒体技术

多媒体技术是指利用计算机、通信技术把数字、文本、图形、图像、动画和声音等多种媒体有机组合起来，使之建立逻辑关系并进行加工处理的技术。目前，多媒体技术广泛地应用于各个领域，如多媒体视频会议系统，多媒体远程教育、多媒体远程医疗系统、多媒体视频点播、多媒体电子出版物、多媒体数据库等，多媒体的特征是具有数字化、交互性、多样化、集成性。

多媒体的元素主要包括文本、图形、图像、动画、音频和视频。在计算机发展的初期，用来承载信息的媒体是文本。在多媒体中图形、图像文件的格式主要有 BMP、JPEG、PSD、PCX、CDR、TIFF、EPS、GIF 等，动画的文件格式有 FLC、MMM、GIF、SWF，其中特别适合于动画制作的格式是 GIF。多媒体常用的 3D 软件有 AutoCAD、SolidWorks、3DS MAX、Maya，其中3DS MAX 是当前世界上销量最大的三维动画制作软件。

1.2　信息与信息技术

信息时代，以计算机技术、通信技术和网络技术为核心的信息技术，几乎渗透到社会的各个领域，对人类的生活和工作方式产生了巨大的影响。随着物联网 5G 时代的到来，信息技术给人类带来了前所未有的深刻变革。信息技术已经成衡量一个国家科技实力和综合国力的重要标志之一。

1. 信息的定义

作为一个严谨的科学术语，信息的定义却没有统一的观点，这是由它的复杂性决定的，信息有多种表现形式，如声音、图片、温度、颜色、体积等。信息也有不同的分类，如电子信息、经济信息、生物信息、天气信息等。一般认为，信息是自然界、人类社会和人类思维活动中普遍存在的一切物质和事物的属性，也是对客观世界中各种事物的运动状态和编号的反映。从另外一个角度说，计算机主要处理的对象就是信息。

美国数学家、控制理论的奠基人诺波特·维纳指出，"信息是我们适应外部世界，控制外部世界的过程中，同外部世界交换内容的名称"。

2. 信息的特征

（1）普遍性。只要有事物的地方，就必然地存在信息。信息在自然界和人类社会活动中广泛存在。

（2）客观性。信息是客观现实的反映，不随人的主观意志而改变。如果人为地篡改信息，那么信息就会失去它的价值，甚至不能称之为"信息"了。

（3）动态性。事物是在不断变化发展的，信息也必然随之运动发展，其内容、形式、容量都会随时间而改变。

（4）时效性。由于信息的动态性，一个固定信息的使用价值必然会随着时间的流逝而衰减。

（5）可识别性。人类可以通过感觉器官和科学仪器等方式来获取、整理、认知信息。这是人类利用信息的前提。

（6）可传递性。信息是可以通过各种媒介在人与人、人与物、物与物之间传递。

（7）可共享性。信息与物质、能量显著不同的是，信息在传递过程中并不是"此消彼长"，同一信息可以在同一时间被多个主体共有，而且还能够无限地复制、传递。

1.2.1　信息与数据

我们的生活到处充满着信息，一种现象、一句语言都是信息，信息可以通过数据表现出来，数据是信息的表现形式。

1. 数据的定义

数据是指存储在某种媒体上，可以加以鉴别的符号资料。通常意义下的文本、图形、图像、声音、视频等都可以被认为是数据。数据是使用约定俗成的关键字，对客观事物的数量、属性、位置及其相互关系等进行抽象表示。由于描述事物的属性必须借助于一定的符号，所以这些符号就是数据的形式。同一个信息也可以用不同形式的数据来表示。从计算机的角度看，数据泛指那些可以被计算机接收，并能被计算机处理的符号。

2. 信息和数据的关系

在一般用语中，信息和数据并没有严格的区分。但是，从信息科学的角度来看，它们是不等同的。

（1）数据是有用的信息，数据是信息的具体表现形式。

（2）信息是数据的内涵，是对数据语义的解释。

（3）数据可以表示信息，而信息只有通过数据才能表现出来，才能被人们理解和接受。

（4）数据是反映事物属性的记录，是信息的载体。

1.2.2　信息技术

信息技术简单地说就是获取、加工、存储、传输、表示和应用信息的技术。通常所说的"IT产业"中的"IT"，指的就是信息技术。信息技术是一门综合学科，一般认为，传感技术、通信技术、计算机技术和控制技术是信息技术的四大基本技术。

联合国教科文组织对信息技术的定义是："应用在信息加工和处理中的科学，技术与工程的训练方法、管理技巧和应用；计算机及其与人、机的相互作用；与之相应的社会、经济和文化等诸种事物。"

信息技术极大地影响着我们的工作、学习、生活，已经广泛地渗透到科学计算、信息处理、过程检测与控制、计算机辅助系统、多媒体技术、计算机通信、人工智能等各个领域。

1.2.3　信息社会

信息社会也称信息化社会，是脱离工业化社会以后，信息发挥主要作用的社会。信息经济在国民经济中占据主导地位，并构成社会信息化的物质基础。以计算机、微电子和通信技术为主的信息技术革命是社会信息化的动力源泉。信息技术在资料生产、科研教育、医疗保健、企业和政府管理以及家庭中的广泛应用，对经济和社会发展产生了巨大而深刻的影响，从根本上改变了人们的生活方式、行为方式和价值观念。

20世纪90年代以来，我国的信息产业投资规模不断扩大，并以每年20%以上的高速度发展，成为国民经济的支柱性产业，产业规模位居世界第三，但也存在产业内部结构不合理、核心基础产业薄弱、核心技术受制于人、自主创新能力不强等问题。我国信息产业需要进一步加强自主创新、拓宽融资渠道、注重人才培养，推动信息产业又好又快发展。

信息文化造成了人类教育理念和方式的改变，造成了生活、工作和思维模式的改变，也造成了道德和价值观念的改变。比尔•盖茨（Bill Gates）说过，信息科技革命将恒久地改变我们的工作、消费、学习和沟通的方式。随着新技术革命的迅猛发展，信息技术将会给人类带来无法预测的无数奇迹。

1.2.4　信息安全

21 世纪是信息时代，信息成为一种重要的战略资源，信息的获取、处理和安全保障能力成为一个国家综合国力的重要组成部分。随着计算机技术的不断普及与深入，信息安全问题的重要性日渐突出，我们面临着如何应对日益严峻的网络攻击、信息泄密、信息丢失等信息安全方面的考验。

1. 信息安全的定义

一般来说，信息安全是指信息网络的硬件、软件，及其系统中的数据受到保护，不受偶然的或者恶意的原因而遭到破坏、更改、泄露，系统可靠正常地运行，信息服务不中断。国际标准化组织已经明确将信息安全定义为"信息的完整性、可用性、保密性和可靠性"。

2. 信息安全的分类

信息安全涉及面甚广，凡是涉及到网络上信息的保密性、完整性、可用性、真实性和可控性的相关技术和理论，都是网络安全研究的领域，包括国家信息安全、组织信息安全、个人信息安全等。对于信息安全的分类，可以从不同的角度进行。

（1）从安全主题角度划分，可以把信息安全分为网络安全和计算机安全两大类。早期的安全，更多地表现为个体计算机安全，如今的信息安全则更多地表现为正规网络的群体安全，网络规模越大，安全问题就越突出，防范的难度也就越大。

（2）从表现形式来划分，信息安全又可分为被动攻击、主动泄密、病毒入侵，这三种形式有时又融为一体，兼而有之。

3. 信息安全的要素

信息安全的包括四大要素：技术、制度、流程和人。

信息安全应当技术与管理并重，合适的标准、完善的程序、优秀的执行团队是信息化安全的重要保障，技术只是基础保障，技术不等于全部，很多问题不是安装一个防火墙或者一个杀毒软件就能解决的，制定完善的安全制度很重要，而如何执行这个制度更为重要，我们用一个公式能清楚地描述它们之间的关系：信息安全=先进技术+防患意识+完美流程+严格制度+优秀执行团队+法律保障。

微课：信息安全
的要素

4. 信息安全面临的威胁

信息安全威胁是指某人、物、事件、方法或概念等因素可能对某些信息资源或者系统的安全使用造成的危害。

信息安全威胁的主要类型有以下几种。

（1）窃取：非法用户通过数据窃听的手段获得敏感信息。

（2）截取：非法用户首先获得信息，再将此信息发送给非法接收者。

（3）伪造：将伪造的信息发送给接收者。

（4）篡改：非法用户对合法用户之间的通讯信息进行修改，再发送给接收者。

（5）拒绝服务攻击：攻击服务系统，造成系统瘫痪，阻止合法用户获得服务。

（6）行为否认：合法用户否认已经发生的行为。

（7）非授权访问：未经系统授权而使用网络或者计算机资源。

（8）传播病毒：传播计算机病毒，其破坏性非常高，而且用户很难防范。

（9）灾害、故障与人为破坏。

5. 信息安全的防护措施

为了保护信息资源避免网络攻击、信息泄密、信息丢失等信息安全方面的问题，常使用的信息安全保护策略有以下几个方面。

（1）加强用户账号的安全。

（2）安装防火墙和杀毒软件，并及时升级。

（3）及时的安装漏洞补丁程序。

（4）尽量最小化的个人隐私数据。

（5）经常进行入侵检测和网络监控。

（6）把文件加密和数字签名，尽量采用长密码，增加破译难度。

（7）制定严格的法律、法规。

（8）严格的安全管理。

1.2.5　计算机文化

1. 文化

文化是一个历史的范畴，文化的产生和发展与人类的形成和发展是几乎同时进行的，也有一个从低级向高级的进化过程。不同的阶段有不同的文化产生，不同的技术或生活习惯也产生不同的文化模式。广义的文化是指人类创造的一切物质产品和精神产品的总和。狭义的文化是指语言、文学、艺术及一切意识形态在内的精神产品。

文化是人类社会的特有现象，是由人类创造、为人类所特有的。文化有三层含义，首先，文化是一种精神现象，是相对于经济、政治而言的人类全部精神活动及其产品，包括世界观、人生观、价值观。其次，文化是一种社会现象，是人类创造的，为人类特有的，有了人类社会，才有文化，文化是社会实践的产物。最后，人类的精神活动离不开物质活动，精神产品离不开物质载体。

文化具有以下基本属性。

（1）广泛性。文化涉及社会的方方面面，各个领域。

（2）传递性。文化具有传递信息和交流思想的功能。

（3）教育性。文化成为存储知识和获取知识的手段。

（4）深刻性。文化对社会的影响是深刻广泛的，能给整个社会带来全面深刻的根本性变革。

2. 计算机文化

计算机文化就是以计算机为核心，集网络文化、信息文化、多媒体文化于一体，并对社会和人类行为产生广泛深远影响的新型文化。计算机文化是人类社会的生存方式，是人类因使用计算机而发生根本性变化进而产生的一种崭新文化形态。计算机技术的问世不仅是一次伟大的技术革命更是一次生产方式、思维方式、生活方式和各种行为方式的革命。计算机技术迅速渗透到社会生活的各个领域，紧密地与社会生活、人类行为相结合，深刻改变着当今社会，影响着人们的观念和行为，形成了一种新的文化形态。

计算机文化是人类文化发展的四个里程碑之一，语言的产生、文字的使用、印刷术的发明是前三个里程碑。计算机文化内容更深刻、影响更广泛。计算机文化是一个新的时代文化，将人类的生存能力提升到了一个新的高度，即使用计算机进行信息处理。

1.3　计算机中信息的表示

各种各样的数据在计算机中都是以二进制的形式存储的，在计算机完成数据处理后，再按照原有的形式输出，如数字、文字、图形、声音等。

1.3.1　数制的概念及几种常用的数制

用进位的原则进行计数称为进位计数制，简称进制。用一组固定的数字字符和一套统一的规则来表示数目的方法称为数制。在介绍各种数制之前，首先介绍数制中的几个名词术语。

1. 数码

数码即一组用来表示某种数值的符号。如 1、2、3、4 等。

2. 基数

数制所使用的数码个数称为"基数"或"基"，常用"R"表示，称 R 进制。如二进制的数码是 0、1，基数为 2。

3. 位权

微课：什么是
位权

位权是指数码在不同位上的权值。如果用 R 来表示基数，那么 R^i 表示基数为 R 的某一位数的位权为 R^i（ i 的值取整数），如十进制数的某一位数的位权为 10^i；二进制数某一位数的位权为 2^i；十六进制数的位权为 16^i。处于不同位数的数码代表的数值不同，如十进制数 234，个位数 4 的权值为 10^0，十位数上的 3 的权值为 10^1，百位数上的 2 权值为 10^2。

4. 十进制（Decimal System）

十进制是人们最熟悉的一种进位计数制，它由 0、1、2、3、4、5、6、7、8、9 这 10 个数码组成，基数为 10。十进制的运算规则为：逢十进一，借一当十。一个十进制数各位的权是以 10 为底的幂。例如：369 中的 3 表示 300，即 3×10^2（权为 100）；6 表示 6^0，即 6×10^1（权为 10）；而 9 表示 9，即 9×10^0（权为 1），可以表示为：

$$369 = 3 \times 10^2 + 6 \times 10^1 + 9 \times 10^0$$

对于含有小数位的二进制数也可以进行类似的表示，如：

$$216.57 = 2 \times 10^2 + 1 10^1 + 6 \times 10^0 + 5 \times 10^{-1} + 7 \times 10^{-2}$$

5. 二进制（Binary System）

其由 0、1 两个数码组成，基数为 2。二进制的运算规则为：逢二进一，借一当二。一个二进制数各位的权是以 2 为底的幂。例如：对于二进制数 1101 中从左边数的第一个数字"1"表示 8，即 1×2^3（权为 8）；从左边数的第二数"1"表示 4，即 1×2^2（权为 4）；从左边数的第三个数字"0"表示 0，即 0×2^1（权为 2）；从左边数的第四个数字"1"表示 1，即 1×2^0（权为 1）。可以表示为：

$$(1101)_2 = 1 \times 2^3 + 1 \times 2^2 + 0 \times 2^1 + 1 \times 2^0 = (13)_{10}$$

6. 十六进制（Hexadecimal System）

由 0、1、2、3、4、5、6、7、8、9、A、B、C、D、E、F 这 16 个数码组成，基数为 16。十六进制的运算规则为：逢十六进一，借一当十六。一个十六进制数各位的权是以 16 为底的幂。

例如：十六进制数 78 中从左边数的第一个数字"7"表示 112，即 7×16^1（权为 16）；从左边数的第二个数字"8"表示 8，即 8×16^0（权为 1）。可以表示为：

$$(78)_{16} = 7 \times 16^1 + 8 \times 16^0 = (120)_{10}$$

在书写时，一般用以下数值表示方法。

① 把一串数用括号括起来，再加上这种数值的下标。例如，$(A5)_{16}$、$(110101)_2$、$(627)_{10}$，对于十进制可以省略。

② 用进位制的字母符号 B（二进制）、O（八进制）、D（十进制）、H（十六进制）来表示。

注意：在不至于产生歧义时，可以不注明十进制数的进制。

例如：十六进制数 82A4E 可表示为 $82A4E_H$，八进制数 526 可表示为 526_O。

在表 1-1 中列举了十进制、二进制、十六进制从 0～17 的一一对应关系。

表 1-1　　　　　　　　　　十进制、二进制、十六进制之间的对应关系（0～17）

十进制	二进制	十六进制	十进制	二进制	十六进制
0	0	0	9	1001	9
1	1	1	10	1010	A
2	10	2	11	1011	B
3	11	3	12	1100	C
4	100	4	13	1101	D
5	101	5	14	1110	E
6	110	6	15	1111	F
7	111	7	16	10000	10
8	1000	8	17	10001	11

1.3.2　数制的转换

数制的转换就是将数据从一种数制表达形式转换成另一种数制的表达形式，而这个数的值保持不变。下面主要介绍十进制数转换二进制数、二进制数转换十进制数、二进制数转换十六进制数和十六进制数转换二进制数。

1. 十进制数转换为二进制数

十进制数的整数部分和小数部分在转换时需要作不同的计算，分别求值后再组合。

（1）整数部分。

方法：除 2 取余法，即每次将整数部分除以 2，余数取出来记在右边（整除时余数记为 0），把得到的商继续除以 2，余数再拿出来记在上一个余数的下边，这个步骤一直持续下去，直到商为 0 为止。最后读数时，从最后一个余数读起，一直倒着读到最前面的一个余数，即为二进制各位的数码。

例如：将十进制数 226 转换为二进制数。

2	226	余数
2	113	0
2	56	1
2	28	0
2	14	0
2	7	0
2	3	1
2	1	1
	0	1

逆写

微课：十进制数转
换为二进制数

整数部分除以 2，取余逆写，得出结果 $226_D=11100010_B$。

（2）小数部分。

方法：乘 2 取整法，即将小数部分乘以 2，然后取整数部分，剩下的小数部分继续乘以 2，然后取整数部分，剩下的小数部分又乘以 2，一直取到小数部分为零，乘积为整数 1 或满足精度要求为止。读数要从前面的整数读到后面的整数。

例如：将十进制数 0.375 转换为二进制数。

$$
\begin{array}{rl}
 & 0.375 \qquad 整 \\
\times & 2 \\
\hline
 & 0.75 \qquad 0 \\
\times & 2 \\
\hline
 & 0.5 \qquad 1 \\
\times & 2 \\
\hline
 & 1 \qquad 1 \\
\end{array}
$$

正写

小数部分乘 2，取整正写，得出结果 $0.375_D=0.011_B$。

上面介绍的方法是十进制数转换为二进制数的方法，需要大家注意的是：

① 十进制数转换为二进制数，需要分成整数和小数两个部分分别转换。

② 当转换整数时，用的是除 2 取余法，而转换小数时，用的是乘 2 取整法。

③ 注意读数方向。

④ 小数部分书写时不要落掉"0."。

2. 二进制数转换为十进制数（不分整数和小数部分）

方法：按权相加法，即将二进制每位上的数乘以该位的位权，然后相加之和即是十进制数。例如：

$$(1101.11)_2 = 1 \times 2^3 + 1 \times 2^2 + 0 \times 2^1 + 1 \times 2^0 + 1 \times 2^{-1} + 1 \times 2^{-2} = (13.75)_{10}$$

微课：二进制数
转换为十进制数

3. 二进制数转换为十六进制数

其方法同二进制数与八进制数转换相似，只不过是把一位十六进制数的数码转换成四位二进制数，具体讲解如下。

方法：四位合一法，即从二进制数的小数点为分界点，向左（向右）每四位取成一组，接着按组将这四位二进制按权相加，得到的数就是一位十六进制数。然后，按顺序进行排列，小数点的位置不变，得到的数字就是我们所求的十六进制数。如果向左取四位后，取到最高位时候，最后一组不足四位，可以在整数的最高位添加相应的 0，凑足四位。如果向右取四位后，取到最低位时候，最后一组不足四位，则必须在小数点右边最后，即小数部分的最低位添加相应的 0，凑足四位。举例如下。

（1）将二进制数 10101101.1001 转换为十六进制数。

　　　　1010 ┊ 1101.1001　　　　　　　　B
　　　 A ┊　D. 　9　　　　　　　　　　H

得到结果：将二进制数 10101101.1001 转换为十六进制数 AD.9。

（2）将二进制数 110011011.01011 转换为十六进制数。

　　　　　1 ┊ 1001 ┊ 1011.0101 ┊ 1　　　　B
最后一组要补足四位 1 ┊ 1001 ┊ 1011.0101 ┊ 1000　　　　B
　　　　　1 ┊　9　┊ B. 5　┊ 8　　　　　H

得到结果：将二进制数 110011011.01011 转换为十六进制数 19B.58。

（3）将二进制数 1101101.1011 转换为十六进制数。

110	1101.1011		B
6	D . B		H

得到结果：将二进制数 1101101.1011 转换为十六进制数 6D.B。

4. 将十六进制数转换为二进制数

方法：一位拆四法，即将一位十六进制数码分别转化成四位的二进制数（不足四位必须要在前面补零凑足四位），把每个四位二进制数连接起来凑得十六进制数，小数点位置照旧。举例如下。

（1）将十六进制数 8D.5 转换为二进制数。

8	D . 5		H
1000	1101 . 0101		B

得到结果：将十六进制数 8D.5 转换为二进制数 10001101.0101。

（2）将十六进制数 19B.C 转换为二进制数。

1	9	B .C	H
0001	1001	1011 . 1100	B

得到结果：将十六进制数 19B.C 转换为二进制数 11001 1011.11。

5. 十六进制数与十进制数的转换

十六进制数与八进制数有很多相似之处，大家可以参照上面八进制数与十进制数的转换自己试试这两个进制之间的转换。例如：

$$
\begin{array}{r|l|l}
16 & 268 & \text{余} \\
16 & 16 & 12 \\
16 & 1 & 0 \\
& 0 & 1
\end{array}
$$

逆写

整数部分除以 16，取余逆写，得到结果十六进制数 268 转换为八进制数 10C。

以上介绍了二进制、十进制、十六进制之间的转换方法，至于八进制与二进制、十进制、十六进制之间的转换，跟二进制与十进制、十六进制之间的转换类似，在这里不做介绍。

1.3.3 二进制数的运算规则

计算机中的二进制数运算可以方便地实现各种算术运算和逻辑运算。

1. 二进制数的算术运算规则

二进制数的算术运算非常简单，它的基本运算是加法。在计算机中，引入补码表示后，加上一些控制逻辑，利用加法就可以实现二进制数的减法、乘法和除法运算。

（1）加法运算法则：0+0=0   0+1=1   1+0=1   1+1=10（向高位进位）

（2）减法运算法则：0-0=0   0-1=1（向高位借位）   1-0=1 1-1=0

（3）乘法运算法则：0×0=0   0×1=0   1×0=0   1×1=1

（4）除法运算法则：0÷1=0   1÷1=1

2. 二进制数的逻辑运算规则

计算机能直接识别的数据是二进制数据，这些二进制数据在物理实现的时候，采用标准的 TTL 电平，+5V 等价于逻辑 1，0V 等价于逻辑 0。一般来讲，计算机采集电信号的时候，只要直流电压在 2V～5V，计算机就能识别该输入的信号是逻辑 1，直流电压在 0V～1.2V，计算机能识别该输入信号为 0。

计算机中逻辑变量之间的运算称为逻辑运算，以二进制数为基础的逻辑变量的取值只有两种：真和假，也就是 1 和 0。

逻辑运算包括三种基本运算："或"运算（又称逻辑加法）、"与"运算（又称逻辑乘法）和"非"运算（又称逻辑否定）。还有"异或"运算和"符合"运算等。计算机中二进制的逻辑运算是按位进行的，不像算术运算那样有进位或借位的联系。

① "或"运算，其规则：

$$0|0=0 \quad 0|1=1 \quad 1|0=1 \quad 1|1=1$$

在给定的逻辑变量中，A 或 B 只要有一个为 1，其逻辑"或"运算的结果就为 1；两者都为 0 时结果才是 0。

② "与"运算，其规则（常用符号"&"）：

$$0\&0=0 \qquad 0\&1=0 \quad 1\&0=0 \qquad 1\&1=1$$

只有当参与运算的逻辑变量同时取值为 1 时，其逻辑乘积才等于 1。

③ "非"运算，又称取反运算，运算规则为：

$$\overline{0}=1 \quad \overline{1}=0$$

④ "异或"运算，也称半加运算（常用符号"⊕"），运算规则：

$$0 \oplus 0=0 \quad 0 \oplus 1=1 \quad 1 \oplus 0=1 \quad 1 \oplus 1=0$$

其运算结果，简单记为：相异为 1，相同为 0。

1.3.4　信息的编码

1. 计算机中数据的单位

计算机内部用电子器件的不同状态来表示 0、1。任何形式的数据，无论是数字、文字、图形、图像、声音、视频，进入计算机都必须进行 0 和 1 的二进制数编码转换。采用二进制数运算，运算法则精少简单，使计算机运算器的硬件结构大大简化（十进制的乘法有 55 条公式，而二进制数乘法只有 4 条规则）。同时，二进制数 0 和 1 正好和逻辑代数的假（False）和真（True）相对应，是逻辑代数的理论基础。

计算机中的数据都要占用不同的二进制数位。为了便于表示数据量的多少，引入数据单位的概念。

（1）位。位也称为比特（Bit）。计算机中最直接、最基本的操作就是对二进制数位的操作。计算机内部到处都是由 0 和 1 组成的数据流。不管数据流有多长多大，最小的存储数据单位都是二进制数的一个位。

计算机要表示更大的数，就要把更多的位组合起来，每增加一位，所能表示的数就增大一倍。一个二进制数位只可以表示 0 和 1 两种状态，两个二进制数位可以表示 00、01、10、11 四种（2^2）状态，三位二进制数可表示八种状态（2^3）。

（2）字节。字节也称为拜特（Byte，B）。规定 1B=8bit。字节是计算机中存储信息的基本单位。计算机的存储器是由一个个的存储单元构成的，每个存储单元的大小就是一个字节，存储器的容量大小是以字节来表示的。计算机中使用的度量单位有 B（字节）、KB（千字节）、MB（兆字节）、GB（千兆字节）和 TB（万兆字节），往上还有 PB（PetaByte）、EB（ExaByte）、ZB

（ZettaByte）、YB（YottaByte）。其换算关系为：1KB=2^{10}B=1024B，1MB=2^{20}B=1048576B，1GB=2^{30}B=1073741824B，1TB=2^{40}B=1099511627776B，1PB=2^{10}TB=2^{50}B……每个相邻度量单位间的换算关系为2^{10}。

计算机中以字节为单位存储和解释信息，规定一个字节由八个二进制数位构成，即1个字节等于8个比特（1Byte=8bit）。八位二进制数最小为00000000，最大为11111111，通常1个字节可以存入一个ASCII码，2个字节可以存放一个汉字国标码。

（3）字。计算机进行数据处理时，CPU通过数据总线一次存取、加工和传送的数据称为字（word），一个字通常由一个或若干个字节组成。

2. 数值的表示

生活中人们习惯用十进制数表示数据，在计算机中的数据都是以二进制来表示的，数的正负号也可用二进制数来表示，规定一个数的最高位为符号位，"0"表示正，"1"表示负。在计算机中，这种采用二进制数表示的数据称为机器数或机器码，与机器数对应用正负号表示的实际数值称为真值。为了使计算机的二进制数与人们习惯的十进制数相对应，采用了以二进制数表示十进制数的对应关系。

我们把每位十进制数转换为二进制数的编码，简称为BCD码（Binary Coded Decimal）。

BCD码用4位二进制数编码表示1位十进制数。BCD码编码利用了四个位，来表示一个十进制数的数码，使二进制数和十进制数之间的形式转换得以快捷地进行。BCD码，可分为有权码和无权码两类：有权BCD码有8421码、2421码、5421码，其中8421码是最常用的；无权BCD码有余3码、格雷码等。

例如：将$(386)_D$转换成8421编码后的对照如表1-2所示。

表1-2　　　　　　　　　　转换对照表

十进制数	3	8	6
8421编码	0011	1000	0110

3. 文字信息的表示

非数值数据又称为字符或符号数据，这些数据在计算机内部都以二进制形式来表示和存储，计算机需要按照一定的规则对各种字符进行编码。这种对字母和符号进行编码的二进制代码称为字符代码（Character Code）

（1）字符编码（ASCII码）。计算机中常用的字符编码主要是ASCII（American Standard Code for Information Interchange）码，即美国标准信息交换码，1968年发表后被国际标准化组织（ISO）定为国际标准。

ASCII码是一种西文机内码，有7位码和8位码两种，7位ASCII码称为标准ASCII码，8位ASCII码称为扩展ASCII码。7位ASCII码以一个字节（8位）表示一个字符，并规定最高位为0，实际用到点位，可以表示2^7=128种状态，每种状态唯一对应一个十进制码，对应一个字符。这些码可以排列成一个十进制序号0~127，表示128个字符，其中包括数字0~9、26个大写和26个小写英文字母、以及各种标点符号、运算符号和控制命令符号。

后来国际标准化组织将ASCII字符集扩充为8位二进制字符编码，其最高位有些为0，有些为1，它的范围为00000000~11111111B，可以表示256个不同的字符。其中最高位为0的前128种和7位ASCII码一样，为基本字符；最高位为1的8位代码128种（即十进制数128~255）为扩充的字符编码即扩展ASCII码。

（2）汉字编码。汉字也是字符，比西文字符多且复杂。汉字信息处理技术包括汉字信息的输入、汉字信息的加工和汉字信息的输出等方面。汉字编码重要的有输入码、机内码、字型码。汉字信息在系统内传送，首先必须先将汉字代码化，即对汉字进行编码转换。

① 汉字输入码是通过键盘，把汉字输入计算机中。

我国的汉字输入码有很多种，分为音码、形码和音形码，如智能 ABC、微软拼音等为音码；五笔字型为形码。

② 汉字机内码是计算机内进行存储和处理汉字信息所使用的汉字编码。在计算机内部对汉字进行采集、传输、存储、加工等过程，都要用到汉字的机内码。

③ 汉字字形码是用来将汉字显示到屏幕上或打印到纸上所需的图形数据，又称汉字字模。常用点阵、矢量函数等方式表示汉字字形码，常见的汉字字形码有点阵码和矢量码。

点阵码即用点阵表示字形，汉字字形码指的就是这个汉字字形点阵的代码。根据输出汉字的要求不同，点阵的多少也不同。简易型汉字为 16×16 点阵，提高型汉字为 24×24 点阵、32×32 点阵、48×48 点阵等。

点阵规模愈大，字形愈清晰美观，所占存储空间也愈大。一个 16×16 点阵的汉字，一个汉字的点阵信息共有 16 行，每一行有 16 个点。1 个字节占用 8 个二进制位。因此，每一行上的 16 个点需要用两个字节来存放。由此可知，一个 16×16 点阵的汉字需要用 16×2=32 个字节来存放。一个 32×32 点阵的汉字则要用 128 个字节，而且点阵缩放困难容易失真。图 1-3 所示为点阵字形码的字体。

矢量码即使用一组数学矢量来记录汉字的外形轮廓，这种字体容易放大和缩小，不会变形，并且节省存储空间。图 1-4 所示为矢量字形码的字体。

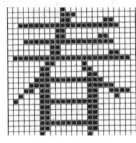

图 1-3　点阵字体

图 1-4　矢量字体

1.4　计算机系统的组成

一个完整的计算机系统由硬件系统和软件系统两大部分组成，并按照"存储程序"的方式工作。计算机能实现自动化也是因为它能自动运行程序，下面通过计算机的工作原理来介绍程序在计算机内部的运行。

1.4.1　计算机工作原理

1. 指令和程序

计算机指令是指挥计算机工作的指示和命令，是计算机完成某个基本操作的命令，其由一串二进制数组成，指令能被计算机硬件识别并执行。

一条指令就是计算机机器语言的一个语句，是程序设计的最小语言单位。每条计算机指令都是一串二进制代码，通常包含操作码和操作数两大部分。操作码表示计算机执行什么操作，操作数表明参加操作的数的本身或操作数所在的地址。一台计算机所能执行的全部指令的集合，称为这台计算机的指令系统。

2. 计算机的工作原理

计算机是以"存储程序"的方式来进行工作的，要使计算机工作，必须先写出程序，再把写好的程序和原始数据存入存储器中。计算机能根据程序的设定，自动进行工作。计算机只能执行指令，并被指令控制。

3. 计算机的体系结构

在计算机的设计过程中，出现了两大体系结构，即冯·诺依曼结构和哈佛结构，这两种体系结构深深地影响着现代计算机的发展。

冯·诺依曼体系结构设计思想包括：计算机硬件必由运算器、控制器、存储器、输入设备和输出设备五个部分组成。

哈佛结构是一种将程序指令存储和数据存储分开的存储器结构。哈佛结构是一种并行体系结构，它的主要特点是将程序和数据存储在不同的存储空间中，即程序存储器和数据存储器是两个独立的存储器，每个存储器独立编址、独立访问。

哈佛结构与冯·诺依曼结构相比，处理器有两个明显的特点：使用两个独立的存储器模块，分别存储指令和数据，每个存储模块都不允许指令和数据并存；使用独立的两条总线，分别作为CPU 与每个存储器之间的专用通信路径，而这两条总线之间毫无关联。

改进的哈佛结构，其结构特点为：使用两个独立的存储器模块，分别存储指令和数据，每个存储模块都不允许指令和数据并存，以便实现并行处理；具有一条独立的地址总线和一条独立的数据总线，利用公用地址总线访问两个存储模块（程序存储模块和数据存储模块），公用数据总线则被用来完成程序存储模块或数据存储模块与 CPU 之间的数据传输；两条总线由程序存储器和数据存储器分时共用。

4. 计算机指令的执行过程

指令的执行过程分为三步：取指令、分析指令、执行指令。计算机运行时，CPU 从内存读出一条指令到 CPU 内执行，指令执行完，再从内存读出下一条指令到 CPU 内执行。计算机指令的执行过程中，实际上有两种信息在流动。一种是数据流，包括原始数据和指令，它们在程序运行前已经预先送至内存中，而且都是以二进制形式编码的。在程序运行过程中，数据被送往运算器参与运算，指令被送往控制器。另一种是控制信号，它是由控制器根据指令的内容发出的，指挥计算机各部件执行指令规定的各种操作或运算，并对执行流程进行控制。

1.4.2 计算机系统基本组成

计算机系统分为硬件系统和软件系统，硬件系统是计算机的基础实体，为计算机软件提供了运行平台，是软件存放和执行的物理场所，通常人们把不装备任何软件的计算机成为"裸机"。软件系统是发挥计算机功能的关键，软件是计算机的灵魂，它指挥硬件来完成各种用户给出的指令。硬件系统和软件系统，二者缺一不可。计算机系统组成如图 1-5 所示。

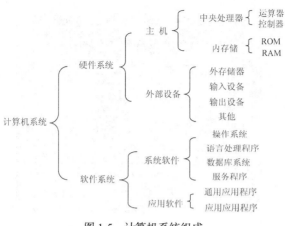

图 1-5　计算机系统组成

1.4.3　硬件系统与性能指标

计算机硬件系统是由计算机系统的各种机械部件、电子元器件、线路及设备构成的。计算机硬件的基本功能是：通过接受计算机程序的控制，来实现数据输入、运算和输出等操作。下边以微型计算机为例介绍计算机的硬件组成。

1. 微型计算机的主机构成

微型计算机从外观上看，由主机和外部设备两大部分组成。在主机的机箱内部还有主板、中央处理器（CPU）、硬盘、内存、硬盘驱动器、软盘驱动器、光盘驱动器、电源、显卡、声卡、网卡、扬声器等各种组件。外部设备包括：显示器、键盘和鼠标，其中显示器属于输出设备，键盘和鼠标属于输入设备。微型计算机的外观如图 1-6 所示。

（1）主板，又叫主机板（Main Board）、系统板（System Board）或母板（Mother Board）。它安装在机箱内，是整个微机系统最基本的也是最重要的核心部件。

图 1-6　微型计算机

主板一般为矩形多层电路板，上面安装了组成计算机的主要电路系统，一般有微处理器插槽、内存储器插槽、I/O 控制电路、键盘和面板控制开关接口、指示灯插接件、扩充插槽、主板及插卡的直流电源供电接插件等元件，如图 1-7 所示。

主板上各部件对应的名称分别是：BIOS 芯片、PCI 卡槽、AGP 显卡卡槽、氧化银电池、南桥芯片、SATA 接口、IDE 硬盘接口（接硬盘用）、IDE 硬盘接口（接 CD-ROM 用）、主板电源、内存卡槽、北桥芯片、CPU、CPU 风扇电源。

其中南桥芯片和北桥芯片值得关注，南桥芯片（South Bridge）负责 I/O 总线之间的通信，如 PCI 总线、USB、LAN、ATA、SATA、音频控制器、键盘控制器、实时时钟控制器、高级电源管理等。北桥芯片负责与 CPU 的联系并控制内存、AGP 数据在北桥内部传输，提供对 CPU 的类型和主频、系统的前端总线频率、内存的类型（SDRAM、DDRSDRAM、RDRAM 等）和最大容量、AGP 插槽、ECC 纠错等支持，整合型芯片组的北桥芯片还集成了显示核心。

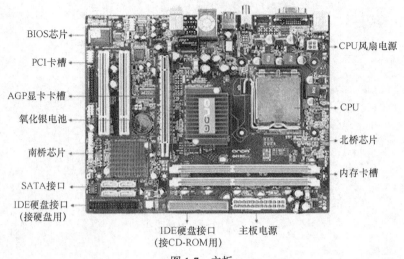

BIOS芯片

PCI卡槽

AGP显卡卡槽

氧化银电池

南桥芯片

SATA接口

IDE硬盘接口
（接硬盘用）

CPU风扇电源

CPU

北桥芯片

内存卡槽

IDE硬盘接口　　主板电源
（接CD-ROM用）

图1-7　主板

图1-8　中央处理器（CPU）

（2）中央处理器。微型计算机中一般把运算器和控制器集成在一块，称为中央处理器（Central Processing Unit，CPU），它是计算机内部完成指令读出、解释和执行的重要部件。CPU是计算机的心脏。CPU是由一片或几片大规模集成电路芯片组成的、具有运算器和控制器功能的运算控制单元。如图1-8所示是一块CPU的外观。CPU由控制器和运算器组成的。CPU最重要的组成部分是内核，又称为核心。

① 运算器是计算机处理数据的核心部件，用来完成各种算术运算和逻辑运算。运算器由算术逻辑运算单元、寄存器、状态寄存器等组成。ALU主要完成对二进制信息的定点算术运算、逻辑运算和各种移位操作。通用寄存器组用来保存参加运算的操作数和运算的中间结果。状态寄存器在不同的计算机中有不同的规定，在程序中，状态位通常作为转移指令的判断条件。

在工业生产中总是采用最先进的超大规模集成电路技术来制造中央处理器。微中央处理器集成的部件也越来越多，除了控制器、运算器、寄存器以外，还有协处理器、高速缓存存储器、接口和控制部件等。

② 控制器是计算机系统中控制管理的核心部件，是整个计算机的指挥中心，主要完成指令翻译，并将其转换成控制信号。

控制器主要由程序计数器、指令寄存器、指令译码器、时序控制电路、微操作总线控制电路等几个部分组成。控制器相当于计算机的大脑，决定计算机运行过程的自动化。它负责从内存中取出指令并对指令进行分析、判断、发出控制信号，使计算机的有关设备协调工作，保证计算机按照预先规定的目标和步骤进行操作和处理。它不仅要保证程序的正确执行，而且要能够处理异常事件。

（3）存储器是用来存储程序和数据的部件。它的基本功能是按指定的地址存（写）入或者取（读）出信息。存储器分两大类：一种是主存储器（内存储器），简称计算机的主存（内存），与计算机的运算器、控制器直接相连；另一种是存储设备，称为辅助存储器（外部存储器），简称辅存（外存）。辅存通过一种专门的输入输出接口与主机相连，既有存储功能，又具有输入输出功能，也可以把它们归为外设中的输入输出设备。

内存储器直接与 CPU 交换信息，又分为随机存储器（RAM）和只读存储器（ROM）。RAM 是一种既能随机写入又能随机读出的存储器，一次性写入可以多次读取，但当系统断电时，信息会立即消失。ROM 是一种只能读出信息不能写入信息的存储器，一般是计算机厂家在生产计算机时将内容写入，其间内容不能被修改和破坏，断电时信息不会丢失。ROM 一般与重要设备集成在一起存储计算机重要的设置数据。RAM 又称内存，在主机中称作内存条，如图 1-9 所示。

① 外存储器。其不直接与 CPU 交换信息，常用于存储暂时不用的程序和数据，作为内存的扩充。常用的外存储器有硬盘、光盘、优盘、存储卡等。硬盘如图 1-10 所示。

图 1-9　内存条

图 1-10　硬盘

② 主存储器。一般由半导体材料构成，存取速度快，价格较贵，因而容量相对小一些。在内存的发展过程中曾经出现过 128MB、256MB、512MB、1GB、2GB、4GB、8GB 等存储容量类型。辅助存储器一般由磁记录设备构成，如硬盘、软盘、磁带等，容量较大、价格便宜，但存取速度相对慢一些。在硬盘的发展过程中曾经出现过 20GB、40GB、80GB、160GB、320GB、500GB、750GB 以至几 TB 的存储容量类型。

2. 微型计算机的外部设备

（1）输入设备可以将外部信息（如文字、数字、音频、图像、程序、指令等）转变为数据输入到计算机中，以便进行加工、处理和执行。输入设备是用户和计算机系统之间进行信息交换的主要装置之一。键盘、鼠标、摄像头、扫描仪、光笔、手写输入板、游戏杆、语音输入装置等都属于输入设备，如图 1-11 和图 1-12 所示。

图 1-11　键盘和鼠标

图 1-12　扫描仪

（2）输出设备可以把计算机对信息加工的结果输出给用户。输出设备是计算机实用价值的体现，它使系统能与外界沟通，能直接帮助用户大幅度地提高工作效率。输出设备分为显示输出、打印输出、绘图输出、影像输出以及语音输出五大类。图 1-13～图 1-15 所示为输出设备。

3. 微型计算机的性能指标

计算机性能指标有以下几个方面。

（1）字长是计算机运算部件能够一次性处理二进制数据的位数。字长与计算机的功能和用途有很大的关系，字长是衡量计算机性能的一个重要指标，字长影

微机：计算机的性能指标

响机器功能、精度和速度，CPU 的字长越长，表示的数值有效位数越多，寻址范围越大，计算机处理数据的精度越高，速度越快。不同微处理器的字长是不同的，常见的微处理器字长有 8 位、16 位、32 位和 64 位等。

图 1-13　打印机

图 1-14　显示器

图 1-15　音响

（2）CPU 的主频，即 CPU 内核工作的时钟频率（CPU Clock Speed）。CPU 的主频表示在 CPU 内数字脉冲信号震荡的速度，主频和实际的运算速度存在一定的关系。微型计算机一般采用主频来描述运算速度，主频越高，运算速度越快。

（3）内存容量是指内部存储器可以容纳的最大二进制信息量。内部存储器容量越大，存储的数据和程序越多，处理能力越高。决定计算机速度的一般是内存的容量大小，与外存关系不大。

（4）运算速度是衡量计算机性能的一项重要指标。通常所说的计算机运算速度（平均运算速度），是指计算机每秒所能执行的指令条数，一般用"百万条指令／秒"（Million Instruction Per Second，MIPS）或者"亿条指令/秒"（Billion Instruction Per Second，BIPS）来描述。每秒执行的指令条数越多，计算机运行速度越快。

1.4.4　软件系统

软件系统是为运行、管理和维护计算机而编制的各种程序、数据和文档的总称，软件由计算机程序、数据、文档及其相关说明组成。程序是软件的必要元素，任何软件都有可运行的程序。计算机的软件系统由系统软件和应用软件两个部分组成。

1. 系统软件

系统软件由一组控制计算机系统并管理其资源的程序组成。其主要功能包括：启动计算机、存储、加载和执行应用程序，对文件进行排序、检索，将程序语言翻译成机器语言等。

系统软件包括操作系统、语言处理程序、数据库管理系统、系统支撑和服务程序等，其中，最重要的是操作系统。系统软件是计算机系统中最靠近硬件的一层，可以看作用户与计算机的接口，它为应用软件和用户提供了控制、访问硬件的手段，这些功能主要由操作系统完成。

（1）操作系统（Operating System，OS）是管理、控制和监督计算机软、硬件资源协调运行的程序系统。操作系统是在裸机上直接运行的最基本的系统软件，是系统软件的核心，其他任何软件都必须在操作系统的支持下才能运行。

微机操作系统随着微机硬件技术的发展而发展，从简单到复杂。常见的操作系统有 DOS、UC/OS、UNIX、Linux、Windows 系列等。

（2）语言处理程序（翻译程序）。机器语言是计算机唯一能直接识别和执行的程序语言。用各种程序设计语言（如汇编语言、Fortran、Delphi、C++、VB 和 JAVA 等）编写的源程序，计算机是不能直接执行的，必须经过翻译（对汇编语言源程序是汇编，对高级语言源程序则是编译或解释）才能执行，这些翻译程序是语言处理程序。人与计算机之间的交往也要通过语言，这种语言就是计算机语言，也称为程序设计语言。

对于高级语言来说，翻译的方法有两种。

一种称为"解释"，早期的 BASIC 源程序的执行就采用这种方式。在运行 BASIC 源程序时，它调用机器配备的解释器，把语言翻译成目标代码（机器语言），即解释器把 BASIC 的源程序语句进行解释和执行，它不保留目标程序代码，即不产生可执行文件，这种方式运行速度较慢，每次运行都要经过"解释"，边解释边执行。

另一种称为"编译"，它调用相应语言的编译程序，把程序源代码翻译成目标程序（以.OBJ 为扩展名），然后再用连接程序，把目标程序与库文件相连接形成可执行文件（以.exe 为扩展名）。

对源程序进行解释和编译任务的程序，分别叫做解释程序和编译程序。如 BASIC、LISP 等高级语言，使用时需有相应的解释程序；Fortran、COBOL、Pascal 和 C 等高级语言，使用时需有相应的编译程序。

（3）服务程序能够提供一些常用的服务性功能，为用户开发程序和使用计算机提供方便，如系统诊断程序、调试程序、排错程序、编辑程序、查杀病毒程序、故障检查程序、监控管理程序等，都是为了管理和维护计算机系统。

（4）数据库和数据库管理系统。数据库是指长期储存在计算机内的、有组织的、可共享的数据集合。数据库管理系统是指位于用户与操作系统之间，能够对数据库进行加工、管理的系统软件。数据库系统主要由数据库（DB）、数据库管理系统（DBMS）以及相应的数据库应用程序组成。

2. 应用软件

应用软件是指为解决某个实际问题而编制的程序和有关资料，可分为应用软件包和用户程序。从其服务对象的角度，又可分为通用软件和专用软件两类。

（1）通用软件是为解决某一类问题而设计的。例如，金山公司的 WPS，微软公司的 Microsoft Word 文字处理软件，以及 QQ 软件、暴风影音软件等应用软件都是通用软件。

微机：计算机软件系统

（2）专用的应用软件，如财务管理系统、计算机辅助设计（CAD）软件、应用数据库管理系统、计算机辅助软件工程 CASE 工具、Visual C++和 Visual Basic 等。

1.5　数据库基础

1.5.1　数据库概述

数据库是长期存储在计算机内的、有组织、可共享的数据集合，这些数据是结构化的，并为多种应用服务。数据的存储独立于使用它的程序，对数据库插入新数据、修改和检索原有数据均能按一种通用的、可控制的方式进行。

1.5.2　数据库的分类

根据不同的角度，将数据库大致分为 5 类。

（1）按照数据模型分为网络模型的数据库系统、层次模型的数据库系统和关系模型的数据库系统。

（2）按照存放地点分为集中式数据库和分布式数据库。

（3）按照使用用户分为单用户数据库和多用户数据库。

（4）按照是否具有自动推理功能分为传统的数据库和智能数据库。

（5）按照是否支持面向对象的编程分为关系数据库、面向对象的数据库和关系-对象型数据库。

1.5.3　数据库系统的组成和特点

1. 数据库系统的组成

数据库系统（Data Base System，DBS）通常包含数据库管理系统（Data Base Management System，DBMS）、数据库（Data Base，DB）以及用相关开发工具所开发的软件（如数据库应用系统）和各类管理人员。也可以从另外一个角度，将数据库系统分为数据库、硬件系统、系统软件和各类管理人员。

数据库由数据库管理系统统一管理，数据的插入、修改和检索均要通过数据库管理系统进行。数据管理人员负责创建、监控和维护整个数据库，使数据能被任何有权使用的人有效使用。数据库管理员一般由业务水平较高、资历较深的人员担任。

（1）数据库，是指长期存储在计算机内的，有组织，可共享的数据集合。数据库中的数据按一定的数学模型组织、描述和存储，具有较小的冗余、较高的数据独立性和易扩展性，并可为各种用户共享。

（2）硬件系统，即构成计算机系统的各种物理设备，包括存储所需的外部设备。硬件的配置应满足整个数据库系统的需要。

（3）系统软件，包括操作系统、数据库管理系统及应用程序。数据库管理系统是数据库系统的核心软件，是在操作系统的支持下工作，解决如何科学地组织和存储数据，如何高效获取和维护数据的系统软件。其主要功能包括：数据定义功能、数据操纵功能、数据库的运行管理和数据库的建立与维护。

（4）各类管理人员，主要包括如下4类。

第1类为系统分析员和数据库设计人员：负责数据库中数据的确定、数据库各级模式的设计。

第2类为应用程序员：负责编写使用数据库的应用程序。这些应用程序可对数据进行检索、建立、删除或修改。

第3类为最终用户：利用系统的接口或查询语言访问数据库。

第4类为数据库管理员：负责数据库的总体信息控制。

2. 数据库系统的主要特点

（1）实现数据共享。数据共享包含所有用户可同时存取数据库中的数据，也包括用户可以用各种方式通过接口使用数据库，并提供数据共享。

（2）减少数据的冗余度。同文件系统相比，由于数据库实现了数据共享，从而避免了用户各自建立应用文件，因此减少了大量重复数据，减少了数据冗余，维护了数据的一致性。

（3）数据的独立性。数据的独立性包括逻辑独立性（数据库中数据库的逻辑结构和应用程序相互独立）和物理独立性（数据物理结构的变化不影响数据的逻辑结构）。

（4）数据实现集中控制。文件管理方式中，数据处于一种分散的状态，不同的用户或同一用户在不同处理中其文件之间毫无关系。利用数据库可对数据进行集中控制和管理，并通过数据模型表示各种数据的组织以及数据间的联系。

（5）数据一致性和可维护性，以确保数据的安全性和可靠性。主要包括以下方面。

① 全性控制：以防止数据丢失、错误更新和越权使用。

② 完整性控制：保证数据的正确性、有效性和相容性。

③ 并发控制：使在同一时间周期内，允许对数据实现多路存取，又能防止用户之间的不正常交互作用。

（6）故障恢复。

由数据库管理系统提供一套方法，可及时发现故障和修复故障，从而防止数据被破坏，保证数据的完整性。数据库系统能尽快恢复数据库系统运行时出现的故障，这可能是物理上或是逻辑上的错误，如对系统的误操作造成的数据错误等。

1.5.4　关系数据库

1. 关系数据库的基本概念

（1）关系。一个关系就是一张二维表，每个关系有一个关系名，在计算机中，关系的数据存储在文件中，一个关系就是数据库文件的一个表对象。

（2）属性。二维表中垂直方向的列称为属性，有时也叫一个字段。

（3）域。一个属性的取值范围叫做一个域。

（4）元组。二维表中水平方向的行，称为元组，有时也叫一条记录。

（5）码。又称为关键字。二维表中的某个属性或属性组，若它的值唯一地标识了一个元组，则称该属性组为候选码，若一个关系有多个候选码，则选定一个为主码，也称为主键。

（6）分量。元组中的一个属性值叫做元组的一个分量。

2. 关系运算

对数据库进行查询时候，若要找到用户关心的数据，就需要对关系进行一定的关系运算。关系运算有 2 种，一种是传统的集合运算，如，并、差、交等运算，另一种是专门的关系运算，如，选择、投影、连接运算。

传统的集合运算不仅涉及关系的水平方向（即二维表的行），而且涉及关系的垂直方向（即二维表的列）。关系运算操作的对象是关系，运算的结果仍然为关系。

专门关系算的运算包括以下几方面。

（1）选择。选择运算即在关系中选择满足指定条件的元组。

（2）投影。投影运算是在关系中选择某些属性（列），组成新表。

（3）连接。连接运算是从两个关系的笛卡尔积中选取属性中满足一定条件的元组。

3. 数据库设计概述

一般来说，数据库的设计大致可以分为以下 5 个阶段。

（1）需求分析。根据用户的需求，确定用户所需要的数据的种类、范围、数量以及他们在业务活动中的交流的情况，确定用户对数据库的使用条件和各种约束。

（2）概念设计。对其中数据的分类、聚集和概括，建立抽象的概念数据模型。

（3）逻辑设计。把概念模型设计阶段得到的概念模型，转换为关系、网状、层次，三种模型中的任一种。

（4）物理设计。数据库的物理设计主要是确定文件组织、分块技术、缓冲区大小及管理方式、数据在存储器中的分布等。

1.5.5　数据库管理系统

1. 数据库管理系统的基本概念

数据库管理系统（DataBase Management System，DBMS）是一种操纵和管理数据库的系统软件，用于建立、使用和维护数据库。它可以使多个应用程序和用户用不同的方法，同时或不同时对数据库进行建立、修改、查询以及删除操作。

2. 数据库管理系统的功能

（1）数据定义功能，用来定义数据库的结构。

（2）数据存储功能，实现对数据库的基本存取操作。

（3）数据库运行管理功能，对数据库的安全性、完整性和并发性进行控制。

（4）数据库的建立和维护功能。

（5）数据库的传输，用于实现用户和 DBMS 之间的通信。

1.5.6　常见的数据库管理系统

目前，常见的数据库管理系统有 Oracle、Microsoft SQL Server、Visual FoxPro、Microsoft Access、MySQL 等，它们均在数据库市场上占有一席之地。

Oracle 是著名的 Oracle 公司的产品，属于大型数据库，也是应用最广泛、功能最强大的数据库管理系统之一。Oracle 具有良好的开放性、可移植性、可伸缩性，支持面向对象的功能，支持类、方法、属性等。

Microsoft SQL Server 是一种典型的关系型数据库管理系统，属于中型数据库。它使用 Transact-SQL 语言完成数据操作，也是一种开放式的数据库，支持较好的交互操作。它具备较好的伸缩性、可用性、可管理性等特点。

MySQL 是一种小型关系数据库，由于其体积小、成本低、速度快、源代码开放等特点，备受企业的欢迎。

1.6　计算机信息安全知识

1.6.1　计算机信息安全概述

伴随第五次产业革命的到来，计算机迅速发展的同时也带来了很多问题，信息安全面临着前所未有的挑战，计算机安全成为社会发展的重要问题。

计算机信息安全是一门涉及计算机科学、网络技术、通信技术、密码技术、信息安全技术、信息论等多种学科的综合性学科。计算机安全又是一门以人为主，涉及技术问题、管理问题，同时还与个人的道德、意识方面紧密相关，涉及法学、犯罪学、心理学等问题的学科。

通俗地说，计算机信息安全是指保护信息系统，确保信息的可用性、保密性、完整性、确认性、可控性等。

计算机信息安全的内容包括：计算机安全技术、计算机安全管理、计算机安全评价与安全产品、计算机犯罪与侦察、计算机安全法律、计算机安全监察，以及计算机安全理论与政策。

微机：计算机信息安全的定义

1.6.2　计算机信息安全意识

计算机信息安全面临的威胁有很多种，大致可以分为自然威胁和人为威胁，自然威胁指那些来自于自然灾害、恶劣的自然环境、电磁辐射和干扰、网络及相关设备的老化等威胁。人为威胁分为以下几个方面。

（1）人为攻击是指通过攻击系统的弱点，使网络信息的保密性、完整性、可靠性、可控性、可用性等受到伤害。

（2）安全缺陷。现在的网络不可避免地要出现一些安全缺陷，这给不法分子造成了可以攻击网络的机会。

（3）软件漏洞。由于程序的复杂性和编程的多样性，不可避免地会留下一些安全漏洞，影响网络的安全，给入侵者留下攻击空间。

（4）结构隐患。一般是指网络拓扑的隐患和网络硬件的安全缺陷。这两个方面的设计不合理造成网络隐患，也有可能给网络带来安全问题。

信息安全已经引起了人们的普遍关注，为了保护自己的信息安全，密码尽量不用个人的出生年月日，密码要设置得尽量复杂一些，而且要定期更换，不要所有的场合都采用相同的密码，采用杀毒软件，查杀木马病毒。

1.6.3　计算机网络礼仪与道德

随着物联网时代的到来，"网络社会"和"虚拟世界"成为生活的一部分，在这个"虚拟社会"里，每个人都要遵循道德规范。

为了规范人们的网络道德行为，计算机协会制定了计算机道德礼仪，主要内容如下。

（1）不应当用计算机去伤害别人。

（2）不应当干扰别人的计算机工作。

（3）不应当用计算机进行偷盗。

（4）不应当用计算机偷窥别人的文件。

（5）不应当用计算机做伪证。

（6）不应当使用或拷贝没有付过钱的软件。

（7）不应当未经许可而使用别人的计算机资源。

（8）应当避免盗用别人的智力成果。

（9）应当考虑你所编制的程序的社会后果。

（10）应当用深思熟虑和审慎的态度来使用计算机。

我们应当遵守计算机道德规范，养成良好的使用计算机的习惯，同时提高计算机信息安全的防范意识，做到文明上网，做新时代的好网民。

1.6.4　计算机病毒

1. 计算机病毒的定义

《中华人民共和国计算机信息系统安全保护条例》中明确定义，病毒指"编制者在计算机程序中插入的破坏计算机功能或者破坏数据，影响计算机使用并且能够自我复制的一组计算机指令或者程序代码"。

计算机病毒是一个程序，一段可执行代码，从本质来讲，它也属于计算机软件。计算机病毒就像生物病毒一样，有独特的复制能力，它们能附着在各种类型的文件上，当文件被复制或从一个用户传送到另一个用户时，它们就随同文件一起传播，对计算机或计算机内的文件造成损害。计算机病毒能影响计算机的正常工作，甚至破坏计算机的数据以及硬件设备。

2．计算机病毒的分类

计算机病毒分类的方法很多，不同的分类方式，划分的结果是不同的。

（1）按病毒传染方式分为：磁盘引导区传染病毒、操作系统传染病毒和一般应用程序传染病毒。

（2）按病毒破坏能力和程度分为：无害型病毒、幽默型病毒、更改型病毒和灾难型病毒。

（3）按病毒感染的对象分为：系统引导型病毒、可执行文件型病毒、宏病毒、蠕虫病毒和混合型病毒等。

（4）按病毒攻击的机种分为：攻击微型计算机、攻击小型机、攻击工作站的病毒。

（5）按病毒存在的媒体分为：网络病毒、文件病毒、引导型病毒。

3．计算机病毒的主要特点

（1）可执行性。病毒程序就像其他合法程序一样，可以直接或者间接地运行。

（2）传染性。计算机病毒传播的速度极快，范围很广。病毒通过修改别的程序，或者将自身复制进去，达到扩散的目的。

（3）潜伏性。计算机病毒进入系统并开始破坏数据的过程不宜被用户察觉，有一段潜伏期，条件成熟后开始活动。

（4）破坏性。计算机病毒的主要目的是破坏计算机系统，占用 CPU 时间和内存空间，造成进程阻塞、数据和文件被破坏并打乱屏幕显示等。

（5）隐蔽性。病毒程序大多夹在正常程序中，平时很难发现。

（6）激发性。不是所有病毒在任何情况下都发作，只有具备一定条件时，病毒才被激活并破坏其他程序。触发计算机病毒的条件可以是某个特定的文件类型或数据，或者为某个特定的日期或时间等。

4．计算机病毒的传染途径

计算机病毒的传染媒介有以下三种。

（1）计算机网络。随着 Internet 的日益普及，计算机病毒可通过网络传播，是病毒传播的主要方式之一，这种传播方式是传播最快的，具有清除难度大、破坏力强、传染方式多等特点。

（2）电子邮件。以电子邮件进行传播的方式有相当高的隐蔽性和诱骗性，使用户在不知情的情况下打开邮件及其附件而被病毒感染。

（3）磁盘。磁盘是计算机病毒传染的另一个主要途径。带有病毒的软盘、优盘或磁盘在没有病毒的计算机上使用，将病毒会传染给该机的内存和硬盘。

（4）光盘。计算机病毒也可以通过光盘传播，尤其是盗版光盘。

病毒是计算机软件系统的最大敌人，每年都造成无法估量的损失。预防计算机病毒也是计算机安全的一个重要方面。

1.6.5 黑客与计算机犯罪

1．计算机犯罪

公安部计算机管理监察司给出的定义是：所谓计算机犯罪，就是在信息活动领域中，利用计算机信息系统或计算机信息知识作为手段，或者针对计算机信息系统，对国家、团体或个人造成危害，依据法律规定，应当予以刑罚处罚的行为。

计算机犯罪是行为人实施的在主观或客观上涉及计算机的犯罪，是一种反社会行为，是一种危害性极大的新型犯罪。对于非法获取计算机信息系统数据或者非法控制计算机信息系统的行为，法律将按照情节严重程度分别给予不同的惩罚。

计算机犯罪的特点：犯罪智能化、犯罪手段隐蔽性强、跨地区性、犯罪分子年轻化、犯罪后果严重性大。

计算机犯罪类型主要有：侵入计算机信息系统罪；破坏计算机信息系统功能罪；破坏计算机数据和应用程序罪；制作、传播破坏性程序罪等。

2. 黑客（HACKER，骇客）

黑客通常是指未经允许，私自闯入他人计算机的人。为了降低黑客攻击的可能性，要养成以下习惯。

（1）不随便打开来路不明的邮件。

（2）不要在网络上随便公布自己的 IP。

（3）安装和升级防火墙。

1.6.6　信息安全的意义及常见的信息安全技术

信息安全是任何一个国家、政府、部门、行业都必须十分重视的问题，是一个不容忽视的国家安全战略，自从我国进入"物联网+"时代后，随着全球信息化步伐的加快，我们所面临的安全挑战日益严峻。种类繁多的信息都是通过网络，交给计算机来处理，数据传输的方式多样化，比如局域网计算机、互联网和分布式数据库，蜂窝式无线、分组交互式无线、卫星视频会议、电子邮件等，都面临泄密、截取、窃听、篡改和伪造等信息安全方面的问题。

因此，做好网络信息安全工作，是一个关系国家安全和主权、社会稳定、民族文化的继承和发扬的重要问题，保护涉及个人隐私、商业利益、银行信息等网络信息刻不容缓，我们必须采用充分的手段，打击病毒、非法访问、非法占有网络资源、非法控制和各种黑客。对非法的、有害的或涉及国家机密的信息进行过滤和防堵，避免对社会产生危害，对国家造成巨大损失。

计算机信息安全最核心的技术是访问控制技术，常见的信息安全技术包括：防火墙技术、密码技术、虚拟专用网技术和病毒与反病毒技术。

1. 防火墙

防火墙技术是指隔离本地网络与外界网络的一道防御体系的总称，不具备杀毒功能，实际上是一种隔离技术，指在内部网和外部网之间构造一个由软件和硬件设备组合而成的保护屏障，它既可以保护内部网免受内网用户的非法侵入，又可以保护内网免受外网用户的非法入侵，防火墙虽然能够提高网络的安全性，但并不能保证网络的绝对安全。

防火墙主要由服务访问规则、验证工具、包过滤和应用网关 4 个部分组成。

防火墙的主要工作原理是对数据的来源进行检查，依照特定的规则，允许或是限制传输的数据通过，阻断被拒绝的数据。它在两个网络通信时执行一种访问控制尺度，它能允许你"同意"的人和数据进入你的网络，同时将你"不同意"的人和数据拒之门外，最大限度地阻止网络中的黑客访问你的网络。计算机流入流出的所有网络通信和数据包均要经过防火墙。

目前的防火墙分为：过滤防火墙、代理防火墙和双穴防火墙 3 种类型，并在计算机网络上得到了广泛的应用，它由软件或硬件组成，如图 1-16 所示。

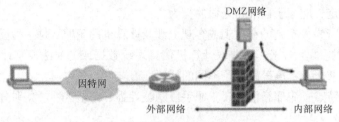

图 1-16　防火墙装配示意图

2. 密码技术

信息安全最核心的技术是加密技术，信息加密的目的是保护数据、文件、口令和控制信息，保护网络上传输的数据，基于密码技术的访问控制是防止密码泄露的主要防护手段，采用密码技术可以隐蔽和保护需要发送的消息，使未授权者不能提取信息。把原有的消息进行伪装的过程成为加密，把加密前的消息称为明文，把加密过的消息成为密文，把伪装的消息还原为原来消息的过程成为解密。

数据加密算法有很多种，包括古典加密、对策加密、公开密钥等，目前在数据通信中使用最多、最普遍的算法有 AES 算法、RSA 算法、PGP 算法。最有影响的公钥密码算法 RSA，能抵抗目前为止已知的所有密码攻击。

根据密钥类型的不同将现代密码技术分为两类：一类是对称加密（秘密钥匙加密）系统，另一类是非对称加密（公开密钥加密）系统。

微机：密码技术的分类

（1）对称钥匙加密系统即加密和解密均采用同一把秘密钥匙，而且通信双方都必须获得这把钥匙，并保持钥匙的秘密，加密算法如 AES 算法。对称加密比较简单，比如，将每个字母加 5，即 a 加密成 f，这种算法的密钥就是 5。

对称密码系统的安全性依赖于以下两个因素。第一，加密算法必须是足够强的，仅仅基于密文本身去解密信息在实践上是不可能的；第二，加密方法的安全性依赖于密钥的秘密性，而不是算法的秘密性，因此，我们没有必要确保算法的秘密性，而需要保证密钥的秘密性。

对称加密系统的算法优点是实现速度极快，从 AES 候选算法的测试结果看，软件实现的速度都达到了每秒数兆或数十兆比特。对称密码系统有着广泛的应用。因为算法不需要保密，所以制造商可以开发出低成本的芯片以实现数据加密。这些芯片有着广泛的应用，适合于大规模生产。

对称加密系统的缺点是密钥的分发和管理非常复杂、代价高昂。此外，对称加密算法的另一个缺点是不能实现数字签名。

（2）非对称加密系统（公开密钥加密系统）采用的加密钥匙（公钥）和解密钥匙（私钥）是不同的，采用的算法如 RSA 算法。由于加密钥匙是公开的，因此密钥的分配和管理就很简单，比如对于具有 N 个用户的网络，仅需要 2N 个密钥。公开密钥加密系统还能够很容易地实现数字签名，因此，最适合于电子商务应用需要。

在实际应用中，非对称加密系统并没有完全取代对称密钥加密系统，这是因为非对称加密系统基于尖端的数学难题，计算非常复杂，它的安全性更高，但它的实现速度却远不如对称密钥加密系统。在实际应用中可利用二者的各自优点，采用对称加密系统加密文件；采用非对称加密系统加密"加密文件"的密钥（会话密钥），这就是混合加密系统，它较好地解决了运算速度问题和密钥分配管理问题。因此，公钥密码体制通常被用来加密关键性的、核心的机密数据，而对称密码体制通常被用来加密大量的数据。

3. 虚拟专用网技术

虚拟专用网指的是在公用网络上建立专用网络的技术。其之所以称为虚拟网，主要是因为整个 VPN 网络的任意两个节点之间的连接，并没有传统专网所需的端到端的物理链路，而是架构在公用网络服务商所提供的网络平台，如 Internet、ATM（异步传输模式）、Frame Relay（帧中继）等之上的逻辑网络，用户数据在逻辑链路中传输。

VPN 主要采用四项技术来保证安全，这四项技术分别是隧道技术（Tunneling）、加解密技术（Encryption & Decryption）、密钥管理技术（Key Management）、使用者与设备身份认证技术（Authentication）。

设计良好的宽带虚拟专用网是模块化的和伸缩性的。虚拟专用网技术能够让应用者使用容易设置的互联网基础设施，允许迅速地和方便地向这个网络增加新用户。虚拟专用网能够让移动员工、远程办公人员、业务合作伙伴和其他人利用本地可用的、高速宽带接入技术访问公司的网络，如 DSL、线缆和 Wi-Fi 等技术。此外，高速宽带连接为连接远程办公室提供一个节省成本的方法。

4. 病毒与反病毒技术

病毒技术与反病毒技术存在着相互对立相互依存的关系，二者在彼此的较量中不断发展。

计算机病毒的防治可分为：计算机病毒的检测、计算机病毒的清除、计算机病毒的免疫和计算机病毒的预防。

通过互联网传播的计算机新病毒不断出现，最佳策略是及时升级计算机病毒防杀软件，应该定期使用杀毒软件扫描全盘进行病毒检测，及早防范，及早清除。对于外来磁盘，可以查杀病毒，再使用，如果发现病毒，可以删除被病毒感染的文件，也可以格式化被病毒感染的磁盘，也可以用杀毒软件来进行查杀，达到清除病毒的目的。

具体计算机病毒的防范措施如下。

（1）不随便使用外来磁盘或来历不明的软件，若使用最好先使用杀毒软件进行检查。

（2）不要使用来历不明或不是正当途径复制的程序盘。因为很多程序（各类游戏居多）经长时间的流传，带有计算机病毒的可能性较大。

（3）专机专用，专盘专用、系统启动盘要专用。

（4）不要在系统引导盘上存放用户数据和程序。

（5）经常对硬盘上的重要文件、软件要进行备份。这样不但可以使硬盘能在遭受破坏或无意格式化操作后及时得到恢复，而且能使计算机在受到病毒侵害后也能得以恢复，可最大限度地减少损失。

（6）不轻易打开陌生人的电子邮件的附件。

（7）如果发现网路上有病毒，应及时断开网络，控制共享数据。

（8）修改可执行文件的属性为只读。

（9）凡不需要再写入数据的磁盘都应该具有防写保护，系统软盘（移动存储设备）更应有写保护。

（10）要使用国家安全部门认可的杀计算机病毒软件（及时升级），如"瑞星""卡巴斯基""金山毒霸"等，定期对计算机进行杀毒。

（11）使用网络时，拒绝访问陌生网络链接、拒绝进入不良网站。如果系统瘫痪，已经无法挽救，可以选择重装系统，彻底删除病毒。

第2章
计算机操作系统

从 1946 年第一台电子计算机诞生以来，它的每一代进化都以减少成本、缩小体积、降低功耗、增大容量和提高性能为目标。随着硬件的快速发展，计算机操作系统（Operating System, OS）加速形成和发展。最初的计算机并没有操作系统，人们通过各种操作按钮来控制计算机，后来出现了汇编语言，操作人员通过有孔的纸带将程序输入计算机进行编译。这些将语言内置的计算机只能由操作人员自己编写程序运行，不利于设备、程序的共用。为了解决这种问题，操作系统出现了，它很好地实现了程序的共用以及对计算机硬件资源的管理。

随着计算技术和大规模集成电路的发展，微型计算机迅速发展。20 世纪 80 年代中期开始出现了计算机操作系统，它的发展经历了两个阶段：第一个阶段为单用户、单任务的操作系统；第二个阶段是多用户多道作业和分时系统，其典型代表有 UNIX、OS/2 以及 Windows 操作系统。Windows 是 Microsoft 公司在 1985 年 11 月发布的第一代窗口式多任务系统，它使计算机开始进入所谓的图形用户界面时代。经过近几年的发展，目前 Windows 的最新版本已发展为 Windows 10，但受大众青睐、广泛使用和稳定性强的仍是 Windows 7 版本。本章首先介绍计算机操作系统的一些基本知识，然后以微软公司研制的、被广泛使用的计算机操作系统——Windows 7 为例，介绍如何使用操作系统操作计算机完成日常学习和工作任务。

本章要点：

- 了解操作系统基础知识
- 掌握 Windows 7 桌面和日常使用
- 掌握文件及文件夹的管理和操作
- 掌握 Windows 7 的系统环境设置
- 了解网络连接

2.1 操作系统概述

信息化时代，软件被称为计算机系统的灵魂，而作为软件核心的操作系统已经与现代计算机系统密不可分、融为一体。操作系统管理着各种计算机硬件，为应用程序提供基础并充当计算机硬件与用户之间的中介。中央处理器、内存、输入/输出设备等硬件提供了基本的计算资源。字处理程序、编译器等应用程序规定了按何种方式使用这些资源来解决用户的计算问题。操作系统控制和协调各用户的应用程序对硬件的分配与使用。在计算机系统的运行过程中，操作系统提供了正确使用这些资源的方法。

2.1.1 操作系统的概念

计算机操作系统的概念到目前为止并没有给出官方的界定，被大众认可的说法有两种。定义一：操作系统是指控制和管理整个计算机系统的硬件和软件资源，并合理地组织调度计算机的工作和资源的分配，以提供给用户和其他软件方便的接口和环境的程序集合。计算机操作系统是随着计算机研究和应用的发展逐步形成并发展起来的，它是计算机系统中最基本的系统软件。定义二：操作系统是管理和控制计算机硬件与软件资源的计算机程序，是在"裸机"上直接运行的最基本的系统软件，任何其他软件都必须在操作系统的支持下才能运行。无论是哪种说法，都充分说明了操作系统的核心地位，没有操作系统则无法进行任何操作。

操作系统是用户和计算机的接口，同时也是计算机硬件和其他软件的接口。操作系统的功能包括管理计算机系统的硬件、软件及数据资源，控制程序运行，改善人机界面，为其他应用软件提供支持，让计算机系统中的所有资源最大限度地发挥作用，提供各种形式的用户界面，使用户有一个好的工作环境，为其他软件的开发提供必要的服务和相应的接口等。实际上，操作系统自行管理计算机硬件资源同时按照应用程序的资源请求分配资源，如划分 CPU 时间，调用打印机等。

2.1.2 操作系统的分类

操作系统的种类相当多，从不同角度划分种类各不相同。例如，各种设备安装的操作系统从简单到复杂分为实时、嵌入式、多处理器和网络操作系统等；从应用领域可分为桌面、服务器和嵌入式操作系统等；从所支持用户数可分为单用户、多用户；从硬件结构可分为网络、多媒体和分布式操作系统等；从操作系统环境可分为批处理、分时和实时操作系统等。下面就主要的操作系统类型做进一步阐述说明，涉及内容主要有批处理操作系统、分时操作系统、实时操作系统、网络操作系统、分布式操作系统和嵌入式操作系统等。

1. 批处理操作系统

批处理操作系统（Batch Processing Operating System）的工作方式是用户将作业交给系统操作员，系统操作员将许多用户的作业组成一批作业，之后输入计算机中，在系统中形成一个自动转接的连续的作业流；当操作员启动操作系统时，系统会自动、依次执行每个作业，最后由操作员将作业结果交给用户。批处理操作系统的特点是多道和成批处理。

2. 分时操作系统

分时操作系统（Time Sharing Operating System）是将大量的计算机通过网络连结在一起，获得极高的运算能力及广泛的数据共享。它的工作方式是一台主机连接若干个终端，每个终端都有一个用户在使用。用户交互式地向系统提出命令请求，系统接受每个用户的命令，采用时间片轮转方式处理服务请求，并通过交互方式在终端上向用户显示结果，用户可以根据当前结果发出下一步的指令。

3. 实时操作系统

实时操作系统（Real Time Operating System）是使计算机能及时响应外部事件的请求，在规定的时间内完成对该事件的处理，并控制所有实时设备和实时任务协调一致地工作的操作系统。实时操作系统追求的目标是对外部请求在严格时间范围内做出反应，有较高的可靠性和完整性，其主要特点是资源的分配和调度。此外，实时操作系统应有较强的容错能力。

4. 网络操作系统

网络操作系统（Network Operating System）是运行在服务器上的操作系统，是基于计算机网络并在各种计算机操作系统上按网络体系结构协议标准开发的软件，包括网络管理、通信、安全、资源共享和各种网络应用；其目标是相互通信及资源共享；其主要特点是与网络的硬件相结合以完成网络的通信任务。

5. 分布式操作系统

分布式操作系统（Distributed Software Systems）是为分布计算系统配置的操作系统，将大量的计算机通过网络连结在一起，可以获得极高的运算及广泛的数据共享能力。由于分布计算机系统的资源分布于系统不同的计算机上，因此操作系统对用户的资源需求不能像一般操作系统那样等待有资源时直接分配，而是要在系统的各台计算机上搜索，找到所需资源后才可进行分配。分布操作系统能并行地处理用户的各种需求，有较强的容错能力。

网络操作系统和分布式操作系统虽然都用于管理分布在不同地理位置的计算机，但最大的差别是网络操作系统知道确切的网址，而分布式系统则不知道计算机的确切地址。

6. 嵌入式操作系统

嵌入式操作系统（Embedded Operating System）是用于嵌入式系统的操作系统。嵌入式系统的使用非常广泛，是嵌入式设备专用的操作系统，可以是程序员移植到这些新系统以及某些功能缩减版本的 Linux 操作系统，也可以是其他操作系统。在某些情况下，嵌入式操作系统指的是一个自带了固定应用软件的巨大泛用程序。

2.1.3 常用操作系统

市面上常见的操作系统主要有 Windows、UNIX、Linux、Mac OS、Android 和 iOS 等，但应用最广泛的仍然是 Windows 系列。

1. Windows 操作系统

Windows 是由微软公司成功开发的操作系统，是一个多任务操作系统，采用图形窗口界面，用户对计算机的各种复杂操作只需通过单击鼠标就可以实现。Microsoft Windows 系列操作系统是在微软给 IBM 设计的 MS-DOS 的基础上设计的图形操作系统。Windows 系统皆创建于现代的 Windows NT 内核，可以在 32 位和 64 位的 Intel 和 AMD 的处理器上运行。

2001 年 10 月 25 日微软公司发布 Windows XP，2004 年 8 月 24 日发布服务包 2，2008 年 4 月 21 日发布最新的服务包 3。2007 年 1 月 30 日微软公司发售 Windows Vista，它增加了许多功能，尤其是系统的安全性和网络管理功能并且拥有界面华丽的 Aero Glass。2009 年 10 月 22 日 23 点整，微软公司在美国总部正式发布 Windows 7，23 日微软公司分别在中国的杭州和北京发布 Windows 7 中文版，至此全球进入 Windows 7 时代。2012 年 10 月正式推出 Windows 8，其有着独特的 metro 开始界面和触控式交互系统。2014 年 1 月 22 日在美国旧金山发布会上正式发布了 Windows 10 消费者预览版。

2. UNIX 操作系统

UNIX 是一个强大的多用户、多任务操作系统，支持多种处理器架构，按照操作系统的分类属于分时操作系统。UNIX 最早由 Ken Thompson 和 Dennis Ritchie 于 1969 年在美国 AT&T 的贝尔实验室开发。类 UNIX 操作系统指各种传统的 UNIX 及与传统 UNIX 类似的系统，它们虽然有的是自由软件，有的是商业软件，但都一定程度地继承了原始 UNIX 的特性并且在一定程度上遵守 POSIX 规范。类 UNIX 系统可在非常多的处理器架构下运行，在服务器系统上有很高的使用率。

3. Linux 操作系统

Linux 是 1991 年推出的一个多用户、多任务的操作系统，与 UNIX 操作系统完全兼容。Linux

是基于 UNIX 开发的一个操作系统内核程序，其设计是为了在 Intel 微处理器上更有效地运用。它在理查德·斯托曼的建议下以 GNU 通用公共许可证发布，成为自由软件 UNIX 的变种。Linux 最大的特点是源代码是公开的内核源代码可以自由传播。经历数年披荆斩棘，Linux 系统逐渐蚕食以往专利软件的专业领域，在服务器领域成为主流操作系统。

4. Mac OS 操作系统

Mac OS 是一套运行于苹果 Macintosh 系列计算机上的操作系统。Mac OS 是首个在商用领域成功的图形用户界面。Macintosh 组员包括比尔·阿特金森（Bill Atkinson）、杰夫·拉斯金（Jef Raskin）和安迪·赫茨菲尔德（Andy Hertzfeld）。Mac OS X 于 2001 年首次在市场上推出，它包含两个主要部分，Darwin 是以 BSD 原始代码和 Mach 微核心为基础，类似 Unix 的开放原始代码环境。

5. Android 操作系统。

Android 是一种以 Linux 为基础的开放源代码操作系统，主要用于便携设备。Android 操作系统最初由 Andy Rubin 开发，主要支持手机设备。2005 年由 Google 收购注资并组建开放手机联盟开发改良，逐渐扩展到平板计算机及其他领域上。2011 年第一季度，Android 在全球的市场份额超过塞班系统，跃居全球第一。2012 年 11 月数据显示，Android 占据全球智能手机操作系统市场 76% 的份额，中国市场占有率为 90%。

6. iOS 操作系统

iOS 是由苹果公司开发的手持设备操作系统。iOS 与苹果的 Mac OS X 操作系统一样，也是以 Darwin 为基础的，因此同样属于类 UNIX 的商业操作系统。原来这个系统名为 iPhone OS，2010 年 6 月 7 日在 WWDC 大会上宣布改名为 iOS。截至 2011 年 11 月，根据 Canalys 的数据显示，iOS 已经占据了全球智能手机系统市场份额的 30%，在美国的市场占有率为 43%。

2.2　Windows 7 操作系统

Windows 7 是由微软公司开发的，具有革命性变化的操作系统。该系统旨在让人们的日常计算机操作更加简单和快捷，为人们提供高效易行的工作环境。原本安排 Blackcomb 在 Windows XP 后推出，但在 2001 年 8 月微软公司突然宣布 Blackcomb 延后数年推出，Windows Vista 将在 XP 之后和 Blackcomb 之前推出。为避免大众的注意力从 Vista 上转移，微软公司起初并没有透露太多下一代 Windows 的信息，直到 2009 年 4 月 21 日发布预览版，微软公司才开始对新系统进行商业宣传，随之 Windows 7 操作系统走进大众的视野。Windows 7 相比 Windows XP 操作系统，添加了多种个性功能，如基于应用服务的设计、视听娱乐的优化和用户易用性的新引擎等。

2.2.1　Windows 7 操作系统的运行环境

要在计算机上运行 Windows 7 必须满足以下条件：1 千兆赫（GHz）以上的 32 位 (x86) 或 64 位（x64）处理器；1 GB 以上的 RAM（32 位）或 2 GB RAM（64 位）；16 GB 以上的可用硬盘空间（32 位）或 20 GB（64 位）；1024 像素×768 像素以上的分辨率。

若要使用某些特定功能，还需要满足以下附加要求：Internet 接入；视频播放可能需要更多内存和高级图形硬件，具体取决于分辨率；对于某些 Windows Media Center 功能，可能需要电视调谐器和其他硬件；Windows Touch 和平板计算机需要特定硬件；家庭组需要网络和运行 Windows 7 的计算机；DVD/CD 制作需要兼容的光驱；Windows XP Mode 需要额外的 1 GB RAM

和额外的 15 GB 可用硬盘空间；音乐和声音需要音频输出，产品功能和图形可能因系统配置而有所不同，一些功能可能需要高级硬件或附加硬件。

Windows 7 专为使用当今的多核处理器而设计。所有 32 位版本的 Windows 7 最多可以支持 32 个处理器内核，而 64 位版本最多可以支持 256 个处理器内核。附带商用服务器、工作站和其他高端计算机可能具有多个物理处理器。Windows 7 专业版、企业版和旗舰版均支持两个物理处理器，从而为计算机提供最佳性能。Windows 7 简易版、家庭普通版和家庭高级版只能识别一个物理处理器。

以前版本的 Windows 在 Intel、AMD、NVidia 和 Qualcomm 等制造商出品的新处理器和芯片集上运行时，仅受有限支持。如果设备硬件不兼容、缺少当前驱动程序或不在原始设备制造商的支持期限内，设备可能无法运行。

2.2.2 Windows 7 操作系统的版本

Windows 7 包含 6 个版本，分别为 Windows 7 Starter（初级版）、Windows 7 Home Basic（家庭普通版）、Windows 7 Home Premium（家庭高级版）、Windows 7 Professional（专业版）、Windows 7 Enterprise（企业版）和 Windows 7 Ultimate（旗舰版）。

1. Windows 7 Starter（初级版）

Windows 7 Starter（初级版）是功能最少的版本，缺乏 Aero 特效功能，没有 64 位支持，最初的设计不能同时运行三个以上应用程序。幸运的是 Miscrosoft 最终取消了这个限制，最终版本几乎可以执行任何一个 Windows 任务，但不能更换桌面背景，也没有 Windows 媒体中心和移动中心等。Windows 7 Starter 主要用于类似上网本的低端计算机，通过系统集成或者 OEM 计算机上预装获得，并限于某些特定类型的硬件。

2. Windows 7 Home Basic（家庭普通版）

Windows 7 Home Basic（家庭普通版）是简化的家庭版，支持多显示器，有移动中心，支持 Aero 的部分特效，没有 Windows 媒体中心，缺乏 Tablet 支持，没有远程桌面，只能加入但不能创建家庭网络组（Home Group）等。

3. Windows 7 Home Premium（家庭高级版）

Windows 7 Home Premium（家庭高级版）面向家庭用户，满足家庭娱乐需求，包含了所有桌面增强和多媒体功能，如 Aero 特效、多点触控功能、媒体中心、建立家庭网络组、手写识别等，不支持 Windows 域、Windows XP 模式、多语言等。

4. Windows 7 Professional（专业版）

Windows 7 Professional（专业版）面向爱好者和小企业用户，满足办公的需求，包含了加强的网络功能，如远程桌面。另外，还包含网络备份、位置感知打印、加密文件系统、演示模式（Presentation Mode）、Windows XP 模式等功能，64 位可支持更大内存。

5. Windows 7 Enterprise（企业版）

Windows 7 Enterprise（企业版）面向企业市场的高级版本，满足企业数据共享、管理、安全等需求；包含多语言包、UNIX 应用支持、BitLocker 驱动器加密、分支缓存等。通过与微软有软件保证合同的公司进行批量许可出售，不在 OEM 和零售市场发售。

6. Windows 7 Ultimate（旗舰版）

Windows 7 Ultimate（旗舰版）拥有所有功能，与企业版几乎是相同的产品，仅仅在授权方式及其相关应用及服务上有区别。该版本操作系统通常面向高端用户和软件爱好者。

2.2.3　Windows 7 操作系统的桌面布局

Windows 7 操作系统是目前使用最多的操作系统之一，它的桌面是显示器整个屏幕显示的区域，在该区域内有各种桌面图标、任务栏、开始按钮等选项。Windows 7 操作系统的桌面如图 2-1 所示。

图 2-1　Windows 7 操作系统的桌面

在 Windows 7 操作系统中，一个应用程序窗口打开后处于正常还原状态。用户可以单击最大化按钮将其放大至全屏幕，也可单击最小化按钮缩小至最小化。下面详细介绍一下 Windows 7 操作系统的桌面。

1. 计算机

在 Windows 7 操作系统中【我的计算机】已经取消，取而代之的是计算机，双击计算机进入图 2-2 所示界面，由标题栏、菜单栏、导航栏和工作区四部分组成。

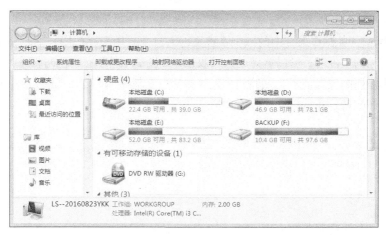

图 2-2　计算机界面

标题栏的功能是显示当前程序的名称、运行状态，鼠标拖动标题栏可以改变窗口在桌面上的位置。菜单栏包括文件、编辑、查看等按钮，功能是对相关程序进行功能操作。若菜单中带有"…"标记，表明此菜单会打开一个对话框；若菜单中带有"✓"标记，表明此命令已被选中执行且此命令项内的命令为复选项；若菜单中带有"●"标记，表明此命令已被选中执行且此命令项内的命令为单选项；若菜单中带有"▶"标记，表明此命令为级联命令，在命令项旁会出现级联菜单。左侧为导航栏，主要用于快速进入收藏夹和库。界面右侧为工作区，用于显示各个硬盘及其使用信息，从图 2-2 可知该系统包含四个硬盘 C～F，双击任一硬盘均可进入查看和操作。

2. 用户库

在 Windows 7 系统中，【我的文档】已经取消，取而代之的是以用户名命名的文件夹，如图 2-3 所示，在 Windows 7 中称为【库】，库中包含了【我的文档】【下载】【收藏夹】等。库是 Windows 7 系统借鉴 Ubuntu 操作系统而推出的文件管理模式，库的概念并非传统意义上的存放用户文件的文件夹，它其实是一个强大的文件管理器。

打开资源管理器，首先单击界面左侧导航栏的库，再单击菜单栏下一行的【新建库】，也可以右击右边空白处，在弹出的快捷菜单里选择【新建】下的【库】并为库重新命名。一个新的空白库即创建完成。

图 2-3 用户库

3. 回收站

回收站是 Windows 操作系统中的一个系统文件夹，主要用来存放用户临时删除的文档资料。当用户有需要删除的文件时，可以选择放入回收站，如图 2-4 所示。放在回收站的文件可以恢复，即文件还原到删除前的位置。若将回收站内的文件删除，则文件将彻底删除。用户也可以选择删除文件时不放入回收站，直接彻底删除，此时文件将无法恢复。

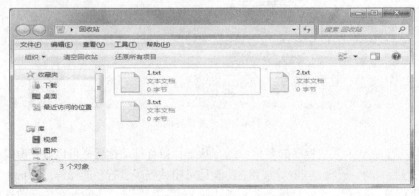

图 2-4 回收站

回收站是 C 盘的一个区域，当把回收站中的文件删除后可以看到 C 盘可用空间马上增加，这部分空间就是回收站里的文件占用的。当回收站内文件繁多、杂乱且无用时，可以选择清空回收站。用好和管理好回收站可以更加便于文档的日常维护工作。

4. 任务栏

任务栏默认情况下锁定在 Windows 屏幕下边，可以右击任务栏进行解除和锁定任务栏。任务栏在解锁的情况下，不仅可以随着鼠标的拖动而改变高度或隐藏而且可以随着鼠标拖动移动到屏幕的上、下、左和右边缘处，但不能放到屏幕的任何中间位置，也不能改变长度。图 2-5 所示为将任务栏移动至屏幕上边缘。

图 2-5　移动任务栏至屏幕上边缘

除任务栏可以锁定和解锁外，还可以将常用软件锁定在任务栏中。具体方法是运行锁定的软件，右键单击任务栏中该软件的图标，选择【将此程序锁定到任务栏】或者直接将程序拖动到任务栏。解锁方法相同，右键单击任务栏中该软件的图标，选择【将此程序从任务栏解锁】，如图 2-6 所示。

 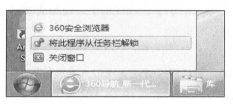

图 2-6　锁定和解锁任务栏程序

5. 开始按钮

单击【开始】按钮会弹出图 2-7 所示界面。在左侧导航栏中，可以单击执行任何一个程序，

图 2-7　开始按钮

也可以单击【所有程序】将全部安装的程序展开，需要执行哪个程序单击即可。单击右侧导航栏可以进入系统的库、计算机，查看库中各类文件和各个盘符的存储情况等。此外比较重要的操作就是进入控制面板、添加设备和打印机等。

Windows 7操作系统的关闭也与【开始】按钮密切相关，单击【开始】按钮及【关机】按钮即可完成Windows 7操作系统的关闭。若将鼠标指标移动到【关机】按钮上，则会出现切换用户、重新启动、注销和睡眠等选项。【切换用户】选项可以在管理员和其他用户间进行切换；【重新启动】选项保存对系统的设置和修改以及立即关机再启动的过程；【注销】选项只是清空当前用户的缓存空间和注册表信息，清除后可使用其他用户登录；【睡眠】选项是将当前工作程序保存在内存中，在不断电的情况下，通常动一下键盘、鼠标就能唤醒。

Windows 7操作系统的启动根据不同用户的设置有所差异。用户如果没有设置密码，则打开主机电源后，机器进行开机自检，直接进入操作系统，登录到Windows桌面完成启动。如果用户设置密码，则打开主机电源后，需要用户在登录对话框中输入正确的用户名和密码，校验无误方可登录成功，否则提示错误信息无法进入系统。

6. 快捷方式

当安装程序在桌面没有快捷方式时，用户想进入该程序需要单击【所有程序】或进入安装位置等才能打开，操作步骤繁多。此时可以为常用的程序和操作项目添加快捷方式，方便和简化日常操作。快捷方式可以根据需要选择放在【开始】菜单和文件夹中，但放置在桌面上居多。可以通过单击【开始】【所有程序】，在相应程序处右击选择【发送到】【桌面快捷方式】即可创建图2-8所示的桌面快捷方式。

快捷方式实际上是相应程序的图标，单击则可以进入该程序，是计算机或网络上任何可访问项目的连接，通过快捷方式无需进入安装位置即可启动常用程序或打开文件、文件夹等。当不需要快捷方式时可以将其删除。删除快捷方式时初始项目不受任何影响，还可再次为其创建和删除快捷方式；若将整个程序都删除时，则需要通过控制面板进行卸载。

7. 桌面空白处

右击桌面空白处会弹出图2-9所示的快捷菜单。通过该快捷菜单首先可以设置桌面图标的大小，图标有大、中和小三种，默认为中等图标；其次可以设置是否自动排列图标；当勾选自动排列图标

图 2-8　快捷方式

图 2-9　右击桌面

时，桌面图标将自动进行排列，此时也可以拖动图标进行移动，但有一定的顺序性，不能随意将图标放在任意位置；最后可以设置是否显示桌面图标和显示桌面小工具等，默认情况下全部勾选。

【排序方式】下有名称、大小、项目类型和修改日期等四个选项。在排列图标时用户可以根据需要进行选择。【刷新】其实是起到刷新当前文件显示信息的作用，作用不大，通常是用户的一种普遍习惯。【新建】下主要有文件夹、快捷方式、Office 办公软件、文本文档、日记文档、BMP 图像等，在日常办公事务中最常见的操作就是新建文件夹和新建文本文档等。

8. 小工具

Windows 7 小工具是一组小程序。这些小程序可以提供即时信息及轻松访问常用工具的途径。例如，可以使用小工具查看当前状态下 CPU 与内存的占用率、查看实时的货币兑换比率等。打开小工具的方法如下：鼠标右键单击桌面空白处，在弹出的快捷菜单中选择【小工具】即可打开图 2-10 所示的 Windows 7 小工具界面。

图 2-10　小工具

（1）CPU 仪表盘。Windows 7 中的 CPU 仪表盘外观很像汽车的仪表盘，两个仪表盘中一个显示 CPU 使用率，另一个显示随机存取内存（RAM），也就是系统内存占用率。用户可以通过仪表盘上的指针、刻度和百分比数值随时监测自己计算机的资源占用情况，非常直观。双击 Windows 7 小工具界面中的【CPU 仪表盘】小图标即可将其在桌面上显示出来。

添加到 Windows 7 桌面的 CPU 仪表盘可以用鼠标随意拖曳到桌面的任何位置。当鼠标指针放到仪表盘上时，右侧会出现关闭和尺寸调整的小按钮，右键单击仪表盘可以看到【设置】菜单，通过相应的菜单命令可以移动小工具、调整大小和设置小工具的显示透明度等。

（2）Windows 7 媒体中心提供一种 WMC 桌面小工具，可以用来播放音乐（在线音乐及本地音乐播放）、播放图片和媒体中心的视频并按类型加以分类，使用十分方便。双击 Windows 7 小工具界面中的【Windows Media Center】图标即可在桌面上显示出来。

（3）货币。在 Windows 7 中，系统提供的货币小工具用于提供实时的货币兑换比率。双击 Windows 7 小工具界面中的【货币】图标，即可在桌面上显示。Windows 7 桌面上成功添加的货币换算小工具，默认显示两种货币换算（人民币对美元）。单击右上角的第二个按钮，可以较大尺寸显示货币小工具。

若需要进行其他币种的转换，可以执行如下操作：单击【+】按钮添加更多的货币种类换算。单击货币名称，从下拉菜单中选择不同的货币种类，只需选择币种，输入数字，就可以得到换算出来的其他货币的对应数值。

（4）日历。在 Windows 7 中，系统提供的桌面日历用于提供实时的日期。双击 Windows 7 小工具界面中的【日历】图标，即可将其在桌面上显示出来。

（5）时钟。在 Windows 7 中，系统提供的桌面时钟用于提供实时的时间。双击 Windows 7 小工具界面中的【时钟】图标即可将其在桌面上显示出来。在打开时钟后，还可以用鼠标右键单击【时钟】图标，在弹出的快捷菜单中选择【选项】，在此提供了 8 种不同样式的时钟供用户选择。

（6）天气。天气是一款天气预报小工具，它可以实时全国各城市最近四日天气情况，另外它还支持多种风格的显示外观并支持自定义风格。双击 Windows 7 小工具界面中的【天气】图标即可将其在桌面上显示出来。

（7）图片拼图板。当用户工作感到疲劳时可以使用 Windows 7 提供的小工具放松一下。双击 Windows 7 小工具界面中的图片拼图板图标，即可在桌面上显示图片拼图板工具，它模拟一个方形的木框中的 15 个小方块和一块空白处，需要动脑筋移动这些包含图案的小方块，争取在最短时间内将它们拼成一个完整的画面。一旦开始移动小方块，计时器就开始计时，如果需要暂停计时，可以单击拼图板左上角的暂停按钮。

Windows 7 小工具拼图板有多种图案，单击【选项】按钮可进行设置更换，一共有 11 张图片供选择，可以单击左右箭头浏览图片，选中喜欢的图片再单击【确认】按钮即可完成图案的更换。在拼图过程中还可以单击【显示图片】按钮查看正确图案。

2.2.4 Windows 7 操作系统的日常使用

Windows 7 操作系统于 2010 年正式发布，相比之前的 Windows XP 操作系统，它提供了全新的操作界面、多种个性功能和更加友好的用户操作体验。Windows 7 操作系统在很多方面都进行了改进，使用该操作系统，用户可以更方便、更快捷地完成某些处理任务，如搜索、设置屏幕分辨率、更改字体大小、桌面图标、系统主题、用户头像和鼠标指针等。

1. 搜索

在 Windows 7 系统中查找某文件或文件夹，可以在文件夹窗口右上角的搜索栏填写需要搜索文件或文件夹的名称，搜索页面如图 2-11 所示。在图 2-11 的搜索栏内输入 Windows，则会在整个计算机所有盘符范围内搜索带有 Windows 字样的文件或文件夹并全部显示出来。

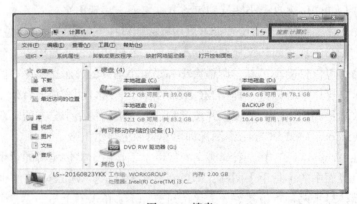

图 2-11　搜索

若在查询过程中，用户能够清晰地记住查询文件所在的硬盘盘符或盘符下的文件夹，则可以缩小搜索范围，选择具体盘符或文件夹进行搜索，缩小查询范围会加快查找速度，这在时间紧迫时至关重要。图 2-12 所示为在 F 盘教学视频文件夹中搜索 java 基础的显示结果。

图 2-12　java 基础搜索结果

若在查询过程中，用户不能清晰记住查询文件的名称，则可以采用模糊查询，只需要在搜索栏输入将要查询文件名称的一部分字符即可，Windows 会根据查询字符将包含此字符的文件或文件夹全部显示出来。图 2-13 所示为在 D 盘下搜索名称包含 h 的文件/文件夹的显示结果。

图 2-13　h 搜索结果

2. 设置屏幕分辨率

在 Windows XP 下，屏幕分辨率、小工具、个性化这些选项是从没出现过的，这也是 Windows 7 操作系统和 Windows XP 操作系统的根本区别。设置屏幕分辨率的具体步骤如下。

（1）鼠标右键单击桌面空白处。

（2）在弹出的快捷菜单中选择【屏幕分辨率】。

（3）选择要使用的操作系统的分辨率，如图 2-14 所示，最后单击【确定】按钮。

图 2-14　更改屏幕分辨率

3．更改字体大小

将显示器调整为原始分辨率后，文本可能显示得太小。用户可以不更改分辨率而放大文本和图标等其他项目。具体步骤如下。

（1）鼠标右键单击桌面空白处。

（2）在弹出的快捷菜单中选择【屏幕分辨率】选项。

（3）单击【放大或缩小文本和其他项目】选项，选择需要的选项，如图 2-15 所示。

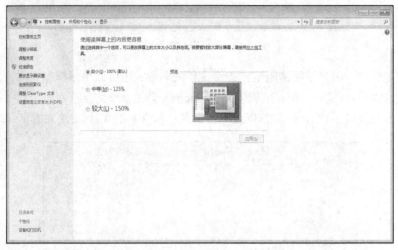

图 2-15　更改字体大小

4．更改桌面图标

在默认状态下，Windows 7 安装完成后桌面上只保留了回收站的图标。如果用户希望在桌面上添加其他图标可以执行下面的操作。具体步骤如下。

（1）鼠标右键单击桌面空白处。

（2）在弹出的快捷菜单中单击【个性化】按钮，如图 2-16 所示。

图 2-16　个性化窗口

（3）在窗口的左侧选择更改桌面图标。

（4）选择要在桌面上显示的图标，然后单击【确定】按钮，如图 2-17 所示。

图 2-17　更改桌面图标

5. 更改系统主题

默认状态下 Windows 7 自带的主题为 Windows 7，用户可以根据各自的喜好更改其他主题。具体步骤如下。

（1）鼠标右键单击桌面空白处。

（2）在弹出的快捷菜单中单击【个性化】按钮。

（3）选择主题。

（4）可更改桌面背景、窗口颜色、声音、屏幕保护程序，如图 2-18 所示。

图 2-18　更改壁纸

6. 更改用户头像

用户可以更改【开始】菜单中对应账户的用户头像。具体步骤如下。

（1）鼠标右键单击桌面空白处。

（2）在弹出的快捷菜单中单击【个性化】按钮。

（3）选择窗口左侧的更改账户图片，如图 2-19 所示。

（4）选择自己喜欢的图像或者单击【浏览更多图片…】选项，选择本地计算机中的图片设置用户头像，如图 2-20 所示。

图 2-19　更改账户图片

图 2-20　通过本地图片设置头像

7.　更改鼠标指针

在 Windows 7 中用户可以进行鼠标指针的更改。具体步骤如下。

（1）鼠标右键单击桌面空白处。

（2）在弹出的快捷菜单中单击【个性化】按钮。

（3）单击窗口左侧的更改鼠标指针。

（4）在方案中选择自己喜欢的鼠标指针如图 2-21 所示，单击【确定】按钮。

图 2-21　更改鼠标指针

2.2.5　Windows 7 操作系统的快捷键

Windows 7 的快捷键主要包括以下几种。

Win + Home：将所有使用中窗口以外的窗口最小化。

Win + Space 空格键：将所有桌面上的窗口透明化。

Win +上方向键：最大化使用中的窗口。

Win + D：快速切换到桌面，显示桌面。

Esc：取消当前任务。

Win + P：打开外接显示设置窗口。

Alt + Tab：在打开的项目之间切换窗口。

Win + Tab 组合键：调出三维窗口切换界面，用户可在多个窗口中切换。

Shift + Win +上方向键：垂直最大化使用中的窗口。

Win +下方向键：最小化窗口或还原先前最大化的使用中的窗口。

Win +左/右方向键：将窗口靠到屏幕的左右两侧。

Shift + Win+左/右方向键：将窗口移到左、右屏幕工作列。

Win + 1～9：开启工作列上相对应的软件，从左到右依顺序为 Win+1～Win+9。

Shift + Win+1～9：开启对应位置软件的一个新"分身"。

Ctrl + Win+ 1～9：在对应位置已开启分身的软件中切换。

Alt + Win+1～9：开启对应位置软件的右键选单。

Alt + Ctrl +Del：启动任务管理器。当某个应用程序不能正常关闭时，可通过该快捷键启动任务管理器，在任务管理器中结束进程即可关闭相应程序。

2.3　文件的管理

文件是计算机的核心概念，计算机中的所有程序、数据、资源和设备等，都是以各种各样文件的形式存在的。计算机中存放着数以万计的文件，尽管存在形式各不相同，但它们都是可供使用的宝贵资源。对这些文件进行行之有效的管理，用户才能顺利完成日常的工作任务，因此文件的管理至关重要，同时文件管理也是每一个计算机操作者的基本功。

2.3.1　基本概念

1. 文件的概念

所谓"文件"就是在计算机中以实现某种功能或某个软件的部分功能为目的而定义的一个单位。文件有很多种，运行的方式也各有不同。一般来说可以通过文件名识别文件是哪种类型，特定的文件都会有特定的图标，只有安装了相应的软件才能正确显示其图标。

文件的范畴很广泛，如应用程序、杀毒软件、各类文档等都叫文件。计算机中的文件可以是文档、程序、快捷方式和设备。文件由文件名和图标组成，同种类型的文件具有相同的图标，文件名不能超过 255 个字符（包括空格），在同一个盘符或文件夹下文件不能同名，不同盘符和文件夹下文件可以同名，但应注意区分。

文件是与软件研发、维护和使用有关的资料，也是使用、理解和维护软件所不可缺少的重要资料，通常可以长久保存，是软件的重要组成部分。文件也是对软件中另一组成部分——程序的解释和说明，是对研发过程中管理的重要依据。

2. 文件夹的概念

传统使用的有形实物文件夹是指专门盛装文件的夹子，是装整页文件和资料用的，主要目的是为了更好地保存文件，使文件整齐规范。现代化办公经常遇到的计算机里面的文件夹也是盛装各类文件的，它是无形的和虚拟的。

普通计算机文件夹是用来协助人们管理计算机文件的，每一个文件夹对应一块磁盘空间，它提供了指向对应空间的地址。文件夹没有扩展名，也不像文件那样用扩展名来标识格式，但它有几种类型，如文档、图片、相册、音乐、音乐集等。

2.3.2 基本操作

1. 打开资源管理器

打开资源管理器的方法较多，具体如下。

（1）方法一：右键单击【开始】按钮，在弹出快捷菜单中选择【打开 Windows 资源管理器】。

（2）方法二：单击【开始】按钮，在弹出的开始菜单中选择【程序】命令，在级联菜单中选择【附件】命令，在级联菜单中单击【Windows 资源管理器】命令。

2. 新建文件或文件夹

新建文件或文件夹可的具体步骤如下。

（1）在窗口文件区域空白处单击鼠标右键，在弹出的快捷菜单中单击【新建】。

（2）在级联菜单中选择某类型文件或【文件夹】，新建一个文件或文件夹，进行命名即可，如图 2-22 所示。

微课：新建
文件夹

图 2-22　新建文件或文件夹

3. 选定文件或文件夹

选定文件或文件夹是对其进行管理操作的前提。用户可以选定一个或多个文件或文件夹，它们可以是连续的，也可以是不连续的。具体步骤如下。

（1）选定单个文件或文件夹：拖动鼠标直接指向文件或文件夹图标，单击此图标即可。

（2）选定多个连续的文件或文件夹：先选定第一个文件或文件夹，按住 Shift 键，再单击最后一个文件或文件夹即可。

（3）选定多个不连续的文件或文件夹：先选定第一个文件或文件夹，按住 Ctrl 键，再依次单击所需要的文件或文件夹即可。

（4）选定窗口中全部文件或文件夹：单击【编辑】菜单中的【全部选定】命令；或者直接按 Ctrl+A 组合键；或者通过拖动鼠标直接选定。

4. 重命名文件或文件夹

重命名文件或文件夹可采用如下步骤完成。

（1）鼠标指针指向文件或文件夹图标，单击鼠标右键，在弹出的快捷菜单中选择【重命名】命令或者按 F2 键，如图 2-23 所示。

（2）此时文件或文件夹的名称将处于编辑状态，用户直接输入新的名称即可，如图 2-24 所示。

微课：重命名
文件夹

图 2-23　重命名命令　　　　　　　　　　　　图 2-24　重命名

5. 移动文件或文件夹

移动文件或文件夹可采用如下方法完成。

（1）鼠标指针指向文件或文件夹图标，单击鼠标右键，选择【剪切】命令，如图 2-25 所示，打开目标文件夹，单击鼠标右键，选择【粘贴】命令，如图 2-26 所示。

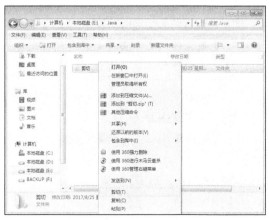

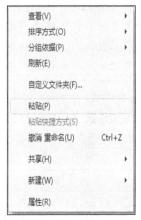

微课：移动
文件

图 2-25　剪切命令　　　　　　　　　　图 2-26　粘贴命令

（2）鼠标指针指向文件或文件夹图标，按组合键 Ctrl+X，打开目标文件夹，按组合键 Ctrl+V。

（3）若在同一磁盘中移动文件或文件夹，可直接拖动所选文件或文件夹到目标文件夹。若在不同磁盘中移动文件或文件夹，则在拖动所选文件或文件夹到目标文件夹的过程中按住 Shift 键即可。

6. 复制文件或文件夹

复制文件或文件夹可采用如下方法完成。

（1）在选中的文件或文件夹图标上单击鼠标右键，选择【复制】命令，如图 2-27 所示。打开目标文件夹，单击鼠标右键，选择【粘贴】命令。

微课：复制
文件

图 2-27　复制命令

（2）鼠标指针指向文件或文件夹图标，按组合键 Ctrl+C，打开目标文件夹，按组合键 Ctrl+V。

（3）若在同一磁盘中复制文件或文件夹，则在拖动所选文件或文件夹到目标文件夹的过程中按住 Ctrl 键即可。若在不同磁盘中复制文件或文件夹，则直接拖动所选文件或文件夹到目标文件夹即可。

备份文件一般通过复制操作完成，文件或文件夹的备份可以有效防止人为误操作、病毒感染和其他情况所造成的文件损坏，当出现此类情况时可以通过备份的文件或文件夹进行还原，通常备份文件或文件夹放在不同磁盘中，以免磁盘损坏造成备份文件丢失。

提示

移动和复制文件的区别：

移动文件或文件夹就是将文件或文件夹移动到其他地方，执行移动命令后，文件或文件夹在原位置消失，在目标位置出现；复制文件或文件夹就是将文件或文件夹复制一份，放到其他地方，执行复制命令后，原位置和目标位置均有该文件或文件夹。

7. 删除文件或文件夹

先选择要删除的文件或文件夹，然后使用下列方法实现删除。

（1）鼠标右键单击要删除的文件或文件夹，在快捷菜单中单击【删除】命令。

（2）选择【文件】菜单中的【删除】命令。

（3）使用 Ctrl+D 组合键或按 Delete 键，如图 2-28 所示。

（4）直接将所选文件或文件夹拖到【回收站】中。

在上面的操作中，若拖动时或选择【删除】命令前按住 Shift 键再操作，即可彻底删除文件或文件夹。彻底删除的文件，将不被放入回收站中，不能使用回收站还原，所以用户执行彻底删除操作时一定要慎重。

图 2-28 删除命令

8. 文件或文件夹路径

在 Windows 7 系统中，文件或文件夹路径显示在文件窗口的路径栏中，可以通过单击路径栏显示路径，并使用组合键 Ctrl+C 复制路径，如图 2-29 和图 2-30 所示。

图 2-29 文件窗口

图 2-30 文件路径

9. 压缩文件或文件夹

当文件或文件夹容量较大时通常采取压缩形式存放，压缩文件不但可以压缩文件大小而且可以很好地整理文件或文件夹。压缩文件或文件夹前要确保计算机安装了压缩软件。具体步骤如下。

（1）选中要压缩的文件或文件夹，右击选择【添加到压缩文件】。

（2）修改压缩包的名称，默认与原文件或文件夹同名。

（3）单击【自定义】可以设置压缩格式，默认为.ZIP，可根据需要选择为.RAR 和.7Z 格式。

（4）单击【更改目录】可以设置压缩包存放位置，默认和原文件或文件夹保存在同一位置。

（5）单击【添加密码】按钮可以给压缩文件加密，输入密码后单击【立即压缩】即可完成压缩，如图 2-31 所示，没有添加密码的压缩文件可直接双击打开其中的文件，加密码的压缩文件则需要先输入密码再打开。

图 2-31 压缩文件夹

10. 显示或隐藏文件及文件的扩展名

默认情况下，资源管理器不显示受保护的系统文件或隐藏文件，也不显示已知文件类型的扩展名。如果要查看这些文件信息，则需要进行相关设置。具体步骤如下。

（1）打开【资源管理器】窗口，单击【工具】菜单中的【文件夹选项】命令。

（2）在【文件夹选项】对话框中，单击【查看】选项卡，拖动滚动条至【高级设置】，如图2-32所示。

图2-32 文件夹选项

（3）选择【隐藏文件和文件夹】下的【显示隐藏的文件、文件夹和驱动器】选项。

（4）取消【隐藏已知文件类型的扩展名】复选框中的勾选，单击【确定】按钮。

11. 更改文件或文件夹属性

文件或文件夹都包含3种属性：只读、隐藏和存档。若将文件或文件夹设置为【只读】属性，则该文件或文件夹不允许更改；若将文件或文件夹设置为【隐藏】属性，则该文件或文件夹在常规显示中将被隐藏；若将文件或文件夹设置为【存档】属性，则表示该文件或文件夹已存档，有些程序用此选项来确定哪些文件需做备份。具体步骤如下。

（1）鼠标指针指向更改属性的文件或文件夹，右键单击，在弹出的快捷菜单中选择【属性】选项。

（2）在打开的属性对话框中选择【常规】选项卡，在该选项卡【属性】选项组中选定所需的属性复选框，单击【确定】按钮即可。图2-33所示为去掉只读属性，图2-34所示为添加隐藏属性。

图2-33 去掉只读属性

图2-34 添加隐藏属性

微课：更改文件属性

12. 查找文件或文件夹

在工作或学习中需要在计算机中查找某些文件或文件夹时，可以使用以下两种搜索命令进行查找。一种是在资源管理窗口中搜索；另一种是在【开始】按钮中搜索，后一种的具体步骤如下。

（1）单击【开始】铵钮，在弹出的菜单中单击【搜索程序和文件】，在命令框中输入要查找的文件或文件夹名。

（2）在输入搜索内容的同时，上方会出现相应的搜索内容，如图 2-35 所示。若在给出的结果列表中没有要查找的文件或文件夹，可以单击【查看更多结果】查找。

图 2-35　搜索文件/文件夹

13. 回收站设置及文件还原

当计算机中存在不再需要或重复的文件或文件夹时，它们会占据一定的存储空间，应及时进行清理。常用的清理文件工具就是回收站。具体步骤如下。

（1）右键单击桌面上的【回收站】图标，从弹出的快捷菜单中选择【属性】，如图 2-36 所示。

（2）在弹出的【回收站属性】对话框中进行相应设置即可，如图 2-37 所示。当回收站中文件数量过多并且确定将来不再使用时也可以选择【清空回收站】，释放存储空间。

图 2-36　回收站

图 2-37　回收站属性对话框

（3）打开【回收站】，右键单击要还原的文件或文件夹，在弹出的快捷菜单中选择【还原】，文件将被还原到删除时的位置，如图 2-38 所示。

图 2-38　还原文件

2.3.3　文件夹内创建文件

文件夹用来存放和管理各类文件，用户可以根据需要创建各种名称的文件夹，通常向同一名称中创建或存放同一类型的文件，方便查找和使用。常见操作有文件夹内创建子文件夹、文件夹内创建文本文件、文件夹内创建 Word 文件、文件夹内创建图片文件、文件夹内创建位图文件和文件夹内创建快捷方式等。

1．在文件夹内创建子文件夹

双击进入文件夹，右键单击文件夹空白处，在弹出的菜单中选择【新建】下的【文件夹】，图 2-39 所示即可创建以新建文件夹命名的子文件夹，右键单击新建文件夹选择【重命名】可以为其更改名称。子文件夹创建完成后便可根据需要在其内创建各类文件。

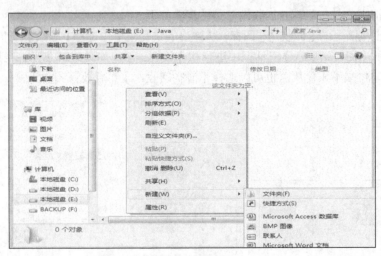

微课：创建
子文件

图 2-39　创建子文件夹

2．在文件夹内创建文本文档

双击进入文件夹，右键单击文件夹空白处，在弹出的菜单中选择【新建】下的【文本文档】，如图 2-40 所示即可创建以新建文本文档命名的文本文档。右击选择【重命名】可以为其改名，默认重命名只改名称不改扩展名，有明确要求需要更改扩展名时应进行更改，双击进入文本文件可以输入任意文字，输入结束后应单击【文件】菜单下【保存】按钮进行保存。

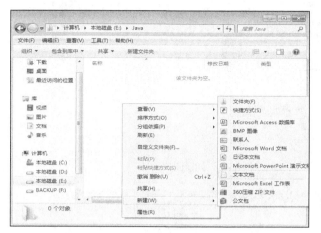

微课：创建文本文件

图 2-40　创建文本文档

3. 在文件夹内创建 Word 文件

双击进入文件夹，右键单击文件夹空白处，在弹出的快捷菜单中选择【新建】下的【Microsoft Word 文档】，图 2-41 所示即可创建以新建 Microsoft Word 文档命名的 Word 文件。

微课：创建 Word 文件

图 2-41　新建 Word 文件

右击新建 Word 文件选择【重命名】可以为其改名，默认改名只改名称不改扩展名。

4. 在文件夹内创建图片文件

单击【开始】按钮，再单击【所有程序】、【附件】下的【画图】按钮进入画图程序，单击想绘制的任意图形使用鼠标拖拽即可在画布上绘制，绘制完成后单击【画图】下的【另存为】按钮进行保存。在弹出的对话框中选择图片保存位置，输入图片文件名称，保存类型选择 JPEG，单击【保存】按钮即可创建.JPG 图片文件，如图 2-42 所示。

5. 在文件夹内创建位图文件

单击【开始】按钮，再单击【所有程序】、【附件】下的【画图】按钮进入画图程序，单击想绘制的任意图形使用鼠标拖拽即可在画布上绘制，绘制完成后单击【画图】下的【另存为】按钮进行保存。在弹出的对话框中选择位图保存位置，输入位图文件名称，保存类型选择 256 色位图，单击【保存】按钮即可创建 256 色位图文件，如图 2-43 所示。

图 2-42　创建图片文件

图 2-43　创建位图文件

6. 在文件夹内创建快捷方式

双击进入文件夹，右键单击文件夹空白处，在弹出的快捷菜单中选择【新建】下的【快捷方式】，在弹出的对话框中单击【浏览】按钮，从弹出的浏览文件或文件夹对话框中选择快捷方式的目标，如图 2-44 所示。选择好具体文件后单击【确定】按钮，再单击【下一步】进入重命名窗口，可根据需要进行重命名，默认与原目标文件同名。最后单击【完成】按钮即可完成快捷方式的创建。

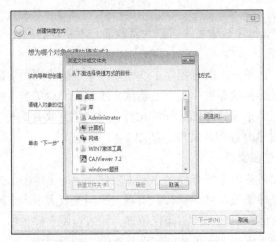

图 2-44　浏览目标文件

2.4　系统环境设置

Windows 7 操作系统在安装完成后，系统环境会得到默认设置，但也允许用户对其系统环境中的各个对象的参数进行调整和重新设置，这些功能主要集中在"控制面板"窗口中。在这个窗口中，显示了配置系统参数的各种功能，可以根据自身需要适当更改。

2.4.1　控制面板

控制面板打开方式可以从个性化左边的【控制面板】主页打开，也可以从开始菜单中打开，如图 2-45 所示。在打开控制面板时，有两种查看方式，可更改显示方式，如图 2-46 所示。控制面板可以更改计算机的一系列设置，本节仅针对卸载程序、日期和时间设置、区域和语言设置进行讲解，其他设置会在后面章节——道来。

图 2-45　控制面板两种显示方式

若计算机中存在大量不再使用或是出现故障的程序，会占用计算机的存储空间，使计算机的运行速度减慢，此时应该及时将其卸载释放存储空间。卸载方法是在【控制面板】中选择【程序】图标，进入如图 2-47 所示页面。

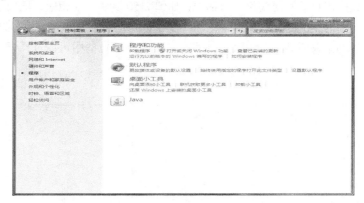

图 2-46　更改控制面板显示方式　　　　图 2-47　控制面板的程序窗口

在该窗口中可以单击程序和功能下方的【卸载程序】和【查看已安装的更新】。如果单击卸载程序，则会弹出图 2-48 所示的【卸载或更改程序】窗口，在此窗口中可以选择不再需要的程序，右击则出现图中所示的卸载/更改选项，选择卸载则会弹框确认是否确定卸载，选择确定即可完成该程序的卸载。

图 2-48　程序和功能窗口

新买或重做操作系统后的计算机日期、时间和语言、区域一般会不准，需要调整到标准时刻和时区，在控制面板中可以进行相关设置。具体方法是进入控制面板，单击【时钟、语言和区域】进入如图 2-49 所示界面。

图 2-49　程序和功能窗口

设置日期和时间则单击日期和时间按钮进入，弹出日期和时间对话框，单击【日期和时间】按钮弹出日期和时间设置对话框，如图 2-50 所示，在相应日期位置选择正确的日期，时间位置选择当前时刻的时间，最后单击【确定】即可。设置区域和语言则单击【区域和语言】按钮，弹出区域和语言对话框，如图 2-51 所示。在格式下拉框中可以选择国家和语言，在日期和时间格式中

图 2-50　更改日期和时间设置

图 2-51　更改区域和语言设置

可以选择具体显示格式，最后单击【确定】按钮即可。

2.4.2　用户账户

用户账户是系统控制用户可以访问哪些文件和文件夹，可以对计算机和个人首选项（如桌面背景和屏幕保护程序）进行哪些更改的信息集合。用户可以为账户设置不同级别，增加账户和添加删除密码等。

1. 账户类型

账户分为三种类型，每种类型为用户提供不同的计算机控制级别，具体如下。

（1）标准账户适用于日常计算。

（2）管理员账户可以对计算机进行最高级别的控制，但应该只在必要时才使用。

（3）来宾账户主要针对需要临时使用计算机的用户。

2. 新建账户

可以根据日常工作需要创建一个新账户，具体步骤如下。

（1）单击【开始】菜单，选择【控制面板】。

（2）单击【用户账户和家庭安全】按钮，如图 2-52 所示。

（3）单击【用户账户】按钮，如图 2-53 所示。

（4）单击下方的【管理其他账户】按钮，如图 2-54 所示。

（5）打开【管理其他账户】界面后，单击【创建一个新账户】按钮，如图 2-55 所示。

图 2-52　用户设置

图 2-53　用户账户设置

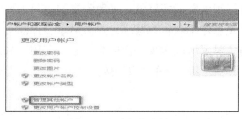

图 2-54　更改账户界面

图 2-55　创建新账户

（6）打开【创建新账户】界面后，在文本框中输入要创建的账户名，如图 2-56 所示。例如：账户名为 Lenovo，类型可以选择【标准账户】或【管理员】，这里选择【标准账户】。

（7）输入完成之后，单击【创建账户】按钮即可。这时在【管理账户】中便会多出一个名称为 Lenovo 的账户，即为创建的新账户，级别为标准用户。

（8）单击【Lenovo 标准用户】可以打开【Lenovo 标准账户】的管理设置界面，在该界面中可以对其进行一些设置，例如更改图片等，如图 2-57 所示。

3. 设置密码

可以根据需要为用户设置账号密码，具体步骤如下。

图 2-56　创建 Lenovo 账户

图 2-57　修改账户

（1）单击【开始】菜单，选择【控制面板】。

（2）如打开的是类别视图，单击【用户账户和家庭安全】按钮，再单击【用户账户】按钮。

（3）单击【为您的账户创建密码】，如图 2-58 所示。输入密码并确认，必要时可以设置强密码和密码提醒并单击【创建密码】。如图 2-59 所示。如果此账户有密码，则界面变为【更改密码】和【删除密码】。

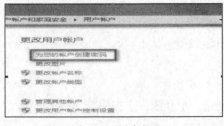

图 2-58　创建密码

图 2-59　设置密码

Windows 7 操作系统自带的系统管理员账户 Administrator 权限最高，可以对其进行重命名、修改属性和禁用等操作，但不可以删除。

2.4.3　添加打印机

在日常操作中，打印机必不可少，通常办公场所选择在同一个办公室或同一个部门安装一台打印机，称为网络打印机或公共共享打印机。网络打印机有诸多好处，如节省资源，只需要一台打印机做打印设备，一台计算机做打印服务器，可以有效实现资源共享；设置简单，仅需几步简单操作即可完成，在打印设备和操作系统不更换的情况下可以实现一次安装、多次使用。如果计算机安装了多台打印机，则应有一台设置为默认打印机，其图标的左下角处有"√"标志。具体步骤如下。

（1）单击【开始】按钮，进入【控制面板】，选择【设备和打印机】，单击【添加打印机】。

（2）在弹出的添加打印机的对话框中选择【添加网络、无线或 Bluetooth 打印机】，开始搜索当前网络中打印机，如果有需要的打印机可以选择该打印机，单击【下一步】，系统将自动为计算机下载该打印机驱动，即可完成打印机的添加。

（3）如果在搜索中未找到需要的打印机，可以单击下面【我需要的打印机不在列表中】，进入如图 2-60 所示界面。

（4）在出现的三个选项中选择【浏览打印机】，单击【下一步】即弹出网络中的计算机，如果知道共享打印机在哪台计算机上，可双击进入该计算机，在设备和打印机中找到打印机，双击打印机即可安装。

（5）或者在出现的三个选项中选择【使用 TCP/IP 地址或主机名添加打印机】，单击【下一步】，在弹出的对话框中，向主机名和 IP 地址处输入网络中打印机的 IP 地址，单击【下一步】，计算机将自动下载打印机驱动并完成安装。

图 2-60　添加打印机

2.4.4　系统更新

Windows Update 主要用来升级系统的组件，是现在大多数 Windows 操作系统自带的一种自动更新工具，一般用来为漏洞、驱动、软件提供升级。通过及时有效地进行各种插件、漏洞的更新，不仅能够扩展系统的功能，让系统支持更多的软、硬件，解决各种兼容性问题而且可以使计算机系统更流畅更安全。具体步骤如下。

（1）单击【开始】菜单，选择【控制面板】，将查看方式更改为类别，选择【系统和安全】。

（2）单击 Windows Update 下的【检查更新】，进入下一个对话框中再次单击【检查更新】按钮进行更新检查，这可能会持续一段时间，如图 2-61 所示。

图 2-61　系统更新

（3）检查结束后会提示下载和安装计算机更新并有数量标记，单击【安装更新】按钮则自动下载并更新。安装结束应重启计算机，但注意计算机重启时不要关闭电源。

2.4.5　附件工具

单击【开始】按钮，在【所有程序】中选择【附件】，可以看到 Windows 7 系统提供的常用小程序，通过这些小程序可以更方便地处理一些日常事务。

1. 计算器

微软在 Windows 7 中新增了很多非常实用的小程序，其中计算器也许算是最不起眼的一个。但是这次 Windows 7 中的计算器功能可绝不容小觑，除了常规的计算功能外，它还包含了很多新的实用功能。单击【开始】菜单，在程序【附件】菜单中，单击【计算器】即可启动计算器窗口。

（1）标准计算器。它是最常用也是最简单的计算器，可以进行加减乘除、开方倒数等基本运算，相信每个人都很熟悉，如图 2-62 所示。若用户需要使用其他类型的计算器，可以单击【查看】按钮，在弹出的菜单中选择计算器类型，如图 2-63 所示。

（2）科学型计算器。它属于标准模式的扩展，主要是添加了一些比较常用的数学函数，如三角函数、度、弧度、梯度换算等功能，如图 2-64 所示。

图 2-62　标准计算器

图 2-63　计算器类型选择

图 2-64　科学计算器

（3）程序员计算器。它可以使用不同的进制表示数，也可以限定数据的字节长度，而且每个数字都在下方给出其二进制的值，如图 2-65 所示。

（4）统计计算器。它是一种完全不同的计算模式：先输入一系列已知的数据，然后计算各种统计数据。它支持的统计数据包括平均值、平方平均值、和、平方和、标准差等，如图 2-66 所示。

图 2-65　程序员计算器

图 2-66　统计计算器

（5）日期计算。它可以计算两个日期间隔的天数，即从某月某日到某月某日要经过几天。假设计算 2009 年 12 月 29 日到 2010 年 1 月 18 日有多少天，只需在计算器窗口中单击【查看】按钮，选择【日期计算】，然后在右侧详细窗格里输入目标日期并单击【计算】按钮，即可得出结果是 2 周零 6 天（共 20 天），如图 2-67 所示。

（6）单位转换。它可以完成不同单位之间的转换。例如，经常听到 1 克拉、1 盎司等说法，但未必每个人都很清楚这些计量单位等于多少。这时可以打开计算器并单击【查看】按钮，选择【单位转换】，在右侧窗格里选择要转换的单位类型，如选择【重量/质量】，然后选择具体的待换算单位（如克拉）和目标单位（如克），再指定是多少克拉，结果马上会显示出来，如图 2-68 所示。

图 2-67　日期计算

图 2-68　单位转换

（7）油耗计算。它可以轻松地计算油耗。只需单击【查看】按钮，选择【工作表】，选择【油耗（l/100km）】，如图 2-69 所示。假设外出一共开了 480 公里的路程，共计加油 40 升，则可以很容易在计算器的右侧详细窗格里计算出实际油耗是 8.33 升/百公里，如图 2-70 所示。

图 2-69　选择油耗计算

图 2-70　油耗计算

（8）计算月供。它可以计算贷款的每月还款额。假设用户需要购买一套价值 100 万元人民币的房子，首付款为 40 万元人民币，其他的费用采用公积金贷款，计算月供金额。只需在菜单项里单击【查看】按钮，选择【工作表】【抵押】，在右侧详细窗格里选择【按月付款】，然后在【采购价】文本框中输入房子的购买总金额 1000000 元，在【定金】文本框中输入房子的首付款 400000，在【期限】文本框中输入还款年限 30，在【利率（%）】文本框中输入贷款利率为 3.87，然后单击【计算】按钮即可计算出每月还款额是 2819.71 元，如图 2-71 所示。

2. 便笺

便笺能为办公人员带来便利，随手记录一些重要的事件是个好习惯，大多数人会借助于那些纸质的便利贴，但如果用户正在使用 Windows 7 操作系统，不妨来体验一下 Windows 7 桌面上的随手电子便笺。具体步骤如下。

图 2-71　月供计算

（1）单击【开始】菜单，在程序【附件】菜单中，单击【便笺】就可以在桌面上看到一个【便笺】的小窗口，如图 2-72 所示。

（2）在便笺窗口中，用户可以输入自己需要记录的内容，如果有多个事件就单击小窗口左上角的【+】号依次增加便笺窗口，如图 2-73 所示。

（3）单击鼠标左键按住便笺上边缘，可在 Windows 7 桌面轻松调整便笺的显示位置。

（4）鼠标指针移动到便笺右下角并出现双向斜箭头时，用户可按住鼠标左键拖曳调整便笺大小。

（5）右键单击便笺的文字区域，可以从弹出的快捷菜单中选择便笺的颜色。用户可以为多张便笺设置不同的颜色，分类记录不同事情，如图 2-74 所示。

图 2-72　便笺　　　　　图 2-73　新建便笺　　　　　图 2-74　便笺颜色选择

3. 截图工具

提到截图人们通常会想到 QQ 截图，但是没有网络或是没有 QQ 安装程序时，则无法使用该方法。其实 Windows 7 操作系统自带截图工具，而且操作还简单方便。具体步骤如下。

（1）单击【开始】菜单，在程序【附件】菜单中，单击【截图工具】，即可启动截图工具。

（2）在截图工具界面上单击【新建】按钮右边的小三角按钮，在弹出的下拉菜单中选择截图模式，有 4 种模式可供选择，分别是任意格式截图、矩形截图、窗口截图和全屏幕截图。

（3）选择一种模式后即可通过拖曳鼠标进行抓图，如图 2-75 所示，截取图片会直接在截图工具中显示，如图 2-76 所示。

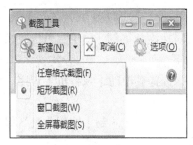

图 2-75　抓图工具

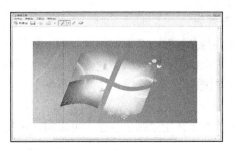

图 2-76　截图效果

Windows 7 截图工具最大的优点在于可以采用任意格式截图或截出任意形状的图形。单击【任意格式截图】键，然后使用"剪刀"圈出任意的图形即可将选取的图形截取出来，如图 2-77 所示。

Windows 7 在截图的同时还可以即兴涂鸦，在截图工具的编辑界面，可以选择不同颜色的画笔，如果对某一部分的操作不满意，也可以单击橡皮擦工具将不满意的部分擦去，而不用一直按 Ctrl+Z 组合键撤销操作或者全部重新制作，如图 2-78 所示。

图 2-77　任意格式截图

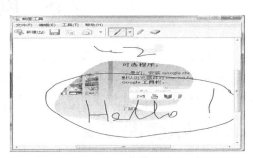

图 2-78　涂鸦效果

4. 数学输入面板

通常情况下当用户需要输入公式时，总是首先打开 Word 文字处理软件，然后再调用公式编辑器进行输入，其实也可以通过 Windows 7 输入数学面板输入公式。具体步骤如下。

（1）单击【开始】菜单，在程序【附件】菜单中，单击【数学输入面板】来打开数学输入面板，如图 2-79 所示。

（2）在数学输入面板中，使用鼠标手动写入公式，上方白色区域显示的是识别结果。如果与写入的公式不同，可通过右边的【选择和更正】按钮来修改。如果与写入的公式相同，可单击【插入】按钮将该公式插入到需要的位置中，如图 2-80 所示。

图 2-79　数学输入面板

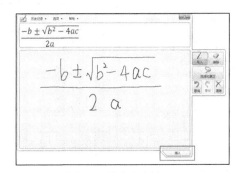

图 2-80　数学公式输入

5. 录音机

录音机是 Windows 7 提供给用户的一种具有语音录制功能的工具，使用它可以收录用户自己的声音，录制的声音文件的扩展名为.wma。具体步骤如下。

（1）单击【开始】按钮，【所有程序】、【附件】，选择其中的【录音机】程序，弹出如图 2-81 所示界面。

（2）单击【开始录制】按钮即可录制，录制结束后单击【停止录制】按钮并进行保存。

图 2-81　录制声音

2.5　网络连接

在 Windows 7 系统中，网络邻居组件改成了【网络】，功能和使用也有所更改，右下角的网络图标也进行了更改。现在普遍采用的网络连接为无线连接和宽带连接，前些年使用的拨号连接现在已经很少见，网速也随着发展逐年提升。

2.5.1　创建网络连接

1. 创建无线网络连接

创建无线网络连接，具体步骤如下。

（1）单击【开始】菜单，单击【控制面板】按钮。

（2）单击【网络和 Internet】按钮，单击【网络和共享中心】按钮，如图 2-82 所示。

（3）单击【设置新的连接或网络】，在跳转界面中选择【连接到 Internet】，单击【下一步】。

（4）进入图 2-83 所示界面，单击【无线】按钮。

（5）桌面右下角出现搜索的无线网络，选择要连接的无线网络单击【连接】按钮，如果无线网络有密码，则需要输入安全密钥后单击【连接】，如图 2-84 所示。

图 2-82　网络和 Internet

图 2-83　连接到 Internet

图 2-84　无线网络连接

2. 创建宽带连接

创建宽带连接，具体步骤如下。

（1）前三步骤同创建无线网络连接。

（2）在图 2-83 中单击【宽带（PPPoE）】按钮，在之后出现的界面中输入相关信息后，单击【连接】按钮即可，如图 2-85 所示。

图 2-85 输入相关信息

2.5.2 本地连接

1. 查看网络连接

查看网络连接，具体步骤如下。

（1）单击【开始】按钮，然后单击【控制面板】按钮，即可启动控制面板窗口。

（2）单击【网络和 Internet】按钮，再单击【网络和共享中心】按钮，即可看到当前计算机的网络连接，如图 2-86 所示。

图 2-86 网络和共享中心

2. 查看与更改 IP

查看与更改 IP，具体步骤如下。

（1）在图 2-86 所示窗口中，选择更改适配器设置，网络连接窗口如图 2-87 所示。选择本地连接，单击鼠标右键，选择【属性】可显示本地连接属性窗口。

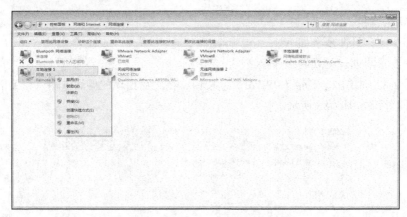

图 2-87　网络连接

（2）在本地连接属性窗口中选择 Internet 协议版本 4（TCP/IPv4）属性或 Internet 协议版本 6（TCP/IPv6）属性，进行 IP 地址的配置，如图 2-88 所示。

图 2-88　Internet 协议版本 4（TCP/IPv4）属性

2.5.3　远程桌面连接

使用远程桌面连接，可以从一台运行 Windows 的计算机访问另一台运行 Windows 的计算机，条件是两台计算机连接到相同网络或连接到 Internet。例如可以在家中的计算机中使用工作场所中的计算机的所有程序、文件及网络资源，就像坐在工作场所的计算机前一样。

若要连接到远程计算机，则该计算机必须为运行状态，必须具有网络连接并且远程桌面必须可用，必须能够通过网络访问该远程计算机（可通过 Internet 实现），还必须具有连接权限。若要获取连接权限，则用户必须位于用户列表中，以下介绍如何将用户添加到用户列表中。

（1）单击【开始】按钮，再用鼠标右键单击【计算机】，然后单击【属性】按钮。

（2）单击【远程选项卡】，打开"系统属性"对话框，如图 2-89 所示。如果系统提示输入管理员密码或进行确认，请键入密码确认。

（3）在【远程桌面】中选择允许连接的方式。单击【选择用户】按钮，如果是计算机的管理员，则当前用户账户将自动添加到此远程用户列表中并且可以跳过以下步骤。

（4）在远程桌面用户对话框中，单击【添加】按钮，在选择用户或组对话框中，若要指定搜索位置，则单击【位置】按钮，然后选择要搜索的位置。在【输入对象名称来选择】中，输入要添加的用户名，然后单击【确定】按钮。该名称将出现在【远程桌面用户】对话框的用户列表中。单击【确定】按钮，然后再次单击【确定】按钮。

图 2-89　允许远程协助

第 **3** 章
Word 2010 文字处理软件

在日常生活和工作中，文字处理是计算机应用中必不可少的一个重要的方面。随着计算机迅速的普及和计算机技术日新月异的发展，办公方式进入全新的无纸化时代，文字处理软件的使用也越来越重要。目前，进行文档处理的软件有很多，不同的系统也有着不同的文字处理软件，其中，基于 Windows 系统的 Word 是目前最流行的文字处理和排版软件。Word 2010 是微软公司推出的 Microsoft Office 2010 的一个重要模块，使用它可以方便地完成文稿、报告、商业资料等重要工作文档的制作。

本章以微软公司开发的 Office 2010 中的 Word 2010 为例介绍文字处理软件及其使用方法。Word 2010 是编辑、修改文档最常用的 Office 组件，不但可以对文字，还可以对图形、图片、表格等信息进行操作。Word 2010 具有很强的直观性，最大特点是"所见即所得"。采用面向结果的全新的用户界面，可以使用户快速实现文本的录入、编辑、格式化、排版等。

本章要点：
- Word 2010 基本知识概述
- Word 2010 的基本操作
- Word 2010 文档格式化
- Word 2010 页面设置和排版

3.1 Word 2010 概述

Microsoft Office（以下简称 Office）是微软公司开发的一套基于 Windows 操作系统的办公软件。Office 有多个版本，每个版本都可根据使用者的实际需要选择不同的组件。常用组件有 Word、Excel、PowerPoint 等。Office 最早于 1983 年发布在 Mac 中，推出 Word 1.0 后，不断推出更新版本，如 Office 97、Office 2000、Office 2003、Office 2007、Office 2010、Office 2013、Office 2016 及 Office 2017。

3.1.1 Office 2010 简介

1. Office 2010 和常用组件

Office 随着版本升级功能越来越丰富实用，操作也越来越来快捷。现在通用的 Office 2010 是微软公司于 2009 年下半年推出的版本，其常用的集成组件和功能如表 3-1 所示，另外还有一些独立组件——Office Visio 2010 用于创建、编辑和共享图表，Office Project 2010 用于计划、跟踪、管理项目及与工作组交流，Office SharePoint Designer 2010 用于创建 SharePoint 网站。

表 3-1　　　　　　　　　　　　　　　　Office 2010 集成组件

Office 2010 集成组件	功能简介
Word 2010	图文编辑工具：用于创建和编辑具有专业外观的文档，如信函、论文、报告和小册子
Excel 2010	数据处理程序：用于执行计算、分析信息以及可视化电子表格中的数据
PowerPoint 2010	幻灯片制作程序：用于创建和编辑用于幻灯片播放、会议和网页的演示文稿
Access 2010	数据库管理系统：用于创建数据库和程序跟踪与管理信息
Publisher 2010	出版物制作程序：用于创建新闻稿和小册子等专业品质出版物及营销素材
Outlook 2010	电子邮件客户端：用于发送和接收电子邮件，管理日程、联系人和任务以及记录活动
OneNote 2010	笔记程序：用于搜集、组织、查找和共享笔记和信息
InfoPath Designer 2010	表单设计程序：用于设计动态表单，以便在整个组织中收集和重用信息

Office 2010 是微软推出的新一代办公软件，共有 6 个版本，分别是初级版、学生版、商业版、标准版、专业版和专业高级版。

相对于其他办公软件 Office 2010 具有十大优势。

（1）更直观地表达想法。

（2）协作的效率更高。

（3）从更多地点更多设备上享受熟悉的 Office 体验。

（4）提供强大的数据分析和可视化功能。

（5）创建出类拔萃的演示文稿。

（6）轻松管理大量电子邮件。

（7）在一个位置存储并跟踪自己的所有想法和笔记。

（8）即时传递消息。

（9）更快、更轻松地完成任务。

（10）在不同的设备和平台上访问工作信息。

Office 2010 又新增了多种功能，如截图功能，支持多种截图模式，特别是会自动缓存当前打开窗口的截图，单击一下鼠标就能插入文档中。在 Office 2007 版本中就增加的背景移除工具、SmartArt 模板和保护模式 Office 按钮等文档选项让人印象深刻，到了 Office 2010 版本中功能更丰富了，特别是文档操作方面，如在文档中插入元数据、快速访问权限、保存文档到 SharePoint 位置等。以前的 Office 打印选项的打印部分只有寥寥三个选项，现版本已经形成为一个控制面板，基本可以完成所有打印操作。Outlook 2010 Jumplist 是 Windows 7 任务栏的新特性，Outlook 2010 也得到了支持，可以迅速访问预约、联系人、任务、日历等功能。

2. Office 2010 运行环境和安装

安装 Office 2010 的基本硬件要求是 CPU 的主频为 500MHz 以上，内存 256MB 以上，软件安装容量为 791.38MB，硬盘需要 3GB 的安装和运行空间。现在一般的计算机的硬件配置都远远超过了 Office 2010 的基本安装要求。

Office 2010 可支持的操作系统为：Windows 2003、Windows XP、Windows Vista、Windows 7、Windows 8。

安装时把安装光盘放入光驱或把安装文件包打开后运行 SET UP，按向导的指引一步一步地执行。要求高的用户可以选择自定义安装一些组件，一般用户选择默认选项即可。

3.1.2 Word 2010 简介

1. 文字处理软件的发展

文字处理是计算机应用中重要的一个方面，因此文字处理软件应运而生，最早具有影响的是风行于20世纪80年代由 Micropro 公司在1979年研制的文字之星（WordStar，WS），它的汉化版 WS 早期也曾在我国流行。

1989年，金山公司推出的 WPS（Word Processing System）是完全针对汉字处理重新开发设计的软件，功能虽然较好但它不能处理图文并茂的文件。WPS 97 吸取了 Word 软件的优点，在功能和操作方式上做了很大改进，成为我国文字处理软件的重要代表。

1983年 Microsoft Word 正式推出，它的新功能受到广泛好评，例如，鼠标使用、"所见即所得"的操作方式、字体的多样化等。1989年之后微软公司的文字处理软件 Word 成为了文字处理软件市场的主导产品。早期的 Word 以文字为主，现在文字处理软件集文字、图形、表格、声音于一体，功能越来越强大。

2. Word 2010 的主要特点

Word 2010 可创建专业水准的文档，用户可以轻松地与他人协同工作并可在任何地点访问用户的文件。Word 2010 旨在向用户提供上乘的文档格式设置工具，利用它还可更轻松、高效地组织和编写文档。Word 2010 具备了以前版本所具有的大部分功能：文字输入、修改，管理文档，制作、修改表格，实现图文混排，支持"所见即所得"的显示方式，文档格式化及排版，自动拼写检查以及对象的连接，并能把文档生成网页。Word 2010 的十大优势特点如下。

（1）改进搜索与导航体验。

（2）与他人协同工作，而不必排队等候。

（3）几乎可从任何位置访问和共享文档。

（4）向文本添加视觉效果。

（5）将文本转换为醒目的图表。

（6）为文档增加视觉冲击力。

（7）恢复用户认为已丢失的工作。

（8）跨越沟通障碍。

（9）将屏幕截图和手写内容插入文档中。

（10）利用增强的用户体验完成更多工作。

3. Word 2010 新增功能

（1）在 Word 2010 中使用功能区查找所需命令。

选项卡都是按面向任务型设计的，在每个选项卡中，通过组将一个任务分解为多个子任务，每个组中的命令按钮都执行一个命令或显示一个命令菜单。

（2）在 Word 2010 中使用【文档导航】窗格和【搜索】功能浏览长文档。

在 Word 2010 中，用户可以在长文档中快速导航，还可以通过拖放标题而非复制和粘贴快速地重新组织文档。用户可以使用增量搜索来查找内容，因此即使并不确切了解所要查找的内容也能进行查找。

（3）Word 2010 使用 OpenType 功能微调文本。

Word 2010 提供了对高级文本格式设置功能的支持，包括一系列连字设置以及选择样式集和数字形式。用户可以将这些新增功能用于多种 OpenType 字体，实现更高级别的版式润色。

（4）点几下鼠标，即可添加预设格式的元素。

通过 Word 2010，用户可以使用构建基块将预设格式的内容添加到文档中。通过构建基块还可以重复使用常用的内容，帮助用户节省时间。

（5）利用 Word 2010 极富视觉冲击力的图形更有效地进行沟通。

图表和绘图功能包含三维形状、透明度、投影以及其他效果。

（6）向图像添加艺术效果。

Word 2010 可以为图片增加复杂的"艺术"效果，使图片看起来更像草图、绘图或油画。这可以轻松地优化图像，而无需使用其他图片编辑程序。

（7）即时对文档应用新的外观。

可以使用样式对文档中的重要元素快速设置格式，如标题和子标题。样式是一组格式特征，例如，字体名称、字号、颜色、段落对齐方式和间距。使用样式来应用格式设置时，在长文档中更改格式设置会变得更为容易。例如，用户只需更改单个标题样式而无需更改文档中每个标题的格式设置。

（8）添加数学公式。

在 Word 2010 中向文档插入数学符号和公式非常方便。只需单击【插入】选项卡，然后单击【公式】，即可在内置公式库中进行选择。使用【公式工具】可以编辑公式。

（9）轻松避免拼写错误。

在编写让其他人查看的文档时，当然不希望出现影响理解或破坏专业形象的拼写错误。拼写检查器便于用户满怀信心地分发工作。

（10）可在任意设备上使用。

借助 Word 2010 可以根据需要在任意设备上使用熟悉的功能。可以从浏览器和移动电话查看、导航和编辑 Word 文档，而不会减少文档的丰富格式。

3.1.3　Word 2010 的启动与退出

1. Word 2010 的启动

启动 Word 2010 的方法有很多种，打开程序的同时可建立一个 Word 空白文档或者显示已有的 Word 2010 文档。一般可以使用下面几种方法启动。

（1）利用菜单启动：单击任务栏中的【开始】菜单，选择【所有程序】→【Microsoft Office】→【Microsoft Office Word 2010】命令，即可启动 Word 2010。

（2）利用快捷图标启动：若在桌面上已经建立了 Word 的快捷图标，只需双击此图标就可启动 Word 2010。如果没有建立，可通过【开始】菜单中选择【Microsoft Office Word 2010】命令，按住 Ctrl 键将其拖曳到桌面，或者单击右键后在弹出的快捷菜单中选择【发送到】→【桌面快捷方式】来创建桌面快捷图标。

（3）利用 Word 文档启动：在【计算机】或【资源管理器】中查找已有的 Word 文档，双击要打开的 Word 文档，即可进入 Word 2010。

（4）运行"Winword"命令：单击任务栏中的【开始】菜单，在【搜索】的输入框中输入命令"Winword"，也可以运行 Word 2010 程序。

2. Word 2010 的关闭

文档编辑完成后，需要正确退出，退出之前不要忘记把文档保存一下。Word 2010 的退出方法一般有以下 4 种。

（1）单击【文件】菜单选项最下边的【退出】命令。

（2）单击标题栏右侧的【关闭】按钮 ⊠。

（3）双击 Word 窗口标题栏左边的"快速访问工具栏"中图标 �w 。

（4）按 Alt+F4 组合键退出。

微课：Word 2010
的打开和关闭

3.1.4　Word 2010 的窗口界面

启动 Word 2010 后，首先看到的是 Word 2010 的标题屏幕，然后出现 Word 2010 窗口，并自动创建一个名为"文档 1"的新文档，如图 3-1 所示。

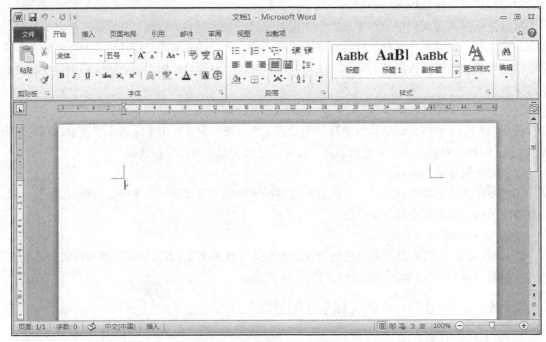

图 3-1　Word 2010 窗口界面

1. Word 2010 的窗口界面

Word 2010 的窗口界面主要有标题栏、文件菜单栏、功能区、编辑区、标尺、状态栏、滚动条、视图按钮和滑放模块等组成。

（1）标题栏。

标题栏位于整个 Word 窗口的最上面，呈灰色。它包括快速访问工具栏的控制按钮、文档名、最小化按钮、最大化/还原按钮和关闭按钮。双击时可改变窗口显示状态，用鼠标按住标题栏时自动切换成小窗体显示，拖动鼠标可以移动窗体在屏幕上的位置。

① 快速访问控制栏：位于标题栏的左侧，默认显示的最左边是文档图标按钮 �w ，单击时会弹出一个下拉菜单，可以控制窗口的位置、大小以及关闭窗口。直接双击此按钮，可以关闭整个 Word 窗口；单击【保存】按钮时可保存编辑的文档；单击【撤销和恢复】按钮，可对文档进行撤销或恢复撤销操作，只要没有保存，可以撤销或恢复到操作的任意一步，单击右边的下拉三角按钮可以打下拉菜单选择恢复或撤销的操作步骤；单击【自定义快速访问控制栏】按钮，可以多项选择标题栏中显示的工具按钮。可以调整【快速访问控制栏】在窗口中显示位置，在任意一个图

标上单击右键均可弹出菜单，可以设置【快速访问控制栏】在功能区下方或上方显示。

② 文档名：在标题栏的正中间显示当前正在编辑的文档名称和文档类型。

③ 文档窗口控制按钮：标题栏最右边是三个窗口控制按钮。

最小化按钮 ▭ ：位于标题栏的右侧，单击此按钮，可以将 Word 窗口缩小成一个小按钮显示在任务栏上。最大化按钮 ▭ /还原按钮 ▭ ：位于标题栏的右侧，这两个按钮交替出现。当窗口不是最大化时，单击它可以使窗口最大化，占据整个屏幕；当窗口是最大化时，单击可以使窗口恢复到原来的大小。

关闭按钮 ▭ ：位于标题栏的最右侧，单击时可以关闭当前窗口，退出整个 Word 2010 应用程序。

（2）文件菜单栏。

Word 2010 中取消了传统的菜单操作方式，而代之于各种功能区，只保留了一个文件菜单，位于标题栏的下方最左边，单击切换成菜单窗格界面，可以对 Word 文档进行相应操作。

在【文件】菜单下有针对文档的【保存】【另存为】【打开】【关闭】【信息】【最近所用文件】【新建】【打印】【保存并发送】【帮助】【选项】和【退出】命令。各项命令的使用后面会详细说明，【文件】菜单下的命令都是针对整个文档来操作的，对整个文件起作有用，如图 3-2 所示。

图 3-2　文件菜单内容

（3）选项标签和功能区。

在【文件】菜单的右边是选项标签，单击各个标签切换各类别的功能按钮显示在以前版本窗口的工具栏位置。功能区在选项标签的下方，功能区上显示常用的各工具按钮，单击工具按钮即可进行某项操作，更加方便、快捷。Word 中有多类工具按钮，位于不同的选项标签下，单击选项标签可以实现各相似类别的工具按钮的显示和使用。

① 【开始】功能区：包括剪贴板、字体、段落、样式和编辑五个组，与 Word 2003 的【编辑】和【段落】菜单部分命令对应。该功能区主要用于帮助用户对 Word 2010 文档进行文字编辑和格

式设置，是用户最常用的功能区。

②【插入】功能区：包括页、表格、插图、链接、页眉和页脚、文本、符号和特殊符号等，与 Word 2003 中【插入】菜单的部分命令对应，主要用于在 Word 2010 文档中插入各种元素。

③【页面布局】功能区：包括主题、页面设置、稿纸、页面背景、段落、排列等，与 Word 2003 的【页面设置】菜单命令和【段落】菜单中的部分命令对应，用于帮助用户设置 Word 2010 文档页面样式。

④【引用】功能区：包括目录、脚注、引文与书目、题注、索引和引文目录等，用于实现在 Word 2010 文档中插入目录等比较高级的功能。

⑤【邮件】功能区：包括创建、开始邮件合并、编写和插入域、预览结果和完成等，该功能区的作用比较专一，专门用于在 Word 2010 文档中进行邮件合并方面的操作。

⑥【审阅】功能区：包括校对、语言、中文简繁转换、批注、修订、更改、比较和保护等，主要用于对 Word 2010 文档进行校对和修订等操作，适用于多人协作处理 Word 2010 长文档。

⑦【视图】功能区：包括文档视图、显示、显示比例、窗口和宏等，主要用于帮助用户设置 Word 2010 操作窗口的视图类型，以方便操作。

⑧【加载项】功能区：加载项可以为 Word 2010 安装的附加命令，如自定义的工具栏或其他命令扩展。【加载项】功能区可以在 Word 2010 中添加或删除加载项。

当文档选中图片、艺术字或文本框等对象时，功能区会显示与所选对象设置相关的上下文选项卡。如图 3-3 所示，Word 2010 中选中图片后，功能区会显示【图片工具|格式】选项卡。

图 3-3　图片相关的功能区选项卡

（4）编辑区。

和以前版本一样，编辑区就是窗口中间的空白区域，是用户输入、编辑和排版的区域。闪烁的光标为当前编辑内容的位置。

（5）标尺。

标尺分为水平标尺和垂直标尺，用来确定文档在屏幕或纸张上的位置，也可以调整文本段落的缩进。选中【视图】选项标签后，在功能区中可以设置显示或隐藏标尺。或者在垂直滚动条最上边单击【标尺】按钮 显示或隐藏标尺。

（6）滚动条。

滚动条分为垂直滚动条和水平滚动条，分别位于文档的右方和下方。用鼠标拖动滚动条，可以显示当前屏幕上看不到的内容，从而快速定位文档在窗口中的位置。

除了两个滚动条之外，还有【上翻】按钮 、【下翻】按钮 、【左移】按钮 、【右移】按钮 、【上翻一页】按钮 和【下翻一页】按钮 这 6 个按钮，通过它们也可以调整文档在窗口中的位置。另外，在垂直滚动条上还有【选择浏览对象】按钮 ，单击此按钮显示如图 3-4 所示的菜单，可以选择不同的浏览方式，如按域浏览、按批注浏览、按标题浏览等。

图 3-4　选择浏览对象

（7）状态栏。

状态栏位于窗口的底部，显示当前文档的状态，包括当前页码、节号、当前页及总页数、光标插入点的位置、改写/插入状态、当前使用的语言等信息，如图 3-5 所示。

图 3-5　状态栏

（8）视图按钮。

Word 2010 窗口的右下方是 5 个视图按钮，有页面视图、阅读版式视图、Web 版式视图、大纲视图和草稿，单击按钮可以改变文档的显示视图。具体外观和功能将在 "Word 2010 的文档视图" 中讲解。

（9）缩放滑块。

在 Word 2010 中浏览文档时，可以放大或缩小文档的显示比例，这是由缩放滑块控制的，左右拖动滑块可以改变视图的显示比例，往左拖动是缩小显示，往右拖动是放大显示。

（10）任务窗格和对话框。

在 Word 2010 中，选中某些命令时将在窗口的左侧显示任务窗格。例如，选择【视图】选项标签中【导航窗格】前的复选框时，在左边就会显示 "导航" 的任务窗格，如图 3-6 所示。有些功能区选项标签的工具按钮选项组右下角有一个小图标 ，我们称为【对话框启动器】按钮，单击时弹出对应的对话框或任务窗格。鼠标指向【对话框启动器】按钮时会显示要弹出的对话框或任务窗格的名称。

2. Word 2010 的文档视图

Word 2010 提供了多种视图模式供用户选择，除了在视图选项标签的功能区中操作外，还可将文档以五个视图方式显示。

（1）页面视图。

页面视图是以页的方式出现的文档显示模式，实现【所见即所得】的功能。在此视图中可以查看与实际打印效果一样的文档样式，方便编辑格式化文档，它是 Word 2010 的默认视图。用户在页面视图下可以查看各种对象，像页眉、页脚、水印、图形、分栏排版等，但占用计算机资源较多，处理速度稍慢。

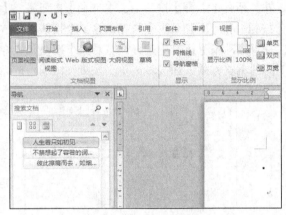

图 3-6　导航任务窗格

（2）阅读版式视图。

阅读版式视图以图书的分栏样式显示，Word 2010 文档功能区等窗口元素被隐藏，便于用户像阅读电子图书一样阅读文档内容，视觉效果好，眼睛不会感到疲劳。它把整篇文档分屏显示，文档中的字号变大了，文档中没有页的概念，也不显示页眉、页脚，可以用这种视图方式来阅读文档，并且阅读起来比较贴近自然习惯。阅读版式视图在屏幕的顶部显示了文档当前的屏数与总屏数，可以利用【阅读版式】工具栏执行各种操作，如图 3-7 所示。

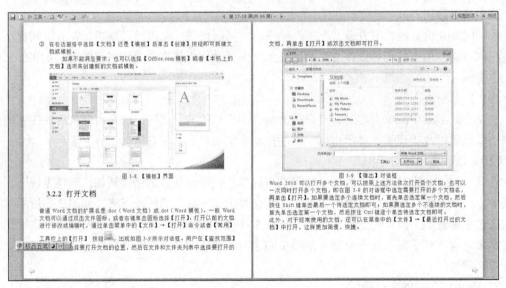

图 3-7　阅读版式视图

（3）Web 版式视图。

Web 版式视图是以网页的形式显示文档内容，适用于发送电子邮件和创建网页。在这种视图方式下，可以看到背景和文本，并且图形对象位置与在 Web 浏览器中的位置一致，在屏幕上阅读和显示文档效果最佳，自动适应窗口，同时还可以设置文档的背景颜色等。

（4）大纲视图。

大纲视图用于显示文档的结构，是按照文档标题的层次来显示文档的，多用于处理较长文档。在此视图下可以折叠文档只显示文档的各个标题，对大纲中各级标题进行"上移""下移""提升"或"降低"。但前提是必须用标题样式来设置文档的各级标题。样式是应用于文档中的各级标题和文本的一套格式特征，它能迅速改变文档的外观。在大纲视图下，窗口上增加了一个大纲工具栏，可以清楚地看到各级标题，层次分明。大纲视图可以根据标题折叠文档、打开文档，方便地改变文档的层次结构和内容，如图 3-8 所示。

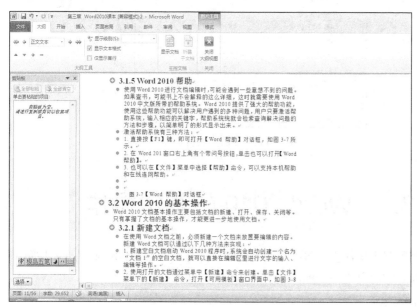

微课：Word 2010
中切换视图

图 3-8　大纲视图

（5）草稿。

草稿是 Word 2010 最简化的视图模式，其取消了页面边距、分栏、页眉页脚和图片等元素，仅显示标题和正文，用户可以设置字体和段落的格式，是最节省计算机资源的视图，工作速度最快，比较适用于编辑内容和格式比较简单的文档。

3.1.5　Word 2010 帮助

使用 Word 2010 进行文档编辑时，可能会遇到一些意想不到的问题，这时就需要使用 Word 2010 中文版所带的帮助系统了。Word 2010 提供了强大的帮助功能，使用这些帮助功能可以解决用户遇到的多种问题，用户只要打开帮助系统，输入相应的关键字，帮助系统就会检索查询解决问题的方法和步骤，并以简单明了的形式显示出来。激活帮助系统有三种方法。

（1）直接按 F1 键，即可打开【Word 帮助】对话框，如图 3-9 所示。

（2）在 Word 2010 窗口右上角有个带问号的按钮，单击该按钮也可以打开【Word 帮助】。

（3）在【文件】菜单中选择【帮助】命令，可以支持本机帮助和在线帮助。

图 3-9　Word 帮助对话框

3.2　Word 2010 的基本操作

Word 2010 文档的基本操作主要包括文档的新建、打开、保存、关闭和输入文本等。只有掌握了文档的基本操作，才能更进一步地使用 Word 2010 的其他高级操作。

3.2.1　新建文档

在使用 Word 文档之前，必须新建一个文档来放置要编辑的内容。新建 Word 文档可以通过以下几种方法来实现。

1. 新建空白文档

启动 Word 2010 程序时，系统会自动创建一个名为"文档1"的空白文档，可以直接在其编辑区里进行文字的输入、编辑等操作。

2. 使用已存在的 Word 文档通过【新建】命令来创建

（1）一种情况是在 Windows 7 下选择已存在文件，单击鼠标右键在弹出的快捷菜单中选择【新建】命令，可以打开一个新的 Word 2010 文档。

（2）另一种情况是打开已有 Word 2010 文档后单击【文件】菜单下的【新建】命令，打开【可用模板】窗口界面，如图 3-10 所示。双击【可用模板】界面下的【空白文档】即可新建文档。还可以单击右边窗口的【创建】图标，建立一个新的空文档。

3. 使用快捷键新建文档

在打开 Word 2010 程序的情况下按组合键 Ctrl+N，建立一个新的 Word 空白文档。

4. 使用模板新建文档

Word 2010 有很多不同类型的模板，根据模板和向导创建文档，可以快速创建具有一定格式和内容的文档。具体步骤如下。

图 3-10　可用模板窗口界面

（1）单击【文件】菜单下的【新建】命令，打开【可用模板】窗口界面，如图 3-11 所示。

（2）选择【新建】界面里的【样本模板】，切换成【模板】窗口界面，如图 3-11 所示，根据需要从中选择需要的模板。

（3）在右边窗格中选择【文档】或是【模板】后，单击【创建】按钮即可新建文档或模板。

如果不能满足要求，也可以选择【Office.com 模板】或【本机上的文档】选项来创建新的文档或模板。

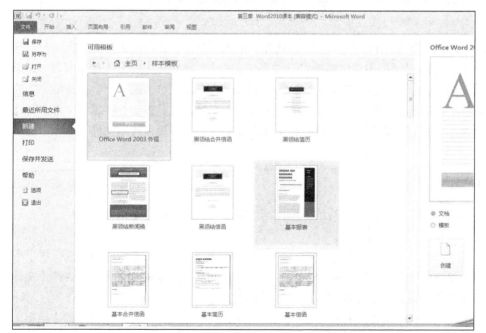

微课：Word 2010
的新建文档

图 3-11　模板界面

3.2.2 打开文档

要查看、修改和编辑已存在的文档时，要先打开文档。文档的类型可以是 Word 2010 文档，默认扩展名是.docx（Word 文档）或.dotx（Word 模板），另外可以利用 Word 2010 的兼容性打开低版本的 Word 文档（扩展名为.doc 或.dot）以及经过转换打开非 Word 文档，如 WPS 文件、纯文本文件等。一般 Word 文档可以通过双击文件图标，或者右键单击图标选择【打开】的方式打开。打开以前的文档进行修改或编辑时，单击【文件】菜单中的【打开】命令按钮，出现如图 3-12 所示对话框。既可以在上面框中输入文档所在的路径，也可以在左边列表中选择要打开文档的位置，然后在右边文件和文件夹列表中选择要打开的文档，再单击【打开】按钮或双击文档即可打开。

图 3-12　打开对话框

Word 2010 可以打开多个文档，可以按照上述方法依次打开多个文档，也可以一次同时打开多个文档，即在图 3-11 的对话框中选定需要打开的多个文档名，再单击【打开】按钮即可。如果要选定多个连续文档时，首先单击选定第一个文档，然后按住 Shift 键单击最后一个待选定文档即可；如果要选定多个不连续的文档时，首先单击选定第一个文档，然后按住 Ctrl 键逐个单击待选定文档。此外，对于经常使用的文档，还可以在【文件】菜单中的【最近所用文件】命令中显示并打开。

3.2.3 保存文档

对文档的各种编辑都是在内存中进行的，所以当中断工作或退出时，必须保存文档，以备以后使用，否则将丢失编辑好的文档。

保存一个新建文档时，单击【文件】菜单下的【保存】命令，或单击【快速访问工具栏】中的【保存】按钮，弹出【另存为】对话框，如图 3-13 所示。然后选择【保存位置】，修改【文件名】以及【保存类型】，最后单击【保存】按钮，即完成保存。

如果是打开的已有文档，对此文档做了修改而需要保存时，通过【文件】菜单中的【保存】命令或单击【快速访问工具栏】中的【保存】按钮，则保存覆盖原文件；单击菜单中的【文件】

菜单中的【另存为】命令，同样弹出图 3-13 对话框，可选择文档的保存位置、修改文件名，实现将文件另存在其他位置或以另一个不同名字保存文档。

图 3-13　【另存为】对话框

在编辑文档的过程中，为防止死机、意外断电等情况造成大量文档丢失，可以使用自动保存功能，即每隔一定时间，Word 文档就会自动保存。

操作方法如下。

（1）单击【文件】菜单中的【选项】命令，弹出【Word 选项】对话框。

（2）选择【保存】选项，如图 3-14 所示，在【保存选项】右边的设置区域，选定【保存自动恢复信息时间间隔】复选框，在右边数值框中设置保存时间间隔。

图 3-14　Word 选项下的保存选项卡

（3）单击【确定】按钮，即完成自动保存设置。

3.2.4　关闭文档

当完成对文档的操作后，最好将已打开的文档关闭，关闭文档的方法有很多种，下面是常用的几种。

（1）单击标题栏右侧的【关闭】按钮。

（2）右击标题栏任一位置，在弹出的菜单中选择【关闭】按钮。

（3）双击标题栏左侧的 图标，选择【文件】菜单中的【退出】命令。

图 3-15　保存提示对话框

在执行关闭文档命令时，如果该文档没有保存，则会弹出保存提示对话框，如图 3-15 所示。如果保存对文档的修改，则单击【保存】按钮；如果不保存修改，则单击【不保存】按钮；如果要重新返回文档编辑界面，则单击【取消】按钮。

3.2.5　输入文本

打开文档后除了查看阅读外最基本的操作就是输入文本，尤其是新建一个文档后，在文档中的输入操作最主要是输入汉字、英文字符、符号等。在 Word 2010 中输入文本简单易学，主要有以下几种类型的文本。

1. 输入中文、英文字符

在 Word 2010 中输入汉字，需要切换到中文输入状态输入；输入英文字符则需要切换到英文输入状态输入，由于用户常常需要输入中/英文，所以要频繁切换输入法。中/英文输入法的切换可采取以下几种方法。

（1）按 Ctrl+Shift 组合键，可以在各种输入法之间切换。

（2）按 Ctrl+Space 组合键，可以在中/英文输入法之间切换。

（3）单击任务栏中的【语言选项栏】按钮，在其列表中选择所需输入法。

选择好输入法后，在光标闪烁的地方就可以输入文本了。这个闪烁光标的地方称为插入点，随着文本的输入，插入点自左往右移动。如果输入一个错误的字符或汉字，可以按 Backspace 键或【撤销】按钮来删除错误的文本并重新输入。

Word 2010 具有自动换行功能，输入的字符到达行尾时，随着下一个字符的输入会自动跳到下一行。若要另起一行可以按 Shift+Enter 组合键，插入分行符（也称软回车），分行符的显示可以在【开始】选项标签下【段落】工具组中【显示/隐藏编辑标记】按钮来控制段落标记是否显示。

另起一行时也可以使用 Enter 键插入硬回车，则另起的一行是一个新的段落。如果要把两个段落合并成一个段落，可以采用删除分段处的段落标记的方法，把插入点移到分段处的标记前按 Delete 键或插入点移到段落标记后，按 Backspace 键均可删除该段落标记，完成两个段落的合并。

Word 2010 提供了"即点即输"功能，利用这个功能，可以在文档空白处的任意位置快速定位插入点和对齐格式位置，进行输入文字，插入表格、图片和图形等对象的操作。

Word 2010 提供了两种输入模式，一种是插入，另一种是改写。这两种模式的区别是：插入状态时，输入的内容作为新增加的部分插入到插入点后，原有的内容随之后移，不会减少；改写状态时，输入的内容会替换原有的内容，被替换的文本长度由输入文本的长度决定。这两种输入模式可以切换，单击状态栏中的【插入】或【改写】按钮进行切换。如图 3-16 所示，显示【插入】就是插入模式，显示【改写】时说明处于改写模式。也可在小键区关闭状态下按 Insert 键改变输入模式。

图 3-16　状态栏中的两种输入模式

2. 输入符号

在文本输入过程中，可能需要输入一些键盘上没有的符号，如数学符号、单位符号、希腊文字等。

（1）在单击功能区的【插入】选项标签中，单击【符号】按钮就会显示常用的 20 个特殊符号，单击所需要的符号，就可将所选符号插入文档中。

图 3-17　符号对话框

图 3-18　特殊符号对话框

（2）如果【符号】下拉菜单中没有所需要的符号，可单击下拉菜单中的【其他符号】命令弹出【符号】对话框，最后单击【关闭】按钮来关闭【符号】对话框。在【符号】选项卡和【特殊符号】两个选项卡中选择需要的符号，然后单击【插入】按钮即可将所选符号插入文档中，如图 3-17、图 3-18 所示。

（3）鼠标右键单击输入法状态框，再右键单击【软键盘】按钮，弹出【软键盘】菜单，如图 3-19 所示，其中包含多种软键盘。单击任意一种格式的软键盘，它就会显示在屏幕上。不需要的时候，再次单击输入法状态框上的【软键盘】按钮，则关闭软键盘。

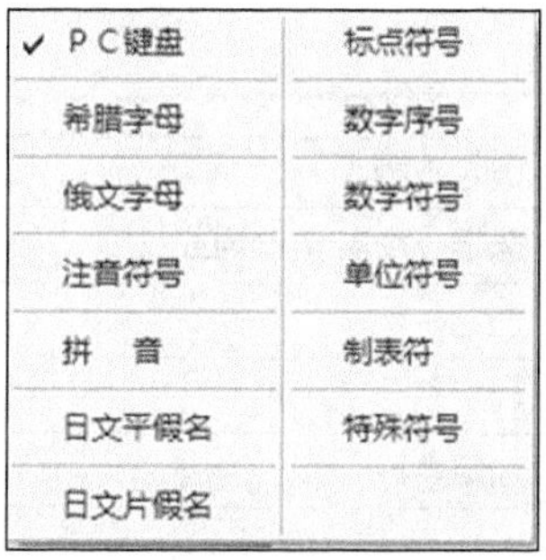

3. 输入日期和时间

在使用 Word 的时候经常要输入日期和时间，手动输入比较麻烦，那么有没有一种快速输入的方法呢？在 Word 2010 中有两种快速直接输入日期和时间的方法。

✓ ＰＣ键盘	标点符号
希腊字母	数字序号
俄文字母	数学符号
注音符号	单位符号
拼　音	制表符
日文平假名	特殊符号
日文片假名	

图 3-19　软键盘菜单

（1）方法一：通过菜单中的【插入】选项标签中的文本功能组中的【日期和时间】命令，弹出【日期和时间】对话框，如图 3-20 所示。在【可用格式】列表框中选择所需格式；在【语言】

下拉框中选择【中/英文】；通过【自动更新】复选框，可使插入的日期和时间自动更新或保持原值。

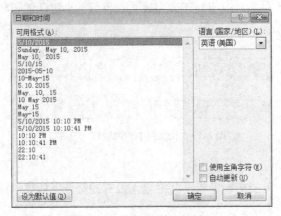

图 3-20　日期和时间对话框

（2）方法二：使用快捷键输入当前日期和时间。插入当前日期： Alt + Shift + D 组合键；插入当前时间： Alt + Shift + T 组合键。

3.3　文档编辑

Word 文档内容输入后就要对其进行编辑。编辑包括对文档内容的修改、复制、移动、删除、查找和替换等一系列操作。

3.3.1　编辑文本

1. 选定文档

想要对文档内容进行编辑，首先必须选定文本或段落，然后进行相应操作。文本选定后，被选定的编辑区呈现"蓝色"背景颜色。选定文本方法有鼠标选定、键盘选定和键盘鼠标组合选定三种方法。

（1）将鼠标停在要选定文本的起始位置，单击鼠标并拖拽至所选文本最后一个字的右侧即可，这是最简单、常用的文本选定。单击文档的空白区域，就可以取消文本的选定。

表 3-2　　　　　　　　　　　　　　　　　鼠标选定

选定范围	操作
选定一个英文单词或汉字	鼠标在单词或汉字上双击或在所要选择的内容上拖动鼠标
选定一行	鼠标指向此行左面，指针变成向右的箭头时单击
选定整句	按住 Ctrl 键，鼠标在所选句子上单击
选定整段	鼠标指向此段左面，指针变成向右的箭头时双击
选定整篇文档	鼠标指向文档左面，指针变成向右的箭头时三击 鼠标指向文档左面，指针变成向右的箭头时，按住 Ctrl 键单击 按 Ctrl+A 组合键

用鼠标在文本的起始位置单击，然后按住 Shift 键，同时单击文本的终止位置，这样也可以选定从起始位置到终止位置的文本；拖拽鼠标选定一部分文本后，按住 Ctrl 键再拖拽鼠标选定不相邻的其他文本，可实现不连续文本的选定。

此外，还有许多用鼠标选定文本的方法，如表 3-2 所示。

（2）使用键盘选定文档具有快速、准确的优点，主要通过方向键、Shift 键和 Ctrl 键来实现，如表 3-3 所示。

表 3-3 　　　　　　　　　　　　　　键盘选定

选定范围	操作
Shift+→	向右选定一个字符
Shift+←	向左选定一个字符
Shift+↑	向上选定一行
Shift+↓	向下选定一行
Shift+Ctrl+↑	选定内容扩展至段首
Shift+Ctrl+↓	选定内容扩展至段尾
Shift+Home	选定内容扩展至行首
Shift+End	选定内容扩展至行尾
Shift+PageUp	选定内容向上扩展一屏
Shift+PageDown	选定内容向下扩展一屏
Shift+Ctrl+Home	选定内容扩展至文档开始处
Shift+Ctrl+End	选定内容扩展至文档结尾处
Shift+Ctrl+Alt+PageUp	选定内容扩展至文档窗口开始处
Shift+Ctrl+Alt+PageDown	选定内容扩展至文档窗口结尾处
Ctrl+A	选定整个文档

2．移动文本

在编辑文档的过程中，常常需要将大块文本移动到其他位置，对文档的结构、前后顺序进行调整。对文本的移动通常有以下两种方式。

（1）使用鼠标拖动文本。选定需要移动的文本，按住鼠标左键，鼠标指针头部出现一条竖虚线，尾部出现一个虚线方框；然后拖动鼠标到目标位置，即虚竖线指向的位置，松开鼠标，完成文本的移动。

（2）使用剪贴板移动文本。首先选定需要移动的文本，然后单击【开始】选项标签下的【剪贴板】功能组中的【剪切】按钮，再将光标插入点定位到目标位置，最后单击【剪贴板】功能组中的【粘贴】按钮即可。

3．复制文档

在编辑文档的过程中，常常需要进行复制操作，以简化文本的输入。对文本的复制通常有以下两种方式。

（1）使用鼠标复制文本。首先选定需要复制的文本，然后按 Ctrl 键，鼠标指针头部出现一条竖虚线，尾部出现一个右下角带"＋"号的虚方框；这时拖曳鼠标到目标位置，最后松开鼠标和 Ctrl 键即完成复制。

（2）使用剪贴板复制文本。首先选定要复制的文本，然后单击【开始】选项标签下的【剪贴板】功能组中的【复制】按钮，再将光标插入点定位到目标位置，最后单击【剪贴板】功能组中的【粘贴】按钮即可。使用这种方法复制，只要不改变剪贴板的内容，可连续执行【粘贴】命令，实现文本的多次复制。

要想把多个文本多次粘贴的话，可打开【剪贴板】任务窗格，在这里保存着所有复制或剪切的文本，可根据需要粘贴【剪贴板】中的不同文本。

4. 删除文档

需要删除的文字较少时，可以使用 Backspace 键删除光标插入点之前的字符，使用 Delete 键删除光标插入点之后的字符。

需要删除大块文字时方法如下。

（1）首先选定文本，再按 Delete 键或单击【开始】选项标签下的【剪贴板】功能组中的【剪切】按钮。

（2）首先选定文本，再单击鼠标右键，在弹出的快捷菜单中选择【剪切】或单击【开始】选项标签下的【剪贴板】功能组中的【剪切】按钮。

5. 撤销与恢复

（1）撤销。在编辑、修改文档时，如果对当前所进行的操作不满意，可以通过【常用】工具栏中的【撤销】按钮 ↶ · 来撤销此操作，恢复之前状态。

（2）恢复。在使用【撤销】命令后，【常用】工具栏中的【恢复】命令 ↷ · 就会由灰色变亮，通过此按钮可以恢复被撤销的操作。

3.3.2 查找和替换

查找用于快速定位文档中所需要查看的内容，替换用于快速修改文档中的多处相同的文本内容。

1. 查找

（1）单击【开始】选项标签下【编辑】功能组中的【查找】命令或者使用 Ctrl+F 组合键，弹出【导航】任务窗格，在【导航】任务窗格的输入框中输入要查找的内容，如图 3-21 所示，这时 Word 2010 自动开始查找相同内容的文本。全文中会以"黄色"背景色来突出显示要查找的内容。用户可以浏览整个文档显示的查找结果。

（2）对于查找文本的匹配条件也可以进行详细设置，单击【开始】选项标签下【编辑】功能组中的【查找】按钮，弹出图 3-22 所示的【查找和替换】对话框。

图 3-21　导航选项卡

（3）在【查找和替换】对话框中单击【更多】选项按钮，在下拉框中可以选择"搜索"方向，"区分大小写"复选框使查找文本的大小写完全匹配；"全字匹配"复选框会查找完整单词，而不是单个字母。还可以单击【格式】下拉框对字体、样式、文本框等进行设置，这些使得查找结果更加精确。

2. 替换

使用【替换】功能，可以用新的文本替换在文档中查找到的文本。操作步骤如下。

打开文档后，单击【开始】选项标签中【编辑】功能组中的【高级查找】按钮，打开"查找和替换"对话框，如图 3-23 所示。

图 3-22　高级查找对话框

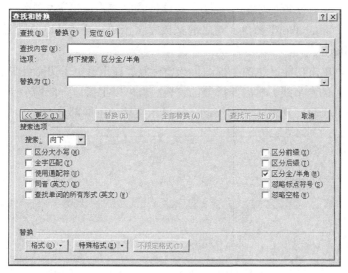

图 3-23　查找和替换对话框

（1）在【查找内容】文本框输入要替换的原文本；在【替换为】文本框输入要替换成的目标文本。

（2）在对话框中单击【更多】选项按钮，同样如【查找】操作时一样可以在下拉框中对搜索选项进行设置，使得查找结果更加细化精准。

（3）单击【替换】按钮，则替换当前这一个，继续单击此按钮向下替换；单击【全部替换】，则整个文档中满足条件的内容全部被替换；单击【查找下一处】，则当前查找内容不被替换，继续查找下一处需要查找的内容，这样所查找的内容替换与否由用户决定。

3. 定位

定位与查找的功能相似，不同的是在定位中查找的不是文字而是页码、节、行、书签、批注等。使用定位的方法：参照前面的查找和替换方法，弹出【定位】选项卡，如图 3-24 所示；在左侧的【定位目标】列表框中选择定位目标，在右侧的文本框中输入相应内容；单击【前一处】或【下一处】按钮，光标就会定位到指定位置，最后单击【关闭】按钮即可。

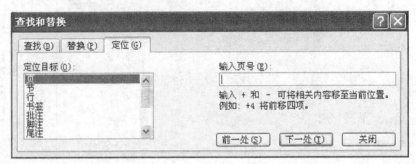

图 3-24　定位选项卡

3.3.3　Word 2010 窗口操作

1. 窗口的新建与拆分

当要编辑的单个文档较长时，可以通过新建与拆分窗口将文档的不同部分同时显示出来。

（1）新建窗口。单击功能区中的【视图】选项标签，在【窗口】功能组中选择【新建窗口】命令，就会产生一个新的 Word 窗口，与之前文档完全相同，这样可以通过窗口切换和滚动条来显示文档的不同部分。

（2）拆分窗口。单击功能区中的【视图】选项标签，在【窗口】功能组中选择【拆分】命令，鼠标变成一条灰黑色的水平线，单击要拆分的位置，就可以把窗口分成两个子窗口，如图 3-25 所示。这样可以在同一个窗口通过切换和滚动条来显示文档的不同部分。

图 3-25　拆分后的窗口

2. 重排窗口

如果同时对多个 Word 文档进行操作，则可以通过 Word 窗口重排功能来实现。单击功能组中的【视图】选项标签，在【窗口】功能组中选择【全部重排】命令，可将多个 Word 文档排列在屏幕上，如图 3-26 所示。重排后的窗口可以同时对多个文档进行编辑，方便了对不同文档进行对比、复制、粘贴等操作。

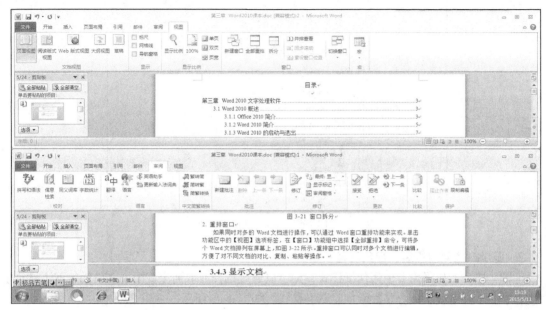

图 3-26　重排后的窗口

3.3.4　显示文档

在 Word 2010 中编辑文档时，可控制文档的显示内容，包括显示或隐藏编辑标记、显示或隐藏文字、显示或隐藏网格线等。

1. 显示或隐藏编辑标记

在 Word 中，除了文字之外，还有一些其他的编辑标记，例如：制表符 、空格符 、硬回车符 、软回车符 等。这些字符都各有各的功能：制表符代表制表位；空格符代表空格；硬回车符表示一个段落的结束，另一个新段落重新开始；软回车符只是换行，后面的文本格式和前面保持一致，即软回车符前后文本属同一段落的内容。这些符号能够在文档中显示，但不会被打印出来。它们的主要作用是便于查看文档的设定。

这些编辑标记是一种非打印字符。显示或隐藏编辑标记的方法有如下几种。

（1）单击【开始】选项标签中【段落】功能组的【显示/隐藏编辑标记】按钮 ，即可显示或隐藏文档中的这些编辑标记。

（2）单击【文件】菜单下的【选项】命令，单击【显示】项目打开【显示】选项卡，如图 3-27 所示。在右边区域中单击要显示或隐藏的标记对应的复选框，就可切换各种标记的显示和隐藏了。

2. 显示或隐藏文字

我们在使用 Word 2010 编辑文档的过程中，有时需要将特定文字设置为隐藏文字，有时又需要将隐藏文字显示出来。设置隐藏文字显示的方法：在如图 3-27 所示的显示选项窗口中选中【隐藏文字】复选框就可以把文档中的隐藏文字显示出来了。

图 3-27　显示选项卡

3. 显示或隐藏网格线、标尺及导航窗格

编辑文档时，如果需要使用信纸样式，则可以通过选择或取消【视图】选项标签下【显示】功能组中的【网格线】命令来显示或隐藏网格线，如图 3-28 所示。

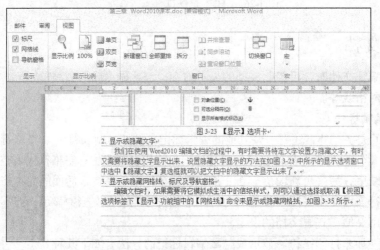

微课：显示或
隐藏文字

图 3-28　网格线显示效果

3.3.5　文档的校对和统计

1. 拼写和语法检查

通常情况下，Word 2010 对键入的字符自动进行拼写检查，用红色波浪形下划线表示可能的拼写问题、输入错误或不可识别的单词；用绿色波浪形下划线表示可能的语法问题。编辑文档时如果想要对键入的英文进行单词拼写错误或句子语法错误的检查，可以使用 Word 2010 提供的拼写与语法检查功能。打开拼写和语法对话框的方法有两种。

（1）单击【审阅】选项标签，在【校对】功能组中，单击【拼写和语法】按钮，打开如图 3-29 所示的【拼写和语法】对话框。

（2）用 F7 键打开【拼写和语法】对话框。

2. 自动更正

利用 Word 2010 中的自动更正功能可以防止输入错误单词。当输入一个错误单词时，Word 2010 能自动修正为相近的正确单词。另外，还可以通过短语的缩写形式快速输入短语。在使用 Word 2010 自动更正时或将短语的缩写形式替换成短语时可以

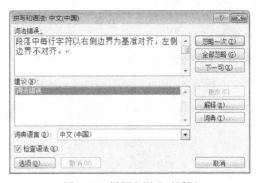

图 3-29　拼写和语法对话框

为错误的单词或短语建立一个自动更正词条。方法如下。

单击【文件】菜单中的【选项】命令，弹出【Word 选项】对话框，选择【校对】选项，如图 3-30 所示为【校对】选项窗口，可在窗口中勾选需要的选项。单击【自动更正选项】按钮，弹出自动更正对话框，如图 3-31 所示。在自动更正对话框中有五个选项卡，通过这些选项对更正的要求和格式进行相应的设置。当为错误单词或短语的缩写建立自动更正词条后，输入该错误的单词或短语的缩写时，按空格键或标点符号，Word 2010 便自动将错误单词或短语的缩写形式替换为正确的单词或短语全称。

图 3-30　校对选项窗口

3. 字数统计

在 Word 2010 中可以方便地使用【字数统计】功能完成对文档的字数统计。实际在编辑文档时，Word 2010 一直在对文档进行着字数统计。状态栏中随着内容的输入左边有"页面"和"字数"显示，如果用户选中部分文本，Word 2010 将会统计选中的字数和全文的字数。

同时，在 Word 2010 中单击【审阅】选项标签，在【校对】功能组中，单击【字数统计】按

钮，会弹出如图 3-32 所示的【字数统计】对话框，显示更加详细的统计信息。对话框中显示了当前文档的页数、字数、段落数、行数以及其他非汉字的字符的统计，也可以对选定的文档一部分内容进行字数统计。

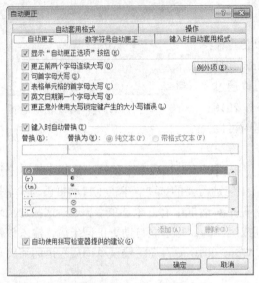

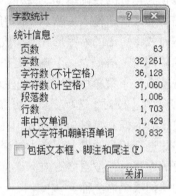

图 3-31　自动更正对话框　　　　　　图 3-32　字数统计对话框

3.3.6　文档的保护

Word 2010 中可以设置密码对文档进行保护，使其他人员在没有密码的情况无法查看此文档。密码也可以取消，文档的保密性将降低。

1. 设置权限密码

（1）单击【文件】菜单中的【另存为】命令，弹出【另存为】对话框，单击【工具】选项按钮，如图 3-33 所示。

图 3-33　【另存为】对话框中的【工具】选项按钮

（2）在下拉菜单中选择【常规选项】命令后会弹出一个【常规选项】对话框，如图 3-34 所示。

（3）在【常规选项】对话框中，设置【打开文件时的密码】或者【修改文件时的密码】，两者可以相同也可以不同。选中【建议以只读方式打开文档】复选框时则文件属性设置成了只读。

（4）设置完成后单击【确定】按钮，根据提示再输一次密码，再单击【确定】按钮就可以给文档设置密码了。

微课：Word 2010
的保护

图 3-34　常规选项对话框

2. 取消权限密码

取消密码的方法很简单，打开如图 3-34 所示的【常规选项】对话框后，在设置密码的输入框中选中所设置的密码后，按 Delete 键或 Backspace 键即可。单击【确定】按钮退出对话框，就可以完成对文档密码权限的取消。

3.4　文档格式化

Word 2010 文档建立好后要进行格式化，使不同内容具有不同的格式，这样会使得文档的重点突出、层次分明。文档的格式化包括字符、段落、页面外观等方面的操作。

3.4.1　字符格式设置

字符格式对文档的外观起到至关重要的作用。文档的格式化首先是字符格式设置，即对文档中的字符进行的字体、字形、字号、颜色、效果等方面的设置，还可以设置字符间距、动态效果等。对字符格式的设置可以在字符输入前或字符输入后进行。如果在字符输入前进行设置，即先设置格式，再输入字符；如果对已输入字符进行设置，即先选定相应字符，再设置格式。

设置字符格式有以下三种方法。

（1）用【开始】选项标签中【字体】功能组快速设置字体的常用格式，包括字体、字号、加大或减小字体大小、更改大小写以及字形、颜色、边框底纹等各种效果。图 3-35 所示为【字体】功能组命令按钮。

（2）单击【开始】选项标签下的【字体】功能组右下角单击【对话框启动器】按钮，或右击在快捷菜单中选择【字体】命令，同样弹出【字体】对话框，如图 3-36 所示。在【字体】选项卡中可以对字符的格式进行相应设置，并显示在预览区域。

① 【中文字体】和【西文字体】下拉列表框分别用来选定中文字体和英文字体。

② 【字形】列表框用来设置文本字形，如加粗、倾斜等。

③ 【字号】列表框用来选定字号或磅数。

图 3-35　字体功能组命令按钮　　　　　　　　　　　　　　图 3-36　字体对话框

④【字体颜色】下拉列表框。用来设置字体颜色，如果需要使用更多颜色可以单击【其他颜色】，在【颜色】对话框中选择标准颜色或自定义颜色。

⑤【下划线线型】下拉列表框和【下划线颜色】下拉列表框配合设置下划线。

⑥【着重号】下拉列表框用来选定着重号标记。

⑦【效果】区域可以设置删除线、上标、下标、阴影、阴文、阳文、隐藏文字等效果。

⑧ 在【字体】对话框的【高级】选项卡中对相邻字符之间的距离进行设置，如图 3-36 所示。

（3）选中要设置的文本后，把鼠标置于所选文本的上部，Word 2010 就会将【字体】功能组的一些按钮显示出来，这时就可以对所显示的工具按钮进行操作了，如图 3-37 所示。

3.4.2　段落格式设置

在文档中段落格式的设置可以粗略分为两方面，一方面是结构性格式，影响文本整体结构的属性，如对齐、缩进、制表位等；另一方面是装饰性格式，影响文本内部外观的属性，如底纹、边框、编号与项目符号。段落格式设置是以段落为单位进行的格式设置。如果只对一个段落进行设置，只需将光标置于段落中即可；如果需要同时对多个段落进行设置，则需要先选定这几个段落再进行设置。设置好一个段落后，用户向下开始一个新的段落时，新段落的设置会自动与上一段落保持一致，不必重新设置。

单击鼠标右键，在快捷菜单中选择【段落】命令或单击菜单中的【格式】→【段落】命令，弹出【段落】对话框，如图 3-38 所示。也可以单击【开始】选项标签下的【段落】功能区右下角的【对话框启动器】按钮打开【段落】设置对话框。

图 3-37　选定文本后显示便捷功能按钮

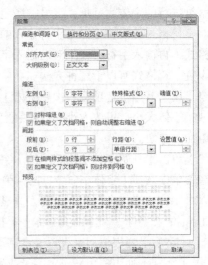

图 3-38　段落对话框

1. 段落对齐方式

段落对齐方式包括左对齐、右对齐、居中对齐、两端对齐和分散对齐，图 3-39 所示为这 5 种对齐方式的效果。段落对齐方式除了在【段落】对话框设置还可以通过单击【段落】功能组中相应的对齐方式进行设置。

（1）左对齐：段落中每行字符以左侧边界为基准对齐，字符间距均匀、固定，右侧边界不一定对齐。一般用于英文排版。

（2）右对齐：段落中每行字符以右侧边界为基准对齐，左侧边界不对齐。一般用于日期、署名等。

（3）居中对齐：段落中每行字符距左、右边界距离相等。一般用于标题设置。

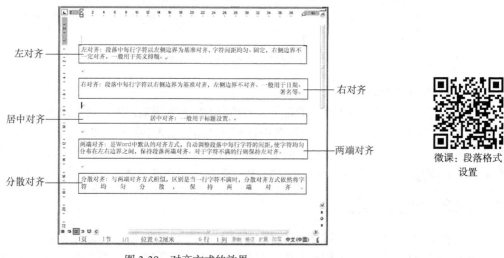

图 3-39　对齐方式的效果

（4）两端对齐：两端对齐是 Word 中默认的对齐方式，自动调整段落中每行字符的间距，使字符均匀分布在左右边界之间，保持段落两端对齐。对于字符不满的行则保持左对齐。

（5）分散对齐：与两端对齐方式相似，区别是当一行字符不满时，分散对齐方式依然将字符均匀分散，保持两端对齐。

2. 段落缩进

段落缩进是指段落中字符的边界到左、右页边距之间的距离。段落缩进包含 4 种格式，图 3-40

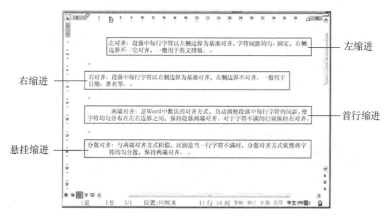

图 3-40　缩进格式的效果

所示为这4种缩进格式的效果。

（1）左缩进：段落左侧边界与左页边距保持一定距离，右侧不变。

（2）右缩进：段落右侧边界与右页边距保持一定距离，左侧不变。

（3）首行缩进：段落第一行进行左缩进，其他行不变。

（4）悬挂缩进：段落中除第一行之外，其他行进行左缩进。

段落缩进除了在【段落】对话框设置以外，也可以通过标尺来设置。如图3-41所示，选定要设置的段落后，通过向左或向右拖拽相应的标记来完成各种段落的缩进。还可以通过【段落】功能组中的【减少缩进量】和【增加缩进量】按钮对所选段落进行缩进设置。

图3-41 标尺的【缩进】按钮

3. 段落间距和行间距

段落间距是指段落与段落之间的距离，包括段前间距和段后间距。两个段落之间的距离是段前间距和段后间距之和。行间距是指段落中行与行之间的距离。在图3-38的【段落】对话框的【间距】区域中，在【段前】和【段后】的文本框中设置段落间距。在【行距】下拉列表框中选择不同行距，如果选择固定值、最小值或多倍行距，则需要在【设置值】文本框中输入相应数值。

3.4.3 边框和底纹

在文档中为选定的文本、段落、表格或图形等添加边框和底纹，可以突出显示文档内容，使文档具有特殊效果，给人留下深刻印象。在Word 2010中可以给选定的文本、段落以及整篇文档添加边框和底纹。

1. 为字符或段落设置边框

（1）选定要加边框或底纹的文本或段落。

（2）单击【开始】选项标签中【段落】功能组【框线】右侧的下拉按钮，在弹出的下拉菜单中选择【边框和底纹】命令，弹出【边框和底纹】对话框。也可以单击【页面布局】选项标签下的【页面背景】功能组的【页面边框】按钮，在弹出的【边框和底纹】对话框中单击【边框】选项卡，同样可打开如图3-42所示的对话框中的【边框】选项卡。

微课：边框和底纹设置

图3-42 边框和底纹对话框中边框选项卡

（3）在对话框左边【设置】选项中选择要添加的边框类型，然后在中间设置相应的样式、颜色和宽度。这时右上边会出现预览，右下边【应用于】下拉选项中有两种设置选择，如果要设置文本的边框就选择【文字】，如果要设置段落的边框就选择【段落】。最后单击【确定】按钮，文本或段落的边框就设置好了。

2. 为文档设置边框

（1）单击【页面布局】选项标签下的【页面背景】功能组的【页面边框】按钮，弹出【边框和底纹】对话框并显示【底纹】选项卡。也可单击【开始】选项标签下的【段落】功能组的【框线】右侧的下拉按钮，在弹出的下拉菜单中选择【边框和底纹】命令，弹出【边框和底纹】对话框。单击【页面边框】选项卡也可打开【页面边框】对话框，其与图 3-42 的【边框】选项卡下的【边框和底纹】对话框相似。

（2）在对话框左边【设置】选项选择要添加的边框类型，然后在中间设置相应的样式、颜色、宽度以及艺术型。这时右上边会出现预览，右下边还有选择【应用于】的范围，其中有多种设置选择，如果要设置整篇文框的边框就选择【整篇文档】，如果要设置某个章节的边框就选择【本节】或【本节-仅首页】、【本节-除首页外所有页】。最后单击【确定】按钮，文档的边框就设置好了。

3. 为文本或段落设置底纹

（1）为文本或段落添加底纹与添加边框的操作设置相似，采用以上两种方法打开如图 3-43 所示的【边框和底纹】中的【底纹】对话框选项卡。

图 3-43 【边框和底纹】对话框中【底纹】选项卡

（2）在【填充】下拉选项中设置相应的颜色，也可单击下拉菜单中的【其他颜色】按钮在弹出的【颜色】中选择【标准】或【自定义】颜色。

（3）在【图案】设置下可以选择相应的【样式】，选中后【颜色】设置框就由灰色变成可用的状态，使用它可以设置图案的颜色，与填充设置相似。

（4）最后在右下角选择应用于的范围，如果要设置文本的边框就选择【文字】，如果要设置段落的边框就选择【段落】。单击【确定】按钮完成底纹设置。添加了边框和底纹的文档如图 3-44 所示。

3.4.4 项目符号和编号

在制作规章制度、管理条例时常常要用到项目编号或符号来组织内容，使得文档层次分明、条理清楚。Word 2010 中可以快速地给文档添加项目符号和编号，把文档中的相关内容组织成容易阅读的格式，使之更有层次感、条理分明、重点突出。

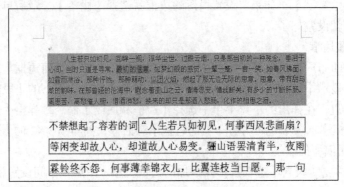

图 3-44　添加边框和底纹后的效果

1．添加项目符号

为文档添加项目符号的方法如下。

（1）选定要添加项目符号的文档内容或放在一段的前面。

（2）在【开始】选项标签的【段落】功能组中单击【项目符号】按钮，给所选文本自动添加最近一次使用的项目符号或编号。

（3）也可以单击【项目符号】按钮右边的下拉三角按钮，选定相应的项目或编号样式。如果要对项目符号的格式做进一步设置，可以单击【定义新编号格式】或【定义新项目符号】按钮，弹出相应的对话框，如图 3-45 所示，对项目符号的字体、形状、格式等进行设置。

注意　如果在下拉菜单的【项目符号库】或【编号库】中选择【无】，则可清除已设置的样式。

（4）单击【确定】按钮完成设置。

2．添加编号

添加编号时首先选定要添加编号的段落，再打开【编号】选项卡，如图 3-46 所示，其使用方

图 3-45　定义新编号格式对话框

图 3-46　定义新项目符号对话框

法与项目符号相同。编号与项目符号最大的不同是，前者为一系列连续的数字或字母，而后者都使用相同的符号。

对已填加编号的文档进行删除或插入操作后，Word 会自动调整编号，无需手动修改。在一些编号或符号开始的段落中，按 Enter 键换到下一行时，下一段自动产生连续的编号或相同的符号。

3. 添加多级列表

对于包含多个层次的段落，为了清晰表达层次结构，Word 2010 中还可添加多级列表。选择段落或文本，单击【段落】功能组中的【多级列表】按钮，在弹出的下拉列表中选择需要的列表样式。初始所有段落的编号都是 1 级，需要进一步调整。把插入点定位在应是 2 级列表编号的段落中，单击【多级列表】按钮在弹出的下拉列表中单击【更改列表级别】选项，然后在弹出的级联列表中选择【2 级】按钮，此时该段落调整成 2 级列表。

要将插入点定位在编号和文本之间的段落中，可使用【段落】功能组中的【减少缩进量】按钮或按 Tab 键来降低一个列表级别；单击【增加缩进量】或按 Shift+Tab 组合键来提升一个列表级别。

3.4.5 格式刷工具

格式刷是一种快速应用格式的工具，能够将某文本对象的格式复制到另一个对象上去，从而简化繁琐的设置操作步骤。使用【格式刷】按钮可以快速将已有文本格式复制到其他文本上面。具体步骤如下。

（1）选定已设置好格式的文本或者把插入点放在要使用格式的文本中。

（2）单击【开始】选项标签下【剪贴板】功能组中的【格式刷】按钮，光标变成带刷子的形状；最后拖拽鼠标刷过目标文本，鼠标所经过的文本立即和已设置过的文本格式完全一样了。

如果需要多次使用格式刷，则需要双击【格式刷】按钮，这样就可以在多处反复使用了，使用完毕后，单击【格式刷】按钮或 Esc 键即可取消格式刷。

3.4.6 首字下沉

有些文章用每段的首字下沉来代替每段的首行缩进。首字下沉是将文档开头的第一个字放大，并以下沉或悬挂的方式来表现。一般用于文档的开头，其目的是使内容更加醒目，引起读者注意。设置步骤如下。

（1）将光标置于需要设置首字下沉的段落中或选中段落的首字。

（2）单击【插入】选项标签下【文本】功能组中的【首字下沉】按钮，在弹出的下拉菜单中选择【下沉】或【悬挂】样式，也可单击【首字下沉】选项打开图 3-47 所示的【首字下沉】对话框，选择"下沉"样式，下沉行数为 2 行。

（3）单击【确定】按钮完成设置，如图 3-48 所示。

图 3-47 【首字下沉】对话框

如果要取消已设置的首字下沉，则只需在弹出的下拉菜单中选择【无】选项。

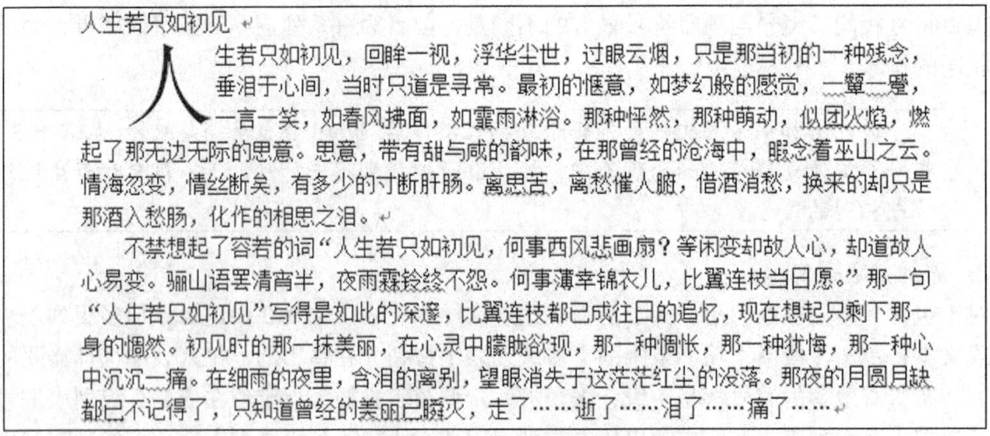

人生若只如初见

人生若只如初见，回眸一视，浮华尘世，过眼云烟，只是那当初的一种残念，垂泪于心间，当时只道是寻常。最初的惬意，如梦幻般的感觉，一颦一蹙，一言一笑，如春风拂面，如霏雨淋浴。那种怦然，那种萌动，似团火焰，燃起了那无边无际的思意。思意，带有甜与咸的韵味，在那曾经的沧海中，眼念着巫山之云。情海忽变，情丝断矣，有多少的寸断肝肠。离思苦，离愁催人腌，借酒消愁，换来的却只是那酒入愁肠，化作的相思之泪。

不禁想起了容若的词"人生若只如初见，何事西风悲画扇？等闲变却故人心，却道故人心易变。骊山语罢清宵半，夜雨霖铃终不怨。何事薄幸锦衣儿，比翼连枝当日愿。"那一句"人生若只如初见"写得是如此的深邃，比翼连枝都已成往日的追忆，现在想起只剩下那一身的惆然。初见时的那一抹美丽，在心灵中朦胧欲现，那一种惆怅，那一种犹悔，那一种心中沉沉一痛。在细雨的夜里，含泪的离别，望眼消失于这茫茫红尘的没落。那夜的月圆月缺都已不记得了，只知道曾经的美丽已瞬灭，走了……逝了……泪了……痛了……

图 3-48　首字下沉效果

3.5　图文混排

Word 2010 具有较强的图文处理功能，不仅可以编辑文本，还可以在文本中插入图片、剪贴画、艺术字、文本框等，使文档变的生动有趣。根据用户需要还可把图片与文本进行图文混排，从而使文档更加美观。

3.5.1　插入图片和剪贴画

1．插入图片

在 Word 2010 中可以直接插入的图片类型有.bmp、.jpg、.pic 等。为文档插入图片的操作步骤如下。

（1）将鼠标光标点置于要插入图片的位置。

（2）单击【插入】选项标签下【插图】功能组的【图片】按钮，弹出【插入图片】对话框，如图 3-49 所示。选择要插入图片所在的文件夹，然后定位到要插入的图片。

图 3-49　插入图片对话框

图 3-50　剪贴画任务窗格

（3）双击图片或选中图片后单击【插入】按钮就可完成图片的插入。

2. 插入剪贴画

Word 2010 提供了一个剪辑库，其中包含大量的剪贴画、图片。

微课：插入屏幕截图

在文档中插入剪贴画的操作如下。

（1）将插入点置于插入剪贴画的位置。

（2）单击【插入】选项标签下【插图】功能组的【剪贴画】按钮，打开【剪贴画】任务窗格，单击【搜索】按钮，显示计算机上所保存的所有剪贴画。也可以在【搜索文字】对话框中输入要查找的类别，如图 3-50 所示。在搜索文字文本框中输入"计算机"后，单击【搜索】按钮，这样 Word 2010 程序中有关计算机的剪贴画就显示出来了。

（3）单击要插入的剪贴画，就可以将剪贴画插入到文档中了。

（4）单击任务窗格右上角的【关闭】按钮，完成剪贴画的插入。

3. 屏幕截图

Word 2010 中提供了屏幕截图功能，使用该工能可以将截取的程序窗口图片插入文档中，截取过程中可以根据需要选择全屏图像或自定义截取范围。截屏的步骤如下。

（1）将插入点定位到要插入截屏图片的地方。

（2）单击【插入】选项标签下【插图】功能组的【屏幕截图】按钮，弹出当前打开的程序窗口，选择要截取的窗口后，该窗口将以图片形式插入文档中。

（3）也可以选择【屏幕截图】下拉菜单中的【屏幕剪辑】命令单击，这时当前文档窗口隐藏，同时屏幕出现灰色，鼠标变成"+"字形状，在需要截取的图面上拖动鼠标截取需要的部分。

（4）截取的自定义范围截图，将自动以图片的形式插入文档中。

3.5.2　编辑图片

插入图片对象后，图片的设置不一定符合要求，这时需要对图片进行编辑，如缩放、裁剪、环绕方式等。可以通过双击【图片工具】的【格式】选项卡中的按钮进行图片的编辑，如图 3-51 所示；也可以右键单击选定的图片，使用快捷菜单中的命令进行编辑。

图 3-51　格式功能按钮

1. 缩放和裁剪图片

缩放图可以使用鼠标操作，选定图片后，图片四周出现 8 个控制点，将鼠标指针指向某个控制点时，鼠标指针变成双向箭头，拖拽鼠标即可改变图片大小。

再就是利用图片【布局】中的【大小】对话框来设置图片的大小，在【图片工具】的【格式】

选项卡里单击【大小】功能组右下角的【对话框启动器】按钮，弹出【布局】对话框，如图3-52所示。在【大小】选项卡中输入数值来改变图片大小，输入数值时若不想改变图片比例，则必须勾选【锁定纵横比】选项。还可设置旋转和缩放的比例和宽度。

如果只需要所插入图片中的一部分，则可以对图片进行裁剪。单击图3-51所示的【格式】选项标签中的【裁剪】按钮，按住鼠标左键向图片内移动，这时裁剪掉的区域成黑色，正常显示的部分为要保留的区域，按Enter键即可完成裁剪。

图3-52　图片布局里的大小对话框

2. 设置图片位置

图片插入文档中后与文字的相关位置有两大类：浮动式和嵌入式。嵌入式图片直接置于文档插入点处，占据文本位置；浮动式图片可以在页面上自由移动，可放在文本或其他对象的前面或后面，只有对浮动式的图片对象才能使用重叠和组合操作。文字和图片的环绕方式能使排版效果美观，Word 2010默认图片是嵌入型，要想设置图片为浮动型就要改变图片与文字的环绕方式。

设置环绕方式可以通过单击【图片工具|格式】选项卡内【排列】功能组中的【自动换行】按钮，选择相应的环绕方式单击即可。也可以右键单击图片在弹出的快捷菜单中选择【自动换行】子菜单，如图3-53所示，在这里面选择相应的环绕方式。

图3-53　文字环绕子菜单

3.5.3　绘制图形

在Word 2010中除了可以插入图片，还可以创建各类矢量图形。Word 2010中提供了丰富的基本图形形状，可以方便地使用这些功能来绘制各类图形。

1. 绘制自选图形

单击【插入】选项标签下【插图】功能组的【形状】按钮，打开如图3-54所示的【形状】工具框，其中包括最近使用的形状、线条、矩形、基本形状等图形，单击需要的形状，这时鼠标变成"+"字形状，然后在要绘制图形的地方拖动鼠标绘出所需图形。

2．设置自选图形格式

为了美化图形，还可以对图形进行格式设置，如线型、箭头、填充等。选中自选图形后可以打开【绘图工具】的【格式】选项卡并对里面各设置项进行设置；也可以通过自选图形快捷菜中的【设置自选图形格式】按钮，在弹出的【设置自选图形格式】对话框中进行设置，如图 3-55 所示。

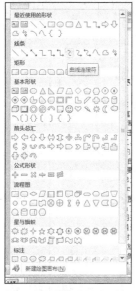

图 3-54　形状工具选项卡

图 3-55　自选图形格式对话框

3．叠放次序和组合图形

当多个图形需要重叠放置时，就要设置图形的放置顺序。通过自选图形快捷菜单中的【置于顶层】和【置于底层】子菜单下的【置于顶层】或【上移一层】和【置于底层】或【下移一层】进行设置。也可使用【页面布局】下的【排列】功能组中的【上移一层】或【下移一层】按钮来调整叠放次序。

当图形绘制完成后，可以对其进行组合，以防止各图形之间的相对位置发生改变。首先按住 Shift 键用鼠标依次选定所有要组合的图形，然后在任意图形上单击鼠标右键，在弹出的自选图形的快捷菜单中选择【组合】命令即可。

3.5.4　艺术字

Word 2010 中，艺术字作为一种图形对象，不是普通文字，而是用来输入和编辑具有色彩、阴影等特殊效果的文字。插入文本框的方法有两种：一种是先选择文本内容，再插入艺术字，这时不用输入文字内容；另一种是先插入艺术字编辑框，再输入文本内容。

想要插入艺术字编辑的操作方法如下。

（1）单击【插入】选项标签下【文本】功能组的【艺术字】按钮，在下拉菜单中选择所需样式，单击后就在文档中出现了艺术字编辑框，如图 3-56 所示。

图 3-56　编辑艺术字的编辑框

（2）在编辑框中输入要显示的文字内容，也可以对这些文字的字体、字号、字形等进行设置。

（3）编辑完成后，单击文档的其他位置退出艺术字的编辑框。

在文档中插入艺术字后，还可以通过【绘图工具|格式】选项标签下【艺术字样式】功能区各按钮修改艺术字，主要有【文本填充】【文本轮廓】【文本效果】。单击【文本效果】按钮，在弹出的下拉菜单中选择所需效果展开下一级菜单，如图3-57所示，在菜单里可以设置文字形状、三维效果及转换形式等。

图 3-57　文本效果的级联菜单

也可在【艺术字样式】功能组右下角单击【对话框启动器】按钮，打开【设置文本效果格式】对话框，如图3-58所示，在对话框的各选项下对艺术字进行更多的设置，这些设置和功能区里的设置按钮效果一样。

微课：设置艺术
字效果

图 3-58　设置文本效果格式对话框

3.5.5　文本框

Word 2010 中文本框是在文档中建立的一个图形区域，文本框是一种可移动、可调整大小的文字或图形，作为一个独立的窗口，它可以放置文本、图形等。用户也可以根据需要随意调整文本框的大小，以及文字排列的不同方向。

1. 插入文本框

文本框分为横排和竖排，用户可以根据需要插入。插入文本框的方法如下。

（1）单击【插入】选项标签下【文本】功能组的【艺术字】按钮，在弹出的下拉菜单中选择 Word 2010 内置的文本框样式，单击鼠标就在文档插入点处插入了一个具有提示内容的文本框，直接输入文本就可以了。输入文本后可以对文本进行格式设置。图 3-59 所示为刚刚插入的带提示文字的文本框。

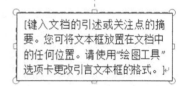

图 3-59　插入文本框效果

（2）还可以单击【插入】选项标签下【文本】功能组的【艺术字】按钮，在弹出的下拉菜单中选择【绘制文本框】或【绘制竖排文本框】命令，这时鼠标变为"+"字形状，按住鼠标左键拖拽就会出现一个空白文本框。之后再在里面输入文本内容就可以了。如果选择的是【绘制竖排文本框】命令，则文本框的文字是竖着排列的。

2. 编辑文本框

文本框创建好以后，要进行美化操作，可以在其中编辑文字或插入图片，还可以对文本框的位置、大小等进行调整，调整文本框有两种方法。

（1）利用鼠标调整文本框。

按住文本框的边框不放，拖拽鼠标就可对文本框的位置进行调整；文本框也有 8 个控制点，因此可以和图片一样用鼠标来调整文本框的大小。

（2）利用右键快捷菜单对话框内容进行设置。

在文本框上单击鼠标右键，在弹出的快捷菜单中可以选择【文字方向】命令，弹出【文字方向-文本框】对话框，在此可以调整文字的方向布局等，如图 3-60 所示。

图 3-60　文字方向-文本框对话框

3.5.6　公式

一些情况下，特别是编辑论文或出数学试卷的时候，需要输入复杂的数学公式，此时可以通过 Word 2010 集成的公式编辑器来插入公式。在 Word 2010 文档中输入公式的方法如下。

（1）单击【插入】选项标签下【符号】功能组的【公式】按钮，出现常用公式样式的下拉菜单，可以选择所需要的公式完成插入。如果没有所需的样式，也可以单击下拉菜单中的【插入新公式】命令来创建新的公式。此时在插入点出现一个公式输入框。

（2）在公式输入框中输入内容后，单击内容右边的三角按钮，激活【公式工具|设计】选项标签，如图 3-61 所示。

还可以根据这些工具选项按照公式的拆解进行公式输入。功能区中除了默认显示的【基础数学】符号外还提供了希腊字母、字母符号、运算符、箭头、求反关系运算符、几何学等多种符号。单击【符号】功能组中的【其他】按钮弹出如图 3-62 所示的【基础数学】符号库，单击"基础数学"的下拉菜单可以切换其他的符号。

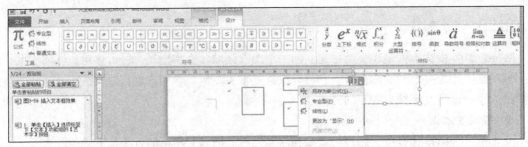

图 3-61　公式工具 | 设计选项标签下的功能区

图 3-62　基础数学符号库

3.6　表格的创建与编辑

表格是由若干行和列交叉的单元格组合而成，使用非常广泛，一般用于显示数据，如成绩表、工资表等。它具有条理清楚、结构严谨、效果直观、说明性强等优点。在 Word 2010 中表格属于特殊的图形，Word 具有简单有效的制表功能。一个表格通常由若干个单元格组成的，一个单元格就是一个方框，是表格的基本单位。

3.6.1　创建表格

在 Word 中，可以自动插入表格，也可以手动创建表格。具体方法如下。

1. 通过【表格网格】按钮创建表格

（1）将插入点置于要插入表格的位置。

（2）单击【插入】选项标签下的【表格】按钮，弹出如图 3-63 所示的 10 行 8 列的虚拟表格。

（3）在虚拟表格上拖动鼠标选定所需的列数和行数，松开鼠标后即可在插入点插入一个所选行列数的表格。

2. 通过【插入表格】命令创建表格

（1）单击【插入】选项标签下的【表格】按钮，在弹出的【插入表格】虚拟表格下边选择【插入表格】命令，弹出如图 3-64 所示的【插入表格】对话框。

（2）在表格尺寸区域设置表格的行数、列数；在【自动调整】操作区域选择相应调整方式。

（3）单击【确定】按钮，完成表格插入。

3. 手动绘制表格

有些表格结构复杂，除了直线外还有斜线，Word 2010 提供了手动绘制表格的功能，方法如下。

图 3-63　插入表格下拉菜单　　　　　　　　　图 3-64　插入表格对话框

（1）单击【插入】选项标签下的【表格】按钮，在弹出的【插入表格】虚拟表格下边选择【绘制表格】命令，这时鼠标在文档中变成了一支铅笔的形状。

（2）将鼠标移到要插入表格的位置，按住鼠标左键，拖拽到适当位置释放，绘制出一个矩形，即为表格的外框。这时会显示如图 3-65 所示的【表格工具|设计】和【表格工具|布局】选项标签。

（3）在表格内横向拖拽笔形鼠标，绘制出表格的行；纵向拖动鼠标绘制出表格的列。

（4）如果画错，可以用【表格工具|设计】下【绘图边框】功能组中的【擦除】按钮删除。另外还可以使用【绘图边框】功能组中的【笔样式】【笔画粗细】和【笔颜色】的下拉按钮打开下拉菜单来设置绘图表的样式、粗细和颜色。

图 3-65　表格工具|设计选项功能区

3.6.2　编辑表格

创建表格后，需要对表格的内容和表格进行编辑与修饰。在表格中编辑内容与在文档中是一样的，将鼠标置于相应单元格，即可输入文本内容。表格的编辑包括行和列的插入和删除、调整行高和列宽、单元格及表格的合并和拆分等。

1．选定表格

对表格进行编辑首先需要选定单元格。

（1）选定单元格：将鼠标指针移动到要选定单元格的左侧，当鼠标指针变成指向右上方的黑色箭头时单击，即可选定此单元格。

（2）选定整个表格：当鼠标移动到表格上时，表格的左上角会出现【表格移动与控制点】图

标 ，表格右下角也会出现【缩放控制柄】，单击任意一个都可以选定整个表格。

（3）选定一行：将鼠标指针移动到要选定行的左侧（尽量靠近表格），当鼠标指针变成指向右上方的空心箭头时单击，即可选定一行。

（4）选定一列：将鼠标指针移动到要选定列的上方，当鼠标指针变成指向下方的黑色箭头时单击，即可选定一列。

（5）选定不连续的单元格：按住 Ctrl 键，可以依次选中多个不连续的单元格，使用此方法也可以选定不连续的行或列。

也可以通过单击表格右键，在弹出的快捷菜单中【选择】命令的下级菜单中选择插入点所在单元格或单元格所处的行、列以及整个表格。

2. 调整行高和列宽

在 Word 中，用户可以根据实际需要来修改表格的行高和列宽。

（1）通过鼠标调整行高和列宽。

将鼠标指针置于表格的行或列上，鼠标指针变成双向箭头的形状，拖拽鼠标到适当的位置释放，即可调整表格的行高或列宽，这种方法在改变列宽和行高时不改变表格的大小。

如果选择表格最下角的拖动柄，拖动鼠标把整个表格的行高和列宽改变，就会改变表格大小；将鼠标移向标尺上指向行线或列线的表示符时，在鼠标变成双向空心小箭头形状时按住左键拖动，表格中出现行线或列线的虚线也随之移动，松开鼠标也可以调整行高或列宽，这种方法也会改变表格的大小。

（2）通过【表格属性】调整行高和列宽。

① 选定要调整的行或列。

② 单击【表格工具|布局】下【表】功能组中的【表格属性】按钮，弹出【表格属性】对话框，如图 3-66 所示。

③ 在【行】和【列】的选项卡中，可以设置行高和列宽。

④ 单击【确定】按钮，完成设置。

（3）通过【自动调整】命令调整行高和列宽。

① 将鼠标指针置于表格的任意单元格中。

② 单击【表格工具】→【布局】下【自动调整】按钮，弹出 3 个子菜单，如图 3-67 所示。也可在表格中单击右键在弹出的快捷菜单中选择【自动调整】命令的子菜单调整表格。

图 3-66　表格属性对话框

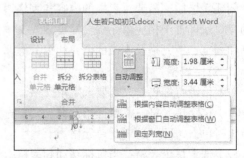

图 3-67　自动调整下拉菜单

图 3-68　插入单元格对话框

微课：表格中插入行或列

③ 根据需要选择一种方式，表格就会自动调整。

3. 插入和删除行、列、单元格

（1）插入单元格。

有两种方法可插入单元格。一种方法是通过单击【表格工具】→【布局】下【行和列】功能组右下角的【对话框启动器】按钮，弹出如图 3-68 所示的【插入单元格】对话框，在对话框中选择插入单元格的位置，单击【确定】即可。另一种方法是在单元格中单击鼠标右键，在弹出的快捷菜单中选择【插入】命令下的【插入单元格】命令，同样可以打开图 3-68 所示的对话框。

（2）插入行、列。

① 使用功能区操作：首先在表格中选定插入行（或列、单元格）的位置，通过单击【表格工具】→【布局】下【行和列】功能组中的【在上方插入】【在下方插入】【在左侧插入】【在右侧插入】按钮，即可在相应位置插入行、列或单元格。

② 使用快捷菜单：把鼠标放在表格中单击右键弹出快捷菜单，在菜单中【插入】命令的下一级菜单中选择【在上方插入行】【在下方插入行】【在左侧插入列】或【在右侧插入列】，完成在指定位置插入行或列。

③ 使用快捷键：将光标移到表格外右侧的回车符上，按 Enter 键可以插入一行。

（3）删除行、列、单元格。

① 首先在表格中选定要删除的行、列或单元格，然后单击【表格工具】→【布局】下【行和列】功能组中【删除】按钮，即可删除选择的行、列、单元格或者整个表格。

② 也可把插入点放入要删除的单元格后单击鼠标右键，在弹出的快捷菜单中选择【删除单元格】命令，弹出如图 3-69 所示的【删除单元格】对话框，在对话框中选择处理方式后单击【确定】按钮。

图 3-69　删除单元格对话框

③ 还有一种方法是删除从光标所在单元格的行到表格的最后行。把光标放入表格，按 Ctrl+Enter 组合键就可以将从光标所在的行往下的所有行都删除了。

4. 单元格的拆分和合并

合并单元格是把相邻的多个单元格合并成一个单元格；拆分单元格则是把一个单元格拆分成多个单元格。

（1）合并单元格。

① 选定要合并的多个单元格。

② 单击【表格工具】→【布局】下【合并】功能组中【合并单元格】命令或单击鼠标右键，在快捷菜单中选择【合并单元格】命令。

（2）拆分单元格。

① 选定要拆分的单元格。

② 单击【表格工具】→【布局】下【合并】功能组中【拆分单元格】按钮或者单击鼠标右键，在弹出的快捷菜单中输入要拆分的行数和列数。

③ 单击【确定】按钮，完成拆分。

选择【表格工具】→【布局】下【合并】功能组中【拆分表格】按钮也可以把表格从当前插

入点所在的行上边线为界拆分成两个表格。要想把相邻的两个表格合并，可把插入点移动到两个表格间的回符上，按 Delete 键把两个表格合并成一个大的表格。

5. 单元格内容的移动、复制和删除

对表格单元格中内容的操作与文档中对文本的复制、移动、删除操作一样，删除内容，表格的结构不受影响。其实在删除单元格或行、列时也包括了内容的删除。

3.6.3 格式化表格

表格制作完成后，还可以对表格的进行格式化设置，使表格美观漂亮。格式化表格有多种方式。

1. 表格/单元格的对齐方式

（1）表格的对齐方式。

通过【表格属性】对话框，可以设置表格的对齐方式以及与文字的环绕方式。也可以使用【段落】功能组的按钮设置，先选定整个表格，再单击【开始】选项标签下的【段落】功能组里的相应对齐方式。

（2）单元格的对齐方式。

首先选定要设置的单元格，单击鼠标右键，在快捷菜单中选择【单元格对齐方式】子菜单，如图 3-70 所示。也可以使用【表格工具】→【布局】下【对齐方式】功能组中和快捷菜单一样的九个按钮来设置。

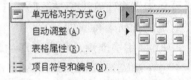

图 3-70 单元格对齐方式子菜单

2. 表格的边框和底纹

美化表格时可以像文本一样添加边框和底纹。有两种方法可以进行设置。

（1）单击【表格工具】→【设计】选项标签下【绘图边框】功能组中的【对话框启动器】按钮弹出【边框和底纹】对话框，可以分别在【边框】和【底纹】选项卡中对表格进行相应设置，操作与对文本添加边框和底纹相似。

（2）单击【表格工具】→【设计】选项标签下【表格样式】功能组右边的【底纹】按钮或在【边框】右边的下拉菜单中进行相应的格式设置。

3. 表格自动套用格式

Word 提供了多种预设的表格格式，用户可以直接套用这些格式，节省时间。具体操作步骤如下。

（1）将鼠标指针置于表格中任意位置。

（2）单击【表格工具】→【设计】选项标签下【表格样式】功能组中的任意一种样式的按钮，表格就自动套用这个样式，呈现相应的格式。还可以单击这些样式右边的【其他】按钮展开下拉菜单进行更多样式的选择。

3.6.4 转换表格与文本

在 Word 中，有时需要将表格转换成文本，也需要将文本转换成表格。

1. 表格转换成文本

（1）选定要转换成文本的表格，将插入点置于要转换的表格中。

（2）单击【表格工具】→【布局】下【数据】功能组中【转换为文本】按钮，弹出【表格转换成文本】对话框，如图 3-71 所示。在其中选择合适的分隔符，或者在【其他字符】按钮后面的文本框输入需要的分隔符号。

（3）单击【确定】按钮，完成转换。

2．文本转换成表格

（1）选定要转换成表格的文本。

（2）单击【插入】选项标签下的【表格】按钮，在弹出的菜单中选择【文本转换成表格】命令，如图 3-72 所示。在其中设置生成表格的行数和列数、文字分隔符等。

（3）单击【确定】按钮，完成转换。

微课：文本转换
为表格

图 3-71　表格转换成文本对话框　　　图 3-72　将文字转换成表格对话框

3.6.5　表格的数据处理

1．数据的计算

在 Word 中，可以对表格的数据快速地进行一些简单计算，如求和、平均数等。具体操作步骤如下。

（1）将鼠标置于放置计算结果的单元格中。

（2）单击【表格工具】→【布局】下【数据】功能组中【公式】按钮，弹出【公式】对话框，如图 3-73 所示。

（3）在公式区域输入计算公式，可以在【粘贴函数】下拉列表中选择所需函数；在数字格式区域选择计算结果的格式。

图 3-73　公式对话框

（4）单击【确定】按钮，完成计算。

2．数据排序

在 Word 中，表格中的内容可以按照数字、拼音、日期、笔画等进行升序或降序的排列。具体操作步骤如下。

（1）选定要进行排序的表格。

（2）单击【表格工具】→【布局】下【数据】功能组中【排序】按钮，弹出【排序】对话框，如图 3-74 所示。选择排序的优先次序，排序的列以数据的【类型】【升序】或【降序】选项为依据。

（3）单击【确定】按钮，完成排序。

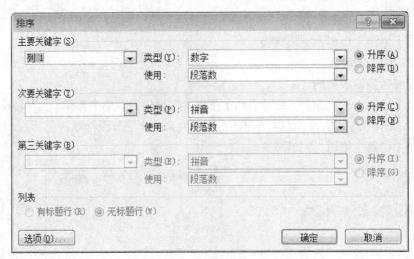

图 3-74　排序对话框

3.6.6　图表和 SmartArt 图形

在早期 Word 中，可以将表格的全部或部分生成各种统计图，如饼图、折线图等，从而达到图文并茂的效果，更加具有说服力。Word 2010 中增加了 SmartArt 图形，它是信息和观点的视觉表示形式。可以通过多种不同的布局创建 SmartArt 图形，从而快速、轻松、有效地传达信息。

1. 图表

（1）单击【插入】选项标签下【插图】功能组的【图表】按钮，在打开的【插入图表】对话框中，左侧的图表类型列表中选择需要创建的图表样式，右侧图表中选择合适的图表，如图 3-75 所示。单击【确定】按钮，这时在 Word 2010 中打开图表编辑对象，与一个 Excel 窗口并排显示。

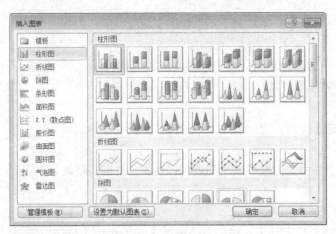

图 3-75　插入图表对话框

（2）在 Excel 中编辑图表数据，例如修改名称，以及编辑具体数值。在编辑数据的同时，Word 窗口中也显示了相应的数据，如图 3-76 所示。

（3）Excel 表编辑完成后单击关闭按钮，Word 窗口中已经创建了图表。

（4）当需要修改数据表时，只需右击图表，在弹出的快捷菜单中选择【编辑数据】即可显示 Excel 数据表，并进行修改。此外还可以进行图表的样式、类型、背景墙等格式设置。

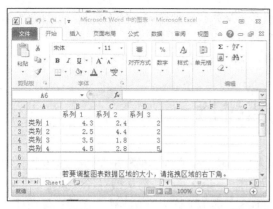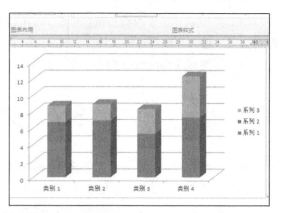

图 3-76　插入图表

2. SmartArt 图形

SmartArt 取代了 Word 以前版本的"插入结构图"的功能，并且增加了循环图、射线图、棱锥图、维恩图和目标图等类型。在 Word 2010 中插入 SmartArt 图形的方法如下。

（1）将光标移动到需要插入 SmartArt 图形的位置。

切换到【插入】选项标签下的【插图】功能组，单击【SmartArt】按钮，弹出如图 3-77 所示的【选择 SmartArt 图形】对话框。

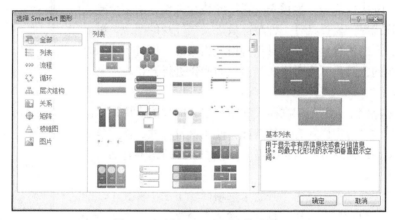

图 3-77　选择 SmartArt 图形对话框

（2）在对话框中选择相应的类型和样式后，单击【确定】按钮，在文档中出现 SmartArt 图形编辑窗口，如图 3-78 所示。

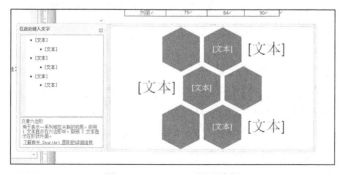

图 3-78　SmartArt 图形编辑

（3）在 SmartArt 图形编辑窗口中，SmartArt 图形本身具有各种样式，对各文本进行修改编辑就可以了。输入完成并返回文档中，SmartArt 图形就插入好了。

（4）若要修改 SmartArt 图形，则单击图形，此时就可以如新建时一样进行修改了。

3.7 文档排版

样式、模板、宏和域一直以来就是 Word 的四大核心功能，样式和模板是 Word 2010 提供的快速排版文档的重要功能，常用于较长的文档，例如书稿、论文等。一篇文档有各级标题、正文、目录等，如果每设置一个标题都要使用多次相同的命令，会增加许多重复操作，而通过使用样式和模板功能，可以大大简化排版操作，节省排版时间，提高工作效率。

3.7.1 应用样式和模板

样式是 Word 系统自带的或由用户自定义的一系列排版命令的集合，包括字符格式和段落格式两种。字符样式是对字符格式的保存，包括字符的字体、字号、字形、效果等；段落样式是对段落格式的保存，包括对齐方式、段间距、行间距等。

在 Word 2010 中模板是一种预先设置好的特殊文档，由多个样式组合而成，又称样式库。模板具有一种塑造最终文档外观的框架，可以在该框架中加入自己的信息。所以，对某些格式相同的文档进行排版时，模板是必不可少的工具。下边对样式和模板的操作进行介绍。

1. 应用样式

在 Word 中存储了大量的标准样式和用户定义的样式。用户可以方便地使用这些样式。应用样式有两种情况：使用字符样式，需选定所要设置的字符；使用段落样式，需选定需要设置的多个段落或将插入点置于要设置的段落中。

使用样式的步骤如下：单击【开始】选项标签下的【样式】功能区右下角的【对话框启动器】按钮，打开【样式】窗格，如图 3-79 所示，可以勾选窗格下面的【显示预览】选项，窗格中的样式名称会显示对应样式的预览效果。在窗格的列表中选择期望的样式单击即可。

图 3-79 样式对话框

2. 新建样式

在制作有特色的 Word 文档时，除了应用样式外，还可以自己创建和设计样式。如果在 Word 自带样式中没有找到所需样式，也可以创建新样式。

设置新样式的步骤如下。

（1）选中所需设置样式的字符或段落。

（2）打开图 3-79 所示的【样式】任务窗格，单击左下角的【新建样式】按钮，弹出【根据格式设置创建新样式】对话框，如图 3-80 所示。

（3）在属性区域，可以分别设置样式名称、样式类型、样式基准、后续段落样式。选择相应的选项后在下面格式区域进行设置样式的字体、字号、字形等。

单击【格式】按钮还可以打开格式下不同的选项对话框设置相应的格式。

图 3-80　根据格式设置创建新样式

单击【确定】按钮保存样式，在样式窗格中就会出现新建的样式名称和预览样式效果了。如图 3-81 所示新建样式后样式窗格中增加了新建的样式，即"样式 2"。

3. 修改样式

在 Word 中，可以对内置样式和自定义样式进行修改，使之符合实际需求。对已有样式修改后，所有使用这种样式的文本会自动使用新的样式。方法和步骤如下。

打开【样式】任务窗格，将鼠标移到需要修改的样式上时，右侧会出现一个下拉列表按钮，如图 3-82 所示，单击【修改】命令后，弹出【修改样式】对话框。

与新建样式相似，除了样式名不用修改外，可以修改、删除各项格式以满足需要。格式设置完成后，单击【确定】按钮即完成样式修改。

图 3-81　新建样式后的样式窗格

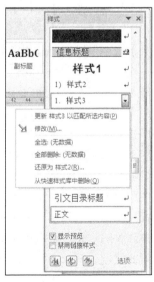

图 3-82　样式修改选项菜单

4. 应用模板

在 Word 2010 中应用模板时，可以使用 Word 自带的模板和向导，见"3.2.1 新建文档"章节中的第二种情况，此处不再讲述。

5. 创建模板

如果在 Word 自带模板中没有找到所需模板，可以把已有的模板修改一下后使用，也可以创建新模板。创建模板的方法如下。

（1）编辑一个 Word 文档，把所需要的格式和样式都设置完成。

（2）单击【文件】菜单下的【另存为】命令，弹出【另存为】对话框，设定保存位置后在【保存类型】项中选择"Word 模板（*.docx）"，修改模板名称【新模板 1.dotx】。

模板的扩展名为.dotx。

（3）单击【保存】按钮完成模板创建。

3.7.2 设置分栏和制表位

1. 分栏

分栏是报纸、杂志中常用的格式，它可以将文档版面分成不同数量或不同版式的栏，使版面显得生动、灵活，增强了可读性。Word 可以将全部文档或部分文档分成多栏，并可以设置每一栏的宽度和栏间距。具体操作方法如下。

（1）选定需要设置分栏的文本内容。如果要对整篇文档的内容进行分栏，则把鼠标放在文档的任意位置。

（2）单击【页面布局】选项标签下【页面设置】功能组中的【分栏】按钮，在下拉菜单中选择要分栏的结构样式。如果下拉菜单中没有需要的样式则单击下拉菜单下的【更多分栏】命令，弹出【分栏】对话框，如图3-83 所示。

（3）在【栏数】选项中设定所分的栏数，在宽度和间距区域设置每一栏的宽度和间距，通过选定【栏宽相等】复选框可以使所有栏宽相等；通过选定【分隔线】复选框可以在各栏之间加上分隔线。设置效果会在预设区域显示相应的样式。

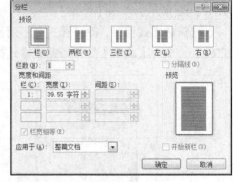

图 3-83　分栏对话框

（4）在【应用于】选项中选择范围后，单击【确定】按钮完成分栏。

2. 制表位和制表符

Word 2010 中可以使用制表位实现不用表格的情况下整齐地输入多行、多列文本。制表位是按 Tab 键后水平标尺上插入点移动到的位置。使用 Tab 键移动插入点到下一个制表位很容易实现各行文本的列对齐。Word 2010 中提供了五种制表符来设置制表位，分别是左对齐式制表符、居中式制表符、右对齐式制表符、小数点对齐式制表符、竖线对齐式制表符。操作方法如下。

（1）首先将插入点置于要设置制表位的段落，单击【制表位对齐方式】按钮，可以循环显示五种制表符和两种缩进方式。在这里面选择所需要的制表符。

（2）单击水平标尺上要设置制表位的地方，这时标尺上就出现选定的制表符。

重复以上操作完成制表位设置工作。图 3-84 所示是采用五种制表符设置制表位在输入文本后的不同效果。

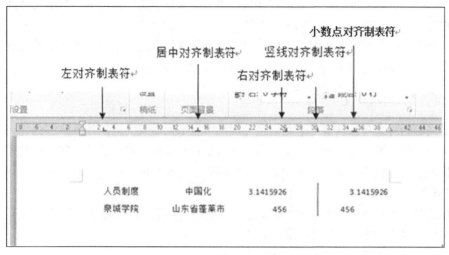

微课：设置制
表符

图 3-84　五种制表符设定制表位后的效果

制表位可以移动或删除，左键点住位于标尺上的制表符，可以通过鼠标拖动制表符到任意位置来移动制表位，如果要把制表位删除，则将其拖出水平标尺以外即可。

3.7.3　插入分隔符

Word 2010 具有多种分隔符，Word 中采用在文档中自动添加分页符来分页。除此外还有分节符、分栏符、换行符。使用这些分隔符，可以美化页面，使排版效果丰富多彩。

1. 插入分页符

Word 具有自动分页功能。当输入内容满一页时，系统会自动切换到下一页，在文档中插入一个自动分页符，开始新一页。还可以使用手动插入分页符的方法，根据需要对文档进行分页，比如每章节总是开始在新的一页。插入分页符的操作如下。

（1）将鼠标指针置于需要分页的位置。

（2）单击【页面布局】选项标签下【页面设置】功能组中的【分隔符】按钮，如图 3-85 所示。在菜单中有分页符、分栏符、自动换行符以及分节符。单击下拉菜单中的【分页符】即插入了一个分页符，文档从插入点所在位置重新另起一页。

（3）另外，在【插入】选项标签下【页】功能组中单击【分页】按钮，同样可以在插入点插入一个分页符，文档另起新的一页。

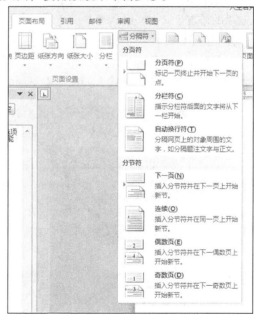

图 3-85　分隔符下拉菜单

2. 设置分节

节是独立的编辑单位，第一节都可以设置成不同的版式，使用分节符可以根据需要把文档分成多节，用户可以对每一节独立设置格式，如页码、页眉和页脚、页边距等。节可以是整篇文档，也可以是文档的一部分，如一段、一页等。在 Word 中，默认整个文档是一节，当对文档进行排版时，如果要把文档分成几节，就需要插入分节符。

其操作方法和插入"分页符"相似，不同的是应在【分隔符】对话框中选择合适的分节符类型。如图 3-85 所示【分隔符】下拉菜单中有【分节符】的各种类型。

3.7.4 设置水印和文档背景

Word 2010 文档的背景在默认情况下是白色，用户可以根据需要为其添加背景颜色，虽然打印不出背景颜色但可使视图更加美观、丰富多彩。水印是指对文档背景设置的一些隐约文字或图案。水印可以提醒读者正确使用文档，例如通知或档案等一些特别的文档。

1. 设置背景颜色、图案

（1）为文档背景添加颜色。单击【页面布局】选项标签下【页面背景】功能组中的【页面颜色】按钮，在下拉菜单中选择相应的主题颜色即可，如图 3-86 所示。也可单击菜单下边的【其他颜色】命令，在弹出的【颜色】对话框中选择合适的背景颜色，单击【确定】按钮，即完成背景颜色的添加。

（2）也可以为文档背景添加渐变、纹理、图案等效果。选择图 3-86 中下拉菜单中的【填充效果】命令，弹出【填充效果】对话框，如图 3-87 所示，选择合适的填充效果，单击【确定】按钮，完成背景效果的添加。

图 3-86 页面颜色下拉菜单

2. 设置水印

（1）单击【页面布局】选项标签下【页面背景】功能组中的【水印】按钮，在下拉菜单中机密水印库中选择需要的样式，如图 3-88 所示。

图 3-87 填充效果对话框

图 3-88 水印下拉菜单

（2）也可在图 3-88 中的菜单中选择【自定义水印】命令，弹出【水印】对话框，如图 3-89 所示，选择图片水印或文字水印，并进行相应设置，单击【确定】按钮，完成水印效果的添加。

图 3-89　水印对话框

3.7.5　创建目录

编辑长文档时，为了便于查找，可以为文档添加目录。目录列出了文档中的各级标题以及每个标题所在的页码。在目录中，只要按住 Ctrl 键同时单击某个标题，就可直接跳转到文档的此标题处。

1. 创建文档目录

（1）将鼠标指针置于要插入目录的位置，一般在文档的开头部分，并且确认已把文档的各级标题样式设置正确。

（2）单击【引用】选项标签下【目录】功能组中的【目录】按钮，在下拉菜单中选择系统内置的目录样式即可，如图 3-90 所示。

图 3-90　目录下拉菜单

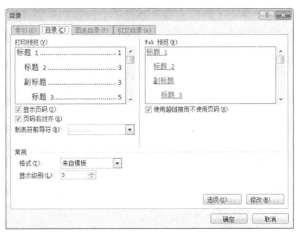

图 3-91　目录对话框

微课：创建文档
目录

（3）若菜单中没有所需要的样式，可单击图 3-90 所示下拉菜单中的【插入目录】命令，弹出【目录】对话框，如图 3-91 所示，设置其格式、显示级别、显示页码、页码右对齐等，并可以在打印预览区查看显示效果。

（4）单击【确定】按钮，将编辑好的目录插入文档中。

2. 更新文档目录

编辑好目录后，如需对文档进行修改，例如增加或删除文本、增加或删除小标题等，则需要更新目录。

更新文档目录的方法如下。

（1）选定要修改的目录。

（2）单击鼠标右键，在快捷菜单中选择【更新域】命令，弹出【更新目录】对话框，如图 3-92 所示。选择【只更新页码】按钮，则目录格式不改变，只更新页码；如果选择【更新整个目录】按钮，则将重新编辑更新后的目录。

图 3-92　更新目录对话框

更新文档目录也可以使用另外一种方法，采用 Word 中针对域的操作：在目录中单击鼠标后按 F9 键，弹出【更新目录】对话框，其他操作同上。

3.7.6　设置页眉、页脚和页码

1. 页眉和页脚

页眉和页脚是指文档每一页顶部和底部的标识，出现在页顶部的标识称为页眉，出现在页底部的标识则称为页脚。页眉和页脚的内容包括标题、章节编号、页码、日期等。添加页眉和页脚的操作方法如下。

（1）单击【插入】选项标签下【页眉和页脚】功能组中的【页眉】或【页脚】按钮，在弹出的下拉菜单中选择相应的内置样式后，进入文档页眉或页脚编辑状态。图 3-93 所示为页眉编辑状态。

微课：设置页眉和页脚

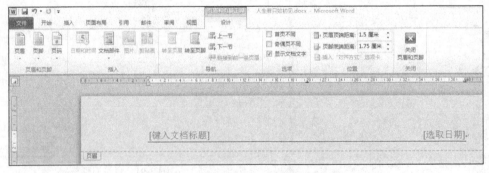

图 3-93　页眉和页脚工具|设计选项标签

（2）在进入页眉或页脚编辑区后，输入页眉或页脚要显示的内容，在文档内容处单击鼠标就可完成页眉、页脚的设置了。

一般情况下，同一文档中所有页眉、页脚是相同类型的，但有些情况下，需要设置不同的页眉和页脚。设置不同的页眉和页脚的一种方法是在图 3-93 所示的【页眉和页脚工具|设计】选项标签中进行相应的设置选择，另一种方法是使用【版式】对话框，步骤如下。

① 单击【页面布局】选项标签下【页面设置】功能组右下角的【对话框启动器】按钮，弹出【页

面设置】对话框，选择【版式】选项卡，如图 3-94 所示。

② 勾选【奇偶页不同】复选框可以在奇数页和偶数页上设置不同的页眉或页脚；勾选【首页不同】复选框可以在文档首页上设置与其他页不同的页眉或页脚；【距边界】可以设置页眉和页脚到纸张边界的距离。

③ 单击【确定】按钮退出对话框，返回原文档的操作状态。

如果想修改或删除页眉、页脚，可单击【插入】选项标签下【页眉和页脚】功能组中的【页眉】或【页脚】按钮，在弹出的下拉菜单中选择【编辑页眉】【编辑页脚】【删除页眉】【删除页脚】即可。

也可以使用鼠标双击方法在编辑页眉、页脚与编辑文档之间切换，双击页眉、页脚所在的位置，就进入页眉、页脚的编辑状态，编辑完成后双击文档的任意内容部分即可退出页眉、页脚的编辑，进入文档的编辑状态。

图 3-94　版式选项卡

2. 插入页码

当文档页数较多时，为了便于阅读、查找，应当给文档设置页码。Word 提供了一个专门的命令来实现页码的插入。插入页码的方法如下。

（1）单击【插入】选项标签下【页眉和页脚】功能组中的【页码】按钮，在弹出的下拉菜单中选择页码插入页面的顶端还是底端，然后在各自的下级菜单中选择相应的样式就可以了。

（2）可以在【页边距】和【当前位置】命令下设置页码的形状和样式。还可以选择【设置页码格式】命令打开【页码格式】对话框，如图 3-95 所示。

（3）用户可以根据需要设置页码格式，如阿拉伯数字、罗马数字等，还可以重新设置页码的起始位置。

（4）单击【确定】按钮完成页码的插入。

图 3-95　页码格式对话框

3.7.7　审阅与修订文档

完成文档的编辑后还需要对内容进行审核或修订，此时一般采用 Word 2010 的批注和修订功能。

1. 批注

当审阅者不直接修改文章，只是对文档进行评论时，或要对文档的某些地方做标记时，可以使用批注。批注是审阅者添加到独立批注窗口的文档评论或注释，不影响文档内容。Word 2010 可以自动为每条批注赋予不重复的编号和名称。插入批注的方法如下。

（1）选定要添加批注的文本，或把插入点放在要添加批注的文本前边。

（2）单击【审阅】选项标签下【批注】功能组中的【新建批注】按钮，如图 3-96 所示。在选定的文本上添加了一个批注编辑框，同时打开【审阅】工具栏。在编辑框中可以输入要批注的内容。通过【审阅】工具栏可以浏览批注、删除批注等。

也可通过鼠标选定批注，右键单击，在弹出的快捷菜单中选择【删除】命令。

图 3-96　批注编辑框和审阅工具栏

2. 修订

修订能让作者查看其他审阅者对文档的修改，并可以接受或拒绝这些修订。使用修订标记是指用一种特殊标记来记录对文章所做的任何编辑、修改，以便于作者或其他审阅者了解对文档的修改。操作方法如下。

（1）首先单击【审阅】选项标签下【修订】功能组中的【修订】按钮，选择【修订】菜单下的【修订】命令。

（2）这时在文档中编辑即进入了修订状态，所有操作都以区别正常编辑的效果显示，并记录修订的操作过程。

（3）对文档修订后，作者也可以根据实际情况决定是否接受修订，这通过【审阅】选项标签中的【更改】功能组中【接受】按钮和【拒绝】按钮来实现。

还可以通过单击【审阅】选项标签下【修订】功能组中的【修订】按钮，在下拉菜单中选择【修订选项】命令，打开图 3-97 所示的【修订选项】对话框，可对各种操作的标记及格式显示做修改设置。然后单击【确定】按钮完成选项设置。

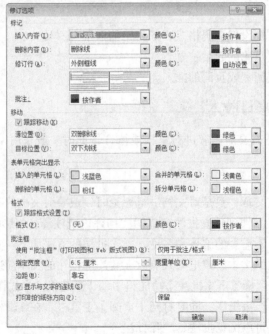

图 3-97　修订选项对话框

3.7.8 邮件

1. 创建多个信封

现实工作中有时可能需要同时向多人发送内容相同的信封或邀请函等，通过 Word 2010 用户可以制作向多人发送统一格式的、符合国家标准的信封及内容。制作多个信封的操作步骤如下。

（1）制作中文信封，可单击【邮件】选项标签下【创建】功能组的【中文信封】按钮，启动【信封制作向导】。

（2）在【信封制作向导】对话框中，单击【下一步】按钮，在【设置信封样式】窗口下选择需要的信封样式，如图 3-98 所示。选中打印到信封上的各组成部分后，单击【下一步】按钮。

（3）在新窗口中设置【选择生成信封的方式和数量】，需要单个信封时选择【键入收信人信息，生成单个信封】选项，在这里我们选择【基于地址簿文件，生成批量信封】选项，单击【下一步】按钮。

（4）在打开的窗口中，单击【选择地址簿】按钮，打开以 txt（各项必须用 Tab 键隔开，并且具有项目名称）或 Excel 格式保存的联系人文件，如图 3-99 所示。在下边设置收信人各项目与地址簿文件相对应的各项，单击各项的下拉按钮，然后选择相应的项即可。设定完成后，单击【下一步】按钮。

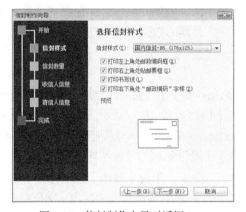

图 3-98　信封制作向导对话框 1

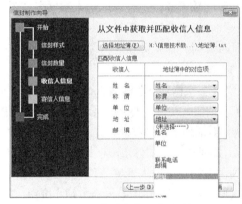

图 3-99　信封制作向导对话框 2

（5）在打开的【输入寄信人信息】窗口中把寄信人的信息填写清楚，如图 3-100 所示，然后单击【下一步】按钮，进入下一个窗口，如图 3-101 所示，就完成了信封制作向导。

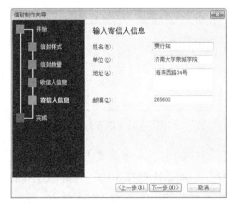

图 3-100　信封制作向导对话框 3

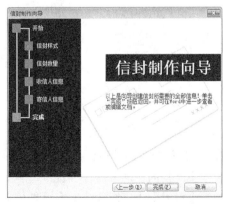

图 3-101　信封制作向导对话框 4

（6）单击【完成】按钮，结束向导操作，就会打开一个新文档，制作多个不同联系人的信封。

这种方法创建的信封有时不太合适，可以选择【键入收信人信息，生成单个信封】选项建立单个信封后再执行【邮件合并】操作来生成更多的信封，可参考下面邮件合并的操作步骤。

2. 邮件合并

在日常工作生活中，常常遇到需要批量处理邮件、请柬、工资条等情况。这些文档的主要内容基本相同，只是某些具体数据有变化，这时用户可以通过 Word 2010 提供的邮件合并功能快速创建多个相同的文档类型，这是可以发送同一种信给不同对象的操作方法。

邮件合并就是将包含一系列信息的数据源输入固定格式的主文档中，自动生成包含多个不同邮件的新文档。邮件合并时把邮件中相同部分的内容制作成一个主文档；把邮件中有变化的部分内容制作成数据源或由其他程序导入生成的表格或数据库文件。

下面以制作录取通知书为例介绍邮件合并的使用方法。

（1）创建主文档。

将所有邮件中统一出现的文本内容编辑到一个文档中，编辑的方法和制作普通文档方法相同，本例中输入通知书内容，设置文本格式后保存为主文档。

（2）准备数据源。

数据源可以创建也可由其他程序生成，一般用电子表格形式保存。在这里我们用 Excel 制作一个简单的数据源，包含录取学生的姓名、考号、二级学院、录取专业等，保存为"录取学生信息.xlsx"。表格的每一列对应一个列标题，每一行为一条具体的数据记录。创建的方式也可以为在邮件合并时再输入数据。

（3）邮件合并。

① 在主文档"录取通书.docx"中，单击【邮件】选项标签下【开始邮件合并】功能组的【选择收件人】按钮，在打开的下拉菜单中选择【使用现有列表】命令，如图 3-102 所示，在弹出的【选取数据源】对话框中选中数据源文件——"录取学生信息.xlsx"，单击【打开】按钮或双击文件都可以。

② 此时单击【邮件】选项标签下【编写和插入域】功能组的相关功能按钮被激活。将插入点定位到主文档中要插入标签的位置，这里定位到"同学"前面，单击【邮件】选项标签下【编写和插入域】功能组中的【插入合并域】按钮，在弹出的下拉列表中选择相应的选项，这里单击【姓名】选项，如图 3-103 所示。即在主文档插入点插入了一个"姓名"域。

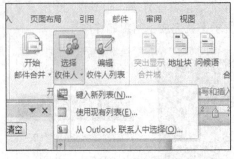

图 3-102　邮件合并任务窗格

图 3-103　设置插入合并域

③ 单击【邮件】选项标签下【编写和插入域】功能组中的【插入合并域】按钮，重复上面的操作，在主文档的"准考证号"后，"学院"前，"专业"前依次选择【插入合并域】按钮下拉列表中的【考号】【二级学院】【录取专业】命令，插入所选的域，如图 3-104 所示。

图 3-104　主文档在插入合并域后显示的效果

④ 单击【邮件】选项标签下【完成】功能组中的【完成并合并】按钮，在下拉菜单中选择【编辑单个文档】命令，弹出图 3-105 所示的【合并到新文档】对话框，选择全部后，单击【确定】按钮，就完成了邮件合并。Word 会生成新的一个名为"信函 n"的文档（n 代表制作的次数），合并要给所有录取学生发的录取通知书的内容，如图 3-106 所示。

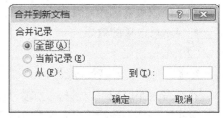

图 3-105　设置撰写信函

微课：邮件合并

图 3-106　邮件合并后新建的文档

3.7.9　页面设置和打印

1. 页面设置

页面设置就是对文档总体布局，对纸张大小、来源、页边距、页眉和页脚等进行设置。单击【页面布局】选项标签下【页面设置】功能组右下角的【对话框启动器】按钮，弹出【页面设置】对话框，如图 3-107 所示。

（1）【页边距】选项卡。

【页边距】选项卡主要设置页边距、纸张方向等。

页边距区域可以调整文档正文的上、下、左、右到纸张边界的距离，还可以设置装订线的位置以及装订线到纸张边界的距离。

微课：页面设置

纸张方向区域可以设置纸张是横向或是纵向。

如果文档是多页的，在页码范围区域可以选择合适的排版方式，包括普通、对称页边距、拼页、书籍折页、反向书籍折页等。

预览区域可以选择其设置应用于整篇文档或插入点之后，并显示修改后的效果。

（2）纸张选项卡。

纸张选项卡主要设置纸张大小、来源等，如图3-108所示。

在纸张大小区域可以选择纸张类型，如 A4、B5、自定义大小等。如果选择【自定义大小】选项，则在下面的【高度】和【宽度】列表框设置纸张的高度和宽度。

图 3-107　页面设置对话框

纸张来源区域，【首页】列表框选择文档第一页纸张的来源，【其他页】列表框选择文档其他页纸张的来源。预览区域可以选择其设置应用于【整篇文档】或【插入点之后】，并显示修改后的效果。

（3）文档网格选项卡。

文档网格选项卡主要设置文字方向、网格、每行字符数、每页行数等，如图3-109所示。

图 3-108　纸张选项卡

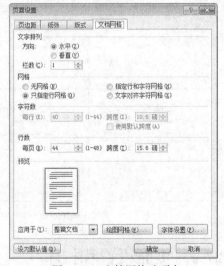

图 3-109　文档网格选项卡

在文字排列区域，可以设置文字排列方向；在【栏数】文本框可以设置所需栏数。

在网格区域，可以设置文档有无网格，以及网格类型。在字符和行区域，可以设置每行的字符数和每页的行数。

【绘图网格】按钮可以设置网格的间距、网格起点等；【字体设置】按钮可以对所选文档的字体进行设置。

预览区域可以选择其设置应用于整篇文档或插入点之后，并显示修改后的效果。

2. Word 2010 文档的打印

使用 Word 编辑好一篇文档后，通常还需要将内容打印出来，Word 2010 具有打印预览和打印功能，在打印之前进行预览，可防止因为文档设置不合理造成的打印浪费。

（1）打印预览。

在打印文档之前，通常需要对打印的内容进行预览，Word 2010 的打印效果与实际打印效果一致，单击【文件】菜单中的【打印】命令，进入打印窗口，如图 3-110 所示。左边是对文档打印的相关设置选项，右边是打印预览效果，可以通过打印预览，把文档调整到最佳效果。

图 3-110　打印窗口

（2）打印文档。

文档设置完成后，确认文档的内容和格式都正确无误，同时对打印预览显示效果都很满意，就可以打印输出了。

打印文档的操作方法如下。

① 单击【文件】菜单中的【打印】命令，进入打印窗口。在打印栏中选择或输入打印的份数。

② 选择可用的打印机后，单击【页数】选项，在出现的下拉列表中可以设置打印的范围，也可在输入框中输入要打印的页码的范围，可以是连续的，也可以是不连续的。例如要打印 2 至 6 页和第 9 页，则输入"2-6，9"。

③ 单击【单面打印】按钮可选择单面或双面打印；单击【调整】按钮可选择打印页码的排序方式进行逐份打印。下面就是页面设置的一些选项，可以单击【页面设置】按钮，在弹出的【页面设置】对话框中进行详细设置。

④ 设置完成后，单击【打印】按钮即可开始打印文档。

也可以在【快速访问工具栏】中设置和使用快速打印，方法是单击【快速访问工具栏】中的【自定义快速访问工具栏】按钮，在弹出的下拉列表中选择【快速打印】命令，此时在【快速访问工具栏】中就出现【快速打印】按钮，单击该按钮即按默认设置打印整篇文档。

第4章
Excel 2010 电子表格软件

Excel 2010 是 Microsoft 公司推出的办公自动化套装软件 Office 2010 的主要应用程序之一，它能够进行基本数据的编辑，制作大型的数据表格，具有强大的数据计算与分析处理功能，并以类似于数据库的功能管理数据，被广泛应用于金融、经济、财会、审计和统计等领域。

本章要点：
- 熟悉 Excel 2010 的窗口
- 掌握 Excel 2010 的基本操作
- 掌握公式与函数的使用
- 掌握数据管理相关操作
- 掌握数据的图表化

4.1 Excel 2010 基本知识

学习掌握 Excel 2010 的使用方法，首先要掌握 Excel 2010 的启动和退出方法，熟悉 Excel 2010 的编辑环境，了解相关基本概念。

4.1.1 Excel 2010 的启动与退出

1. Excel 2010 的启动

启动 Excel 2010 的方法有很多种，下面介绍几种常用的启动方法。

（1）使用开始菜单启动：单击任务栏中的【开始】按钮，选择【所有程序】→【Microsoft Office】→【Microsoft Office Excel 2010】命令，即可启动 Excel 2010。

（2）使用快捷图标启动：若在桌面上已经建立了 Excel 2010 的快捷图标，只需双击此图标就可启动 Excel 2010。如果没有建立快捷图标，可通过选择【Microsoft Office Excel 2010】命令，按下鼠标左键将其拖拽到桌面。

（3）使用 Excel 2010 文档启动：在桌面或者资源管理器中查找已有的 Excel 2010 文档，双击要打开的 Excel 2010 文档，即可进入 Excel 2010。

（4）如果经常使用 Excel 2010，系统会将 Excel 2010 的快捷方式添加到开始菜单上方常用的程序列表中，单击即可打开。

微课：电子表格的打开

2. Excel 2010 的退出

文档编辑完成后，需要正确退出。Excel 2010 的退出方法一般有以下几种。

（1）单击菜单中的【文件】→【退出】命令。

（2）单击标题栏右侧的 ▬ x 按钮。

（3）双击 Excel 2010 窗口标题栏左边的控制菜单图标 Ⅺ。

（4）使用 Alt+F4 组合键退出。

在退出时，不管使用哪种方法，如果文件修改后没有保存，都会弹出提示保存的对话框，如图 4-1 所示。用户可以根据实际情况选择保存或者不保存。

图 4-1 保存文档对话框

4.1.2 Excel 2010 窗口组成

启动 Excel 2010 后，打开图 4-2 所示窗口。Excel 2010 主窗口中，主要有快速访问工具栏、标题栏、功能区选项卡、编辑栏全选按钮、工作表标签、全选按钮等。下面主要介绍快速访问工具栏、标题栏、功能区选项卡和编辑栏的功能。

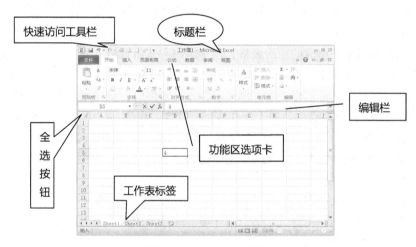

图 4-2 Excel 2010 主窗口

1. 快速访问工具栏

快速访问工具栏位于窗口左上方系统控制菜单右侧，用于快速执行某些操作。默认的快速访问工具栏只有保存、恢复和撤销 3 个按钮，用户也可以根据实际需要单击右侧的下拉按钮 ▾ 添加其他的菜单命令。

2. 标题栏

标题栏位于窗口的最上方，显示当前正在编辑的电子表格文件名称，双击标题栏可以让窗口在最大化和最小化之间进行切换。标题栏最右侧为窗口控制按钮 ▭▢✕，这 3 个按钮可以实现窗口的最小化、最大化、还原和关闭。当窗口处于非最大化状态时，拖动标题栏可以移动当前窗口的位置。

3. 功能区选项卡

功能区选项卡位于标题栏的下方，在默认情况下窗口中包含的选项卡有：文件、开始、插入、页面布局、公式、数据、审阅、视图。选择某个选项卡会打开对应的功能区，每个选项卡由若干组功能相似的按钮和下拉菜单组成。

4. 编辑栏

编辑栏由名称框、工具按钮和编辑区构成。名称框在编辑栏的最左边，可以显示当前单元格或者单元格区域，如图 4-2 所示，显示 D5 说明当前用于数据输入的单元格是 D5。名称框右侧的按钮"▼"用于输入公式时显示下拉函数列表，工具按钮包含3个：在当前单元格中输入数据或者公式时，✕和✓按钮分别表示撤销和确认当前输入，ƒ表示输入函数按钮。编辑区可以编辑和显示当前单元格的内容，与直接在单元格中输入的效果是一样的。

4.1.3　Excel 2010 的基本概念

1. 单元格

在Excel 2010窗口中，由暗灰线条组成的一个个单元格组成了工作表编辑区，行和列交叉的部分称为单元格。单元格是工作表中最基本的数据单元，一切操作都在单元格中进行。每个单元格内容长度的最大限制是32 767个字符，但单元格中只能显示1 024个字符，而编辑栏中则可以显示32 767个字符。

单元格的名称（也称单元格地址）是由行号和列号来标识的，列号在前，行号在后。例如，第5行第4列的单元格的名字是D5，如图4-2所示，在单元格D5中输入了4。在编辑栏的名称框中显示"D5"，编辑区显示"4"。一个工作表中的当前（活动）单元格只有一个。

2. 工作表

工作表是由行和列交叉组成的二维表格，用于组织和分析数据。要对工作表进行操作，必须先打开该工作表所在的工作簿。工作簿一旦打开，它所包含的工作表就一同打开。由于工作表选项卡区域有限，只能显示部分工作表名，因此当工作表较多时，可以用工作表选项卡左边的按钮 ⏮ ◀ ▶ ⏭ 来显示其他的工作表。每个工作表的行用1、2、3、4……表示，称为行号，最多可达1 048 576行；列则用A、B、C、D…Z、AA、AB…AZ、BA、BB…BZ、CA、CB…表示，称为列号，最多可达16 384列。因此，每个工作表最多可有1 048 576×16 384个单元格。

3. 工作簿

由Excel 2010建立的文档就是工作簿，它是由若干工作表组成的。当Excel 2010成功启动后，系统会自动打开一个名为"工作簿 1"的空工作簿。这是系统默认的工作簿名，用户可以在存盘时根据文件的命名规则重新命名一个见名知义的文件名。

一个工作簿由若干个工作表组成，工作表的数目由内存决定。一个工作簿就是一个文件，可以存放在磁盘上，其默认的扩展名是.xlsx，而工作表是不能单独存盘的。Excel 2010启动后，系统默认打开 3 个工作表。用户也可以修改这个数目，以适应自己的需要。修改操作是：单击【文件】→【选项】命令，打开Excel选项对话框，如图4-3所示，改变新建工作簿时包含

图4-3　Excel 选项对话框

的工作表数（s）的数值，如 5，当再次打开 Excel 文件时，默认的工作表就是 5 个。

4. 单元格区域

单元格区域指的是由多个单元格形成的矩形区域，其表示方法由该区域的左上角单元格地址、冒号和右下角单元格地址组成。例如，单元格区域 A1:C3 表示从左上角 A1 开始到右下角 C3 的一组相邻的矩形区域，该区域包含 9 个单元格。

多个单元格组成了单元格区域，1 048 576×16 348 个单元格构成了一张工作表，多张工作表构成了一个工作簿。所以，单元格、工作表和工作簿之间是包含和被包含的关系。

4.2　Excel 2010 基本操作

Excel 2010 的基本操作包括工作簿、工作表、数据的输入和编辑等内容，这是使用 Excel 2010 的基础，只有掌握了这些基本操作才能进行进一步学习。

4.2.1　工作簿的基本编辑

工作簿的基本操作包括新建、保存、打开和关闭。要关闭一个工作簿，可以用关闭一个窗口的方法实现。下面介绍如何新建、保存和打开工作簿。

1. 工作簿的新建

（1）启动 Excel 2010 之后，系统打开的是一个默认名为"工作簿 1"的空白工作簿。

（2）单击【文件】命令，选择级联菜单中的【新建】选项，在可用模板中选择需要建立的模板选项，如图 4-4 所示，最后单击【创建】按钮即可，一般是选择空白工作簿。

图 4-4　新建工作簿窗口

（3）使用 Ctrl+N 组合键或单击功能区新建按钮 可以快速建立空白工作簿。

2. 工作簿的保存

如果是编辑已有文档，对此文档做了修改而需要保存时，通过功能区选项卡【文件】级联菜单中的【保存】命令或快捷工具按钮 ，可使编辑后的文件直接覆盖原文件。如果是新建的文件则会弹出另保存对话框，如图 4-5 所示，选择文档的"保存位置"，输入"文件名"，然后单击

【保存】按钮即可。系统默认的扩展名为.xlsx。

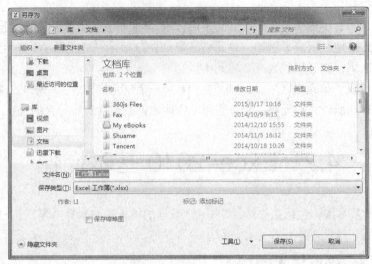

图 4-5　【另存为】对话框

在编辑文件过程中为了防止断电、死机等意外引起数据丢失现象，系统为文件设置了自动保存的时间间隔，默认为 10 分钟，用户可以根据实际情况设置自动保存文件的时间间隔。设置步骤为：单击选项卡【文件】，选择【选项】，打开 Excel 选项对话框，在【保存】选项中设置文件自动保存的时间和路径，最后单击【确定】按钮，如图 4-6 所示。

图 4-6　Excel 选项对话框

3.　工作簿的打开

如果想打开已有的 Excel 文件，可以直接在资源管理器中找到文件双击打开。如果已经启动 Excel 程序，也可在当前工作簿中选择选项卡【文件】中的级联菜单【打开】命令或者单击快捷按钮　，弹出打开对话框，如图 4-7 所示，选择文件所在路径，最后单击【打开】按钮即可。

图 4-7　打开对话框

4.2.2　工作表的基本编辑

工作表是 Excel 文件进行数据编辑的基本单元，用户在进行数据编辑时应熟练掌握工作表的基本操作，包括工作表的选择、添加和删除等。

1．工作表的选择

（1）选择单张工作表：直接在工作表标签处选择相应的工作表即可。

（2）选择连续的多张工作表：需要按 Shift 键分别在第一张和最后一张工作表处单击。

（3）选择不连续的工作表：可按 Ctrl 键依次单击需要选择的工作表。

另外，在任意工作表标签处右键单击选择级联菜单中的【选择全部工作表】命令，选择多张工作表后，标题栏处会出现"工作组"3 个字。此操作还可同时实现对工作组中所有工作表的单元格进行数据的录入及格式编辑等工作。

2．工作表的新建

默认的 Excel 工作簿中包含 3 张工作表，当工作表数目不够使用时可以插入新的工作表。

（1）选择一张工作表，在选项卡【开始】包含的选项组【单元格】中选择【插入】按钮，在级联菜单中选择插入工作表，即可在当前工作表的前面插入一新的工作表。如图 4-8 所示。

（2）在某一工作表标签处右键单击鼠标，在弹出的快捷菜单中选择【插入】选项，在弹出的插入对话框中选择工作表，如图 4-9 所示，然后单击【确定】按钮，即可在当前工作表之前插入新的工作表。

图 4-8　插入新的工作表

图 4-9　插入对话框

如果想同时插入多张工作表，可在选择多张工作表后再执行上面的操作，即可插入与选中数目相等的工作表。另外，在工作表标签的最右侧有一个插入工作表按钮，单击此按钮可以在最后插入一张工作表。插入的新的工作表统一采用默认名。

3. 工作表的删除

工作表的删除可以采用以下两种方法进行。

（1）首先选中要删除的工作表，在选项卡【开始】包含的选项组【单元格】中选择【删除】按钮，在级联菜单中选择【删除工作表】，如图 4-10 所示。

（2）在选中的工作表标签处右键单击鼠标，在弹出的快捷菜单中选择【删除】命令即可。

图 4-10　删除工作表菜单

4. 工作表的重命名

重命名工作表可采用下列 3 种方法。

（1）双击将要改名的工作表标签，直接输入新的名称，然后按回车键。

（2）右键单击将要改名的工作表标签，然后在快捷菜单中选择【重命名】命令，然后输入新的名称。

（3）选中将要改名的工作表标签，单击选项组【单元格】中的格式按钮，在级联菜单中选择【重命名工作表】，然后输入新的名称即可。如图 4-11 所示。

图 4-11　工作表重命名菜单

5. 工作表的移动和复制

在某些情况下，我们需要移动或者复制某张工作表，用户既可以在一个工作簿中移动或复制工作表，也可以在不同工作簿之间移动或复制工作表。下面介绍两种主要操作方法。

（1）鼠标拖放法。

若要在当前工作簿中移动工作表，可选中要移动的工作表，按下鼠标左键沿工作表标签栏拖动至目标位置即可完成工作表的移动。如果在拖动的同时按 Ctrl 键，可实现工作表的复制，建立该工作表的副本。

（2）"移动或复制工作表"对话框法。

在需要移动或者复制的工作表标签处右键单击鼠标，在弹出的级联菜单中选择【移动或复制】命令，打开【移动或复制】对话框，如图 4-12 所示。在该对话框中选择要移动的目标位置，即移动到哪张工作表之前。若要将工作表移动到其他打开的工作簿，则需要在工作簿下拉列表中选择相应的工作簿，默认的移动位置是当前工作簿的第一张表之前。选择好目标工作簿以及目标位置之后，单击【确定】按钮就可完成工作表的移动。如果勾选【建立副本】复选框则可完成工作表的复制。

图 4-12　移动或复制工作表对话框

6. 工作表的隐藏和取消隐藏

在某些情况下，可以将一些暂时不用的工作表隐藏，等需要的时候再显示出来。隐藏工作表的主要方法有两种，下面分别介绍。

（1）右键单击需要隐藏的工作表标签，在弹出的快捷菜单中选择【隐藏】命令。

（2）选中将要隐藏的工作表标签，单击选项组【单元格】中的【格式】按钮，在级联菜单中选择可见性中的【隐藏和取消隐藏】，级联菜单中选择【隐藏工作表（s）】。

如果要取消工作表的隐藏，则在弹出的对应菜单中选中取消隐藏命令。取消隐藏命令只在工作表已经被隐藏的情况下才会有效，此时会弹出"取消隐藏"对话框，如图 4-13 所示，根据需要选择要显示的工作表，最后单击【确定】按钮即可。

图 4-13　取消隐藏对话框

4.2.3　数据的输入

对工作表进行操作的基础就是数据。数据是指能在表格上显示的所有字符，它不仅仅是数值。单击要输入数据的单元格，然后就可以直接输入数据了。在 Excel 文件中对不同数据的显示方式有不同的规则，如果录入数据的时候不了解这些规则会出现同预期不同的效果。Excel 文件的基本数据类型包括数值型、文本型、时间和日期型数据。

1. 数值型数据的输入

在 Excel 2010 中，数值型数据包括数字 0～9、＋（正号）、－（负号）、‰（千分位号）、/、$、%、.（小数点）、E、e。数值型数据在单元格中默认右对齐显示，当输入数据超过 11 位时，系统自动以科学计数法显示。实际上，保存在单元格中的数值能保留 15 位有效数字，并以四舍五入后的数值显示。所有其他数值与非数值的组合均作文本型数据处理。一般的数值直接输入即可，如果要输入分数 1/5，则要先在单元格中输入一个 0 和一个空格，再输入 1/5。如果直接输入 1/5，系统会默认为日期型数据，显示 1 月 5 日。

2. 文本型数据的输入

文本型数据包括汉字、英文字母、空格等特殊符号，以及其和数值型数据的组合。例如，"B9X7Y、45-345、78？、你好、45"都属于文本型数据。文本型数据在系统中默认左对齐显示。若输入的文字超过单元格的宽度，则系统会自动扩展到右侧单元格，按 Alt+Enter 组合键可实现换行输入数据。一般的文本型数据可直接输入，但有些特殊类型的文本在输入时要注意不能直接输入，如身份证号、邮编号等，如果直接输入系统会默认为是数值型数据，在单元格中右对齐。如果想以文本型数据输入这类数据，应先在英文输入法状态下输入一个单引号。如果要在单元格中显示内容"=4+5"也需要先输入一个单引号，否则会显示结果 9。

3. 时间和日期型数据的输入

与数值型数据一样，时间和日期型数据在系统中默认右对齐，但是在输入时要按照系统能够识别的方式输入。

一般情况下，日期分隔符使用"/"或"-"。例如，2018/10/5、2018-10-5、5/Oct/2018 或 5-Oct-2018 都表示 2018 年 10 月 5 日。如果只输入月和日，系统就取计算机内部时钟的年份作为默认值。

时间分隔符一般使用冒号"："，例如，输入 8：0：1 或 8：00：01 都表示 8 点零 1 秒。用户可以只输入时和分，也可以只输入时和冒号。如果基于 12 小时制输入时间，则在时间（不包括只有小时数和冒号的时间数据）后输入一个空格，然后输入 AM 或 PM，用来表示上午或下午。否则，Excel 2010 将基于 24 小时制保存时间。

如果要输入当天的日期，则按 Ctrl + ;（分号）组合键。如果要输入系统当前的时间，则按 Ctrl + Shift + :（冒号）组合键。

4. 自动填充

当输入的数据有一定的规律时，如等比、等差或者某些自定义的序列，可以使用自动填充功能，方便、快速地完成基本数据的输入。在介绍填充方法之前，先介绍 3 个概念。

- 具有增减性的文字型数据：含有数字的文字型数据，如周一、2000 年。
- 不具有增减性的文字型数据：不含有数字的文字型数据，如中国、姓名等。
- 填充柄：自动填充功能就是通过拖动填充柄来完成的。填充柄就是选定区域右下角的黑色方框。

下面讲解在单元格中快速输入数据的方法。

（1）在多个单元中输入相同数据。对于数字型及不具有增减性的文字型数据，直接拖动填充柄，具体方法如下。

选中填充内容所在的单元格，然后将鼠标移到填充柄上，待鼠标指针变成黑色十字形时，按下鼠标左键不动上下左右移动至所需的位置，松开鼠标，所经过的单元格都被填充上了相同的数据。

对于日期时间型及具有增减性的文字型数据不能直接拖动填充柄，在移动鼠标的时候要按住 Ctrl 键，否则数据会自动增减 1。

（2）自动增减 1 序列的输入。填充日期时间型及具有增减可能的文字型数据可以直接拖动填充柄。对于数字型数据，在拖动填充柄时需按 Ctrl 键。向下、右填充时数据自动增 1，向上、左填充时数据自动减 1。

（3）输入任意等差序列。首先选中需要填充数据区的第一个单元格，并输入序列的初始值。其次在相邻的另一单元格中输入序列的第二个数值。由这两个单元格中的数值决定该序列的等差步长。最后在第一个单元格处拖动填充柄即可完成等差数据的输入。

图 4-14　序列对话框

在执行以上这些操作后会弹出按钮，单击此按钮也可以选择填充的数据类型。这些数据的填充可以通过序列对话框完成。在选项卡【开始】下的编辑选项组中选择【填充】级联菜单中的【系列】，打开图 4-14 所示的对话框完成序列的相关设置，单击【确定】按钮即可。用户还可以填充更复杂的序列，如等比序列。

（4）自定义序列的输入。有些数据不具有增减性，但是仍可以填充的方式快速输入，如在某个单元格输入"甲"，向下拖动填充柄可以输入"乙、丙、丁……"循环填充这个序列，如图 4-15 所示。系统内置了少部分这样的序列，用户可以根据自己的实际情况把经常需要用的序列添加到自定义序列表里。下面介绍具体的添加过程。

单击选项卡【文件】，在级联菜单中选择【选项】命令，打开"Excel 选项"对话框，如图 4-16 所示。在高级选项中选择【编辑自定义序列】按钮，打开"自定义序列"对话框，如图 4-17 所示，在该对话框中列出了系统内置的一些序列，输入序列中的任意项拖动填充柄都可以完成该序列的填充。选择【新序列】命令后，在输入序列框中输入要添加的序列，如"学号、姓名、性别、年龄、入学成绩"，输入每一项之后单击回车键，然后选择【添加】按钮后可以在自定义序列中看到刚刚添加的这个序列，如图 4-18 所示。系统内置的序列不可以更改和删除，自己添加的序列可以修改也可以删除。如果工作表单元格中已经输入了要添加的序列，可以直接导入这些数据，不用一一输入。另外，用户还可以通过选中要添加为序列的单元格，单击【导入】按钮前的数据选择按钮，然后再单击【导入】按钮，最后选择【添加】按钮后就可以在自定义序列表里看到要添加的序列了。

图 4-15　填充序列

微课：数据的填充

图 4-16　Excel 选项对话框

图 4-17 自定义序列对话框

图 4-18 自定义添加的序列

5. 数据的查找和替换

查找功能用来在一个工作表中快速搜索用户所需要的数据，替换功能则用来将查找到的数据自动用一个新的数据代替。完成查找和替换功能可通过【开始】选项卡中【编辑】选项组的【查找和选择】按钮实现，如单击【查找和选择】按钮弹出级联菜单，在级联菜单中选择【查找】或【替换】命令都会弹出查找和替换对话框。如图 4-19 所示。在该对话框中，输入要查找及替换的内容，选择【查找】选项卡只能进行查找操作，"查找内容"和"替换为"选项都设置完成后，可以单击【全部替换】按钮一次性替换所有查找内容，也可以单击【替换】按钮只替换当前定位的内容，替换之后鼠标会定位到查找内容的下一处。用户可以通过【选项】按钮对查找的工作表范围及数据格式进行设置。

图 4-19 查找和替换对话框

4.2.4 工作表的格式化

将数据录入工作表之后，就可以对工作表进行格式化了。一个工作表仅有数据是不够的，适当地对工作表的外观格式进行修饰不仅让文档具有层次分明、条理清晰、结构性强等特点，还可以提高工作表的美观性和易读性。工作表的格式化主要设置单元格内容的显示方式，如数字、字体、数据的对齐方式、边框与底纹的设置、工作表中的行高与列宽的调整等。用户既可以对工作表的所有单元格进行同样的格式定义，也可以对不同的单元格进行各不相同的格式定义。对工作表进行格式化操作，必须先选择要进行格式化的单元格或单元格区域，然后才能进行相应的格式化操作。

1. 单元格样式

同 Word 样式设置方式一样，系统内置了一些样式，包括了单元格边框和底纹，数据的颜色、大小等格式，用户可直接套用。如果对内置的样式不满意，也可以自定义新建一个样式。设置内置样式的方法为：先选中要格式化的单元格，在【开始】选项卡中的选项组中，选择【单元格样式】按钮，移动鼠标至满意的样式处即可，如图 4-20 所示。

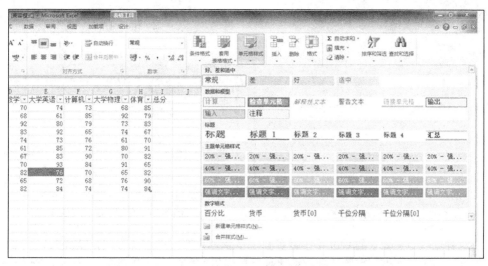

图 4-20　单元格样式设置

2. 设置单元格格式对话框

内置的样式不一定满足我们的要求，在大部分情况下，我们要根据实际情况和要求对单元格进行个性化的设置，最常用的就是设置单元格格式对话框。打开该对话框的方式为：在【开始】选项卡中的【单元格】选项组中选中【格式】按钮，在级联菜单中单击【设置单元格格式】命令，如图 4-21 所示，打开"设置单元格格式"对话框，如图 4-22 所示。格式化工作表主要用设置单元格格式对话框实现。

图 4-21　格式按钮级联选项

图 4-22　设置单元格格式对话框

【设置单元格格式】对话框主要包括数字、对齐、字体、边框和填充几个选项卡。主要介绍这 5 个选项卡的功能。

（1）数字选项卡主要对输入的数字显示方式进行设置，包括普通的整数和小数、货币、日期和百分比等形式。在数字选项卡下选择数值项可以设置数字的小数位数及是否使用千分分隔符，如图 4-23 所示。日期选项中可以设置日期的显示方式，如在某个单元格中输入 4/5 后，显示 4 月 5 日，在日期选择格式列表中选择【二零零一年三月十四日】，单元格中就会以这种格式显示当前的日期，如图 4-24 所示。其他货币、时间等格式的设置方式类似于此。

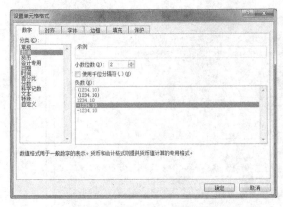

图 4-23　数值显示方式设置

图 4-24　日期显示方式设置

（2）对齐选项卡主要设置单元格中数据在水平及垂直方向的对齐方式，如图 4-25 所示。如果勾选【自动换行】复选框，当输入数据较多超过单元格宽度时，会自动换行。【缩小字体填充】选项可以减小单元格中字符的大小，数据会随着单元格宽度变小，变为与列宽相等的大小。当选择多个单元格时，可以通过【合并单元格】复选框完成单元格的合并，它通常和文本的对齐方式一起使用，来完成标题的合并及居中。

图 4-25　对齐选项卡菜单

在编辑文件时，经常要设置标题的合并及居中或者某些单元格的合并及居中，除了用对齐选项卡实现合并及居中外，还可以用【对齐方式】选项组按钮快速完成，如图 4-26 所示。单击【合并后居中】按钮可以一次完成对所选单元格的合并以及文本的居中，在该按钮的右侧下拉箭头还有 4 个级联菜单，其中【合并单元格】选项只进行单元格合并，文本位置不变，【跨越合并】可以对选中的单元格区域完成行方向的合并。这里的合并及居中只是水平方向的居中，如果要在垂直方向设置居中只能使用对齐选项卡菜单。注意：合并及居中文本后，文本仍然属于 A1单元格的内容，只不过占用了其他单元格显示，如图 4-27 所示。

图 4-26　对齐方式选项组

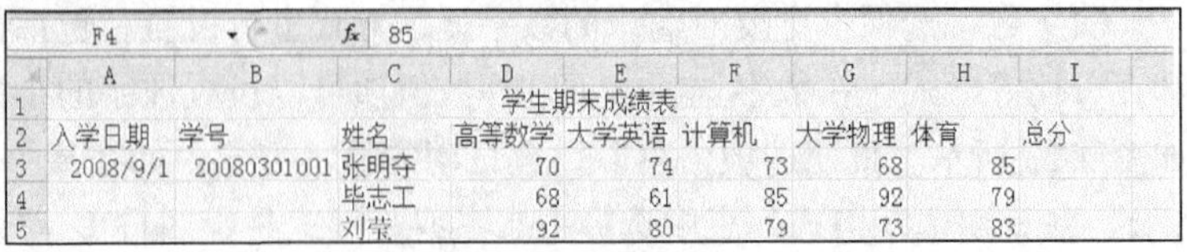

图 4-27　标题的合并及居中

（3）字体选项卡与 Word 中的字体格式对话框类似，主要设置字体、字形、字号、字体颜色等，如图 4-28 所示。

图 4-28　字体选项卡菜单

（4）边框选项卡主要是对选中的单元格加边框。打开的 Excel 文件默认由横线和竖线组成的单元格构成，但是这些边框线在打印的时候不会出现，所以为单元格加上边框是很重要的一项格式化工作。它不仅让数据看起来更加突出，而且可以表格的形式打印，显得更加美观易读。在边框选项卡中，用户可以设置线条的样式及颜色。系统默认单元格无边框，如果选择多个单元格，可以对这个区域只加外边框，用户只需选择【外边框】按钮即可。如果要对所有的区域单元格都加上边框，则要同时选择【内部】按钮，如图 4-29 所示。

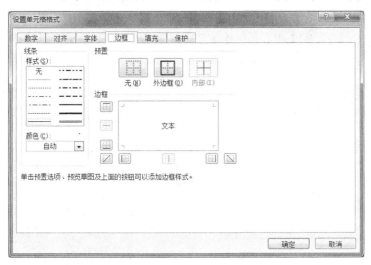

图 4-29　边框选项卡菜单

（5）填充选项卡主要设置单元格背景填充。单元格背景主要包括背景颜色和背景图案两部分。在图 4-30 所示的对话框中，可以选择填充的背景颜色和背景图案样式，如果对当前这些设置不满意，可以通过【填充效果】和【其他颜色】按钮进行其他选择和设置。

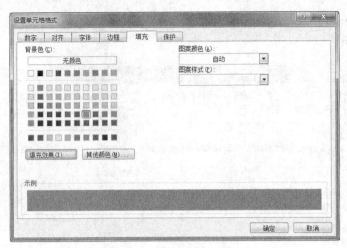

图 4-30　填充选项卡菜单

类似于 Word,有些常用的格式设置可以直接在一些选项组按钮中快速完成,如字体相关设置、对齐方式设置和数字显示方式设置。单击【开始】选项卡会打开对应的选项组按钮,如图 4-31 所示。

图 4-31　常用选项按钮

3. 表格自动套用格式

类似于单元格的样式,Excel 文件也内置了一些表格的预设格式,可以对大片单元格区域快速格式化。其设置方式为:单击【开始】选项卡,在【样式】选项组按钮中选择【套用表格样式】命令,展开样式库,如图 4-32 所示;鼠标移至所需样式处单击,弹出【套用表格式】对话框,如

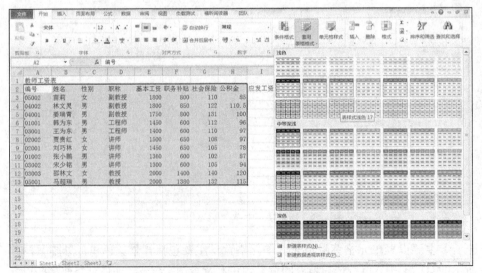

微课:工作表的
格式化

图 4-32　套用表格格式设置

图 4-33 所示；确认选择的数据区域，最后单击【确定】按钮。
如果用户想要把自己设计的单元格区域格式保存为一种模板
样式，可在"另存为"对话框中的保存类型中选中模板选项，
模板文件的扩展名为.xltx。

图 4-33　套用表格式对话框

4. 条件格式

实际应用中，用户要根据需要将满足某些条件的数据以
指定的样式突出显示，这时需要用到条件格式。例如，在一个学生成绩表中，将成绩小于 60 分的
成绩以红色显示、浅红色填充，首先选中所有同学的成绩，在【样式】选项组中选择【条件格式】，
【突出显示单元格规则】的级联菜单中列出了常用的条件规则，选择【小于】，如图 4-34 所示，打
开对应的对话框，设置为指定的格式，如图 4-35 所示，最后单击【确定】按钮。不常用的条件规
则用户可以重新建立。

图 4-34　条件格式菜单

微课：条件格式
的设置

图 4-35　小于对话框

5. 窗口的拆分

当一个工作表的数据较多不能一屏显示，而用户又希望可以同时查看距离较远的行或列中的数
据时，可以采用窗口的拆分功能。此功能可以由【视图】选项卡中的【窗口】选项组实现，如图 4-36
所示。窗口的拆分分为水平拆分和垂直拆分。如果要查看距离较远的行的数据可以水平拆分，选中
某一行，在选项组中选择【拆分】按钮▦拆分，即在该行处多了一条突出的线，这样就可以分别移
动上下两个窗口中的数据了。垂直拆分则选中某一列单击【拆分】按钮▦拆分。如果要同时进行水
平及垂直方向的拆分则选中某一个单元格再单击【拆分】按钮▦拆分，可在选中单元格的上面和左
边出现窗口拆分标志线，最多将工作表拆分成 4 个窗口。要取消窗口的拆分则重新单击拆分按钮即
可。单击【新建窗口】按钮▦可以将当前的数据以两个工作表的形式查看，功能类似于拆分。

如果要同时比较多个工作簿中的工作表，可以选择全部重排按钮将多个工作表在水平或者垂
直方向并排比较。

6. 窗口的冻结

当一个工作表的数据较多不能一屏显示，而用户又希望始终显示某些数据行或列时，可以采
用窗口的冻结功能。此功能可以由【视图】选项卡中的【窗口】选项组实现，如图 4-36 所示。窗
口可以水平冻结、垂直冻结。单击窗口冻结按钮弹出级联菜单如图 4-37 所示，【冻结首行】可以
让窗口中始终显示第一行，上下移动鼠标或翻页时第一行总是显示在最前面。【冻结首列】可以实

现始终显示第一列。【冻结拆分窗格】可以实现在选中的某行或某列处拆分，如果同时进行水平及垂直方向的冻结则选中某一个单元格再单击上述菜单，可以在选中单元格的上面和左边出现窗口冻结标志线。当窗口有冻结行或列时，【冻结窗口】按钮的级联菜单中会有对应的取消冻结菜单，可以取消对行或列的冻结。

图 4-36　窗口选项组按钮　　　　　　　　　　图 4-37　窗口冻结菜单

4.2.5　单元格、行和列的基本操作

在数据编辑过程中经常会用到单元格、行与列的选择、添加和删除等操作，用户要熟练掌握这些基本操作。

1. 单元格/单元格区域的选择与取消

工作表的编辑都是通过对单元格操作实现的，在执行大多数命令和任务之前都需要选择单元格或单元格区域，下面介绍常用的单元格和单元格区域的选择操作。

（1）单个单元格。最快捷的方法是用鼠标单击相应的单元格，还可以用键盘上的光标移动键移动到相应的单元格。

（2）选择某个工作表中的所有单元格。单击"全选"按钮，即第一行和第一列交叉的左上角。单击时名称框中会显示 1048576R×16384C，表示已选中所有的单元格。

（3）选择相邻的单元格区域。首先选择第一个单元格，然后按住 Shift 键选择最后一个单元格，或者直接用鼠标拖动的方法。按 Shift 键，用键盘上的四个光标移动键快速选中相邻的区域，在没有鼠标的情况下，这是非常方便的方法。

（4）选择不相邻的单元格或单元格区域。首先选择第一个单元格或者单元格区域，然后按住 Ctrl 键选择其他单元格或单元格区域。

（5）选择整行或整列。直接单击行号或列号即可选中对应的行或列。

（6）选择相邻的行或列。选择相邻的行或列可以使用鼠标拖放法或者配合 Shift 键：按下鼠标左键沿行号或者列号拖动即可选中鼠标经过的行或列；先选择第一行或第一列，然后按住 Shift 键选择最后一行或列。

（7）选择不相邻的行或列。配合 Ctrl 键，依次单击需要选中的行或列即可。

（8）取消单元格区域的选择。单击所选择区域中的任意单元格或在区域外单击鼠标即可以取消对该区域的选择。

2. 行的插入

如果只需要插入一行，则选定需要插入的新行下面相邻行中的任意单元格或一整行；如果需要插入多行，则选定与待插入相同数目的行或单元格，然后单击【插入】菜单中的【插入工作表行】命令，如图 4-38 所示。

3. 列的插入

如果只需要插入一列，就选定需要插入的新列左边相邻的列中的任意单元格或整列；如果需要插入多列，则选定与待插入相同数目的单元格或列，然后选择【开始选项卡】下【单元格】选项组下的【插入工作表列】命令，如图 4-38 所示。

4. 单元格的插入

在需要插入单元格处选定相应的单元格区域，选定的单元格数目应与待插入的空单元格的数目相同。然后选择图 4-38 所示的【插入单元格】命令，弹出"插入"对话框，如图 4-39 所示。对选中的单元格区域右移还是下移做出选择，也可以选择插入整行或整列，最后单击【确定】按钮。

图 4-38　插入菜单

图 4-39　插入对话框

5. 单元格、行和列的删除

首先选择要删除的区域，选择【开始】选项卡下【单元格】选项组中的删除按钮，如图 4-40 所示。根据需要删除选中的工作表行或工作表列，如果选择删除单元格，会弹出"删除"对话框，如图 4-41 所示，根据实际情况选择一项，最后单击【确定】按钮。

图 4-40　删除单元格区域菜单

图 4-41　删除对话框

行或列的插入与删除最快速的方法就是在选中的行号或列号处右击，在快捷菜单中选择【插入】或者【删除】命令。

6. 单元格中数据的清除和复制

单元格中的数据可分为内容、格式、批注和超级链接四部分。进行清除时，在【编辑】选项组中选择【清除】按钮，弹出级联菜单，如图 4-42 所示，选择要清除的内容，可以全部清除，也可以只清除某一项。

图 4-42　清除级联菜单

清除和删除是不同的，清除是对单元格中数据的操作，数据被清除后，单元格仍在，而删除是对单元格的操作，执行删除命令后，单元格即被删除。

在进行单元格数据的复制时类似，如果要复制的内容包含了格式、公式等内容，则其右键单击鼠标的快捷菜单中的粘贴项很多，这也是 Excel 文件复制单元格的一大特点——复制功能强大，如图 4-43 所示，选择 123 按钮只复制数据，单击 fx 按钮只复制公式，单击 %• 按钮只复制格式等。或者单击【选择性粘贴】，打开"选择性粘贴"对话框，进行更详细的选择。如图 4-44 所示，选择全部和直接用 Ctrl+V 组合键是等效的。

图 4-43 右键单击鼠标菜单

图 4-44 选择性粘贴对话框

7. 行和列的隐藏和取消隐藏

行和列的隐藏与取消隐藏有多种方法。

（1）快捷菜单法。选择要隐藏的行或者列，右键单击鼠标并在弹出的快捷菜单中选择隐藏命令。如果要取消隐藏行，则先选中被隐藏的行的上面及下面相邻的行右键单击鼠标并在弹出的快捷菜单中选择取消隐藏。要取消隐藏的列则选中与隐藏列相邻的左边及右边的列，在快捷菜单中选择取消隐藏。

（2）鼠标拖动法。隐藏某行则将鼠标指向行号的下边界，向上拖动。隐藏某列则将鼠标指向列号的右边界向左拖动。若要取消隐藏行或者列，则在对应的行号或者列号处向反方向拖拽即可。

（3）选项组按钮法。对多行或者列进行相关操作时，选项组按钮法是比较快捷的。首先选择要隐藏的行和列，在【开始】选项卡中的【单元格】选项组单击【格式】按

图 4-45 隐藏行/列选项按钮

钮，在弹出的级联菜单中选择可见性，最后选择隐藏还是取消隐藏对应项，如图 4-45 所示。

8. 行高和列宽的设置

一个工作表中所有的行是等高的，所有的列也是等宽的，但在实际数据编辑过程中，经常要改变行高和列宽。改变行高和列宽也是有多种操作方法的。

（1）选项组按钮法。首先选中要设置的行和列，如图 4-45 所示选择【行高】或者【列宽】按钮，在弹出的对话框中输入具体的数值，单击【确定】按钮。或者选择自动调整行高或列宽，系统会根据输入文本的多少自行设定一个最合适的行高或列宽。在选中行号的下边界或者列号的右边界直接双击鼠标也可以实现自动调整功能。

（2）鼠标拖拽法。拖动行号的下边界和列号的右边界至合适的高度和宽度。在不要求精确值的情况下适用此方法。

（3）快捷菜单法。选中要设置的行或列，右键单击鼠标，在弹出的快捷菜单中选择行高或列宽，最后输入具体的值即可。

9. 单元格中批注的编辑

有时，用户可以根据实际需要对一些复杂的公式或者某些特殊单元格中的数据添加相应的注释，这样，用户以后通过查看这些注释就可以快速清楚地了解和掌握相应的公式和单元格数据了。这些注释，在 Excel 文件中称为"批注"。Excel 2010 对批注的编辑可以通过【审阅】选项卡下【批注】选项组按钮实现，如图4-46 所示。

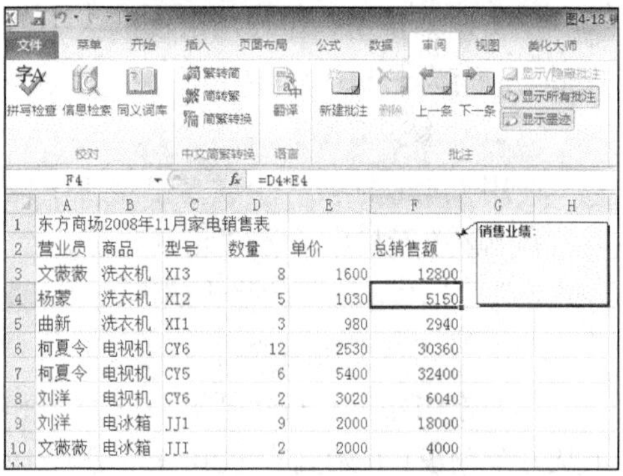

图 4-46　批注的编辑

（1）批注的添加。单击需要添加批注的单元格，在【批注】选项组中单击【新建批注】按钮，在弹出的批注框中输入批注文本。这时，可以发现刚才添加了批注的单元格的右上角出现了一个小红三角。

（2）批注的查看。如果要单独查看某个批注，则将鼠标指针指向含有这个批注的单元格，即可显示该批注内容。利用【上一条】和【下一条】按钮可以逐条查看单元格中的批注，如果要查看工作簿中的所有批注，则在【批注】选项组中选择【显示所有批注】按钮。

（3）批注的修改。选择需要修改批注的单元格，单击批注框直接进行文本的修改即可。

（4）批注的删除。选择要删除批注的单元格，单击选项组中【删除】按钮可删除当前单元格中的批注。

另外，还可以向工作表中插入对象，包括剪贴画、图形、数学公式、艺术字及其他对象等，插入操作与编辑操作与 Word 中一样。

4.3　公式与函数

公式与函数是 Excel 文件很重要的部分，在分析和处理数据时应用较多，是电子表格的特点，其中函数是公式的重要组成部分。Excel 的特色之一，是它具有强大的计算功能，用户只要输入正确的计算公式，就会在对应的单元格内显示计算结果。如果工作表内的数据有变化，则系统会自动更正计算结果，从而让用户随时得到正确的结果。公式是用户自己设计的对工作表单元格数据进行计算和处理的数学等式，函数是系统内置的执行计算、分析数据的特殊公式。公式可以包含函数。

4.3.1　公式的使用

1. 运算符

公式是单元格中以"＝"开始的包含一系列数学运算符和数据等内容的式子。公式中可以包含运算符号（如＋、－、＊、/等）、单元格引用区域（参与计算的数据）、函数及其数据。

Excel 包含 4 种类型的运算符：算术运算符、比较运算符、文本运算符和引用运算符。

（1）算术运算符。

算术运算符完成基本的数学运算，它主要包括( )、＋、－、＊、/、^、%（百分号）。

运算级别：括号最优先，其次是乘方，再次是乘、除，最后是加、减。同一级别的从左至右计算。

（2）比较运算符。

比较运算符用以比较两个值的大小，比较结果是一个逻辑值。当比较的结果成立时，其值为True，否则为False。包括 = 、>、<、> = 、< = 、< >。

（3）文本运算符。

使用"&"连接一个或多个字符串以产生一大片文本。例如，在 A1 单元格中输入"上海"字，在 A2 单元格中输入"北京"字，在 A3 单元格中输入"= A1&A2"，则 A3 中的数据是"上海北京"。文本运算符的优先级要高于比较运算符。

（4）单元格引用运算符。

单元格引用运算符包括冒号、空格和逗号。冒号用来定义一个单元格区域。例如，E1:H5 表示从左上角 E1 开始到右下角 H5 结束的单元格区域。空格运算符是一种交集运算。例如，(E1:H2 H1:D2)表示的区域相当于 H1:H2。逗号运算符是一种并集运算，如(E1:E4，F1:F2，H1:H4) 相当于 E1:E4+F1:F2+H1:H4。

优先级由高到低依次为：①引用运算符；②负号；③百分比；④乘方；⑤乘除；⑥加减；⑦连接符；⑧比较运算符。

2. 公式的编辑

输入公式的方法和输入文本的方式类似，不同的是，公式是以"="开头，其后是表达式。所以编辑公式需在单元格中先输入一个等号，接着从键盘输入公式内容，如在商场销售表中求每种商品的销售额。如图 4-47 所示，先求第一个商品的销售额，即在 F3 单元中输入公式：=D3*E3（销售总额应该为数量和单价之积）。然后，按回车键确认或者单击编辑栏的【确认】按钮完成公式的输入。用户可在单元格中看到公式计算结果，而在编辑栏中可看到公式的内容。如果需要修改某公式，可双击该单元格，直接在单元格修改。在编辑栏中输入或者修改公式是等效的。用户可根据实际情况输入包含各种运算符的公式。

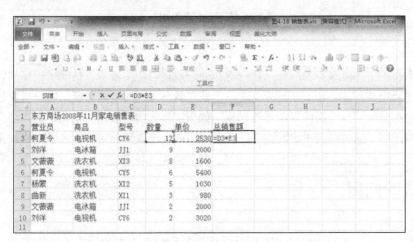

微课：公式的
使用（求总数）

图 4-47 销售表

需要注意的是以下几点。

（1）运算符必须在英文所示半角状态下输入。

（2）公式的数据要用单元格地址表示，如上面计算乘积是 D3*E3，而没有写成 12*25 300，以便于复制引用公式。

（3）公式中单元格地址的输入既可以直接从键盘输入（如 d3）；也可以直接单击相应的单元

格选中（如单击 d3 单元格便可在公式中出现 D3）；单元格地址不区分大小写。

（4）如果用相同公式进行计算，则相应单元格的公式不必一一输入，可使用"自动填充"得到。若要得到图 4-47 销售表中其他行的销售总额，可直接拖动 F3 单元格的填充柄即可完成。

4.3.2　单元格引用

1. 相对引用

Excel 默认的引用为用户相对引用，之前在公式中输入的 D3 和 E3。相对引用是与公式位置相关的单元格引用，当用户复制公式时，公式里的单元格地址随之变化，如在图 4-47 的销售表中填充销售总额时，F4 单元格的公式是："=D4*E4"，F5 单元格中的公式是："=D5*E5"，以此类推，这就是相对引用。

2. 绝对引用

绝对引用是指向特定位置单元格的单元格引用。在行号和列号之前添加符号"$"，如$D$3，其列和行的引用就是绝对的。不论包含公式的单元格处在什么位置，公式中所引用的单元格位置都是其在工作表中的确切位置。绝对单元格引用的形式为：$A$1、$B$1。

3. 混合引用

有些单元格引用是混合型的，如$A1、B$1，称为混合引用。与相对引用不同，当跨越行和列复制公式时绝对引用不会自动调整。

如果创建了一个公式并希望将相对引用更改为绝对引用（反之亦然），则先选定包含该公式的单元格，然后在编辑栏中选择要更改的引用并按 F4 键。每次按 F4 键时，Excel 2010 会在以下组合间切换：绝对列与绝对行（如$C$1）；相对列与绝对行（C$1）；绝对列与相对行（$C1）以及相对列与相对行（C1）。例如，在公式中选择地址$A$1 并按 F4 键，引用将变为 A$1。再一次按 F4 键，引用将变为$A1，以此类推。

默认情况下，单元格中显示的是公式结果，而不是公式内容（公式内容显示在编辑栏中），如果双击显示公式结果的单元格，则该单元格中将显示公式内容。如果要使工作表上所有公式在显示公式内容与显示公式结果之间切换，则按 Ctrl+`组合键（位于键盘上侧，与"～"为同一键）。

4.3.3　函数的使用

函数是一种系统预设的公式，所有由函数处理的数据都可以通过前面输入公式的方法得到相同的结果。使用函数可以简化和缩短输入公式的过程，但有些公式无法用函数实现。

1. 函数的构成

一个函数包括=、函数名和参数列表。

（1）任何一个公式或者函数都是以=开头。

（2）函数名一般用一个英文单词的缩写表示，如 SUM 表示求和。

（3）参数列表一般包括多个参数，用逗号隔开，一般用数据区域方式表示。如求单元格区域（A1:A3）的和，可以表示为"=SUM(A1,A2,A3)"或"=SUM(A1:A3)"。

2. 函数的输入

对于比较熟悉的常用函数，可直接通过键盘在单元格中输入。注意，一定要先输入一个等号，其后的函数名可不区分大小写，因为 Excel 文件一律显示为大写。

内置的函数都可以使用【插入函数】对话框输入，使用起来比较方便，使用【插入函数】对话框时"="会自动输入。下面介绍【插入函数】对话框的使用方法。

切换到【公式】选项卡，打开公式编辑选项组按钮，如图 4-48 所示，单击最前面的插入函数按钮，打开【插入函数】对话框，如图 4-49 所示，用户也可单击编辑栏的 f_x 打开该对话框。在该对话框中可选择相应的函数和参数。

图 4-48　公式编辑选项组

图 4-49　插入函数对话框

【例 4-1】　在学生成绩表中求每个学生的成绩总和，学生数据如图 4-50 所示。

微课：SUM 函数
的使用

图 4-50　学生成绩表

　　首先选中 I2，打开【插入函数】对话框，选择 SUM 函数，即图 4-49 中常用函数第一个，单击【确定】按钮，打开函数参数对话框，如图 4-51 所示，对求和数据区域进行选择，可以直接输入函数的参数，也可以直接用鼠标选取相应的单元格区域，最后单击【确定】按钮即可。

　　对于类似的简单求和计算可以使用【自动求和】按钮进行。即鼠标定位在 I2 单元格后，直接单击选项组第二个按钮，如图 4-48 所示，系统会自动将左边的数据求和并显示。其他人的总分用向下填充的方式直接求出结果。

【例 4-2】　在学生成绩表中求每门课程的平均分，结果显示在每门课下面对应的单元格中，学生数据如图 4-50 所示。

首先选中 D14，打开【插入函数】对话框，选择 AVERAGE 函数，即图 4-49 中常用函数第二个，单击【确定】按钮，打开函数参数对话框，如图 4-52 所示，对求平均分数据区域进行选择，可以直接输入函数的参数，也可以直接用鼠标选取相应的单元格区域，最后单击【确定】按钮即可。同样向右填充至 H14 求出每一门课的平均分。

图 4-51　函数参数对话框（求和）　　　　　　图 4-52　函数参数对话框（平均分）

3. 函数的分类

函数类型可以通过【插入函数】对话框中【选择类别】下拉列表查看，包括常用函数、财务、日期与时间等，如图 4-53 所示。在常用函数类型中，用户用的比较多的是 SUM、AVERAGE、IF、COUNT 等。用户选择某一函数之后会在该对话框的下面显示函数的意义和用法。例如，选择 COUNT 函数后给出的说明是求 value1、value2 等参数所在单元格的个数，如图 4-54 所示。

微课：AVERAGE 函数的使用

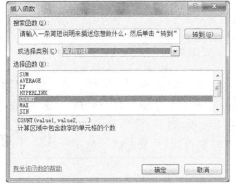

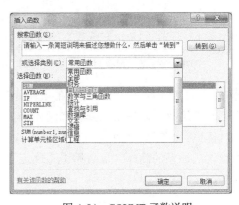

图 4-53　函数类型列表　　　　　　　　图 4-54　COUNT 函数说明

4. 常用函数举例

【例 4-3】　月度销售统计表中基本数据如图 4-55 所示，求出以下结果。

（1）在 E15 单元格中使用 COUNTIF 函数计算销售额在 30 万（含）以上的人数。

（2）在 E17 单元格中用 MAX 函数计算最畅销产品的销售总额。

（3）在 E19 单元格中用 MIN 函数计算最不畅销产品的销售总额。

操作步骤如下。

（1）首先选中 E15 单元格，在插入函数对话框中选择 COUNTIF 函数，如图 4-56 所示，选择【确定】按钮，打开函数参数对话框，如图 4-57 所示，选择数据区域和统计条件，即统计销售额大于或等于 30 万元的数据单元格有几个，最后单击【确定】按钮，会在 E15 单元格中显示结果 2。

G21			f_x			
	A	B	C	D	E	F
	月度销售统计					
				销售额		
产品名称	孙宏伟	王大顺	张炳昌	李晓梅	共计	
比特女上衣	35090	27800	7899	68794	139583	
比特女长裤	27985	6890	18987	90877	144739	
比特男衬衣	38650	58835	26884	7843	132212	
比特男长裤	25889	17896	79793	8964	132542	
保罗女上衣	36710	47890	9974	70040	164614	
保罗女长裤	7670	9874	7904	68855	94303	
保罗男衬衣	13240	27890	79050	4489	124669	
保罗男长裤	20010	78648	89042	3785	191485	
共计	205244	275723	319533	323647		
销售额在30万以上人员数：						
最畅销产品共计销售额为：						
最不畅销产品共计销售额为：						

图 4-55 月度销售统计表基本数据

图 4-56 插入函数对话框　　　　　　图 4-57 函数参数对话框

（2）首先选中 E17 单元格，在插入函数对话框中选择 MAX 函数，同样，因为其不常用故可以搜索找到，如图 4-58 所示，选择【确定】按钮，打开函数参数对话框，如图 4-59 所示，选择数据区域，在 F4:F11 数据区域中找出最大值，即为销售额最多的商品。最后单击【确定】按钮可以看到在 E17 单元格中显示 191485。

图 4-58 MAX 函数插入函数对话框　　　　图 4-59 函数参数对话框（MAX）

（3）首先选中 E19 单元格，查找 MIN 函数，操作步骤和 MAX 函数一样，查找的区域也是一样，即在 F4:F11 数据区域中找出销售额最少的一项显示在 E19 单元格中。此处不再赘述，请读者自己完成。

【例 4-4】　学生奖学金发放情况基本数据如图 4-60 所示，完成如下题目。

（1）使用 LEFT 函数根据学号求出每一位同学的年级。说明：学号的前四位表示年级。

微课：MAX 函数的使用　　微课：LEFT 函数的使用

（2）请根据身份证号的第 17 位使用 IF 函数求出每一位同学的性别，若第 17 位为奇数，则性别为"男"，若 17 位数字为偶数，则性别为"女"。

（3）使用 SUMIF 函数求出男生获得的奖学金总额。

学号	姓名	身份证号	性别	年级	奖学金
奖学金发放情况表					
200808140103	王玉艳	******199005125922			3500
200809410101	孙广芳	******198811071014			5000
200809410102	郭泽良	******198907100970			3600
200901150104	王卓群	******198907103330			4500
200901150106	张宏丽	******199008230023			3200
200902400101	刘李敏	******199010030020			3000
200902400102	鄢凤英	******199002251022			4000
200903610102	李衍超	******198902163858			3100
200904210104	刘恩来	******199105040323			2500
200912610105	孙小韵	******19920202142X			5000
201010220111	赵聪慧	******199005310529			3800
201014220110	姜宁宁	******198812286022			4500
		男生获得奖学金总额			

图 4-60　学生奖学金发放情况表

第一小题较为简单，首先选中 E3 单元格，采用键盘输入公式的方式，输入内容：=left（a3,4），然后确定，其表示在 a3 单元格内容的数据中从左边开始取 4 个字符，结果为 2008。然后依次向下填充。

第二小题最为为复杂，IF 函数执行逻辑判断，它可以根据逻辑表达式的真假，返回不同的结果，从而执行数值或公式的条件检测任务。语法：IF(logical_test,value_if_true,value_if_false)。虽然 IF 函数使用很简单，但是里面嵌套了好几个函数，解决此题有好几个方法。我们先分析一下：身份证号的第 17 位可以判别一个人的性别，首先要把第 17 位找出来，因为身份证号是 18 位，所以找出第 17 位就有三种方法。方法一：使用 MID 函数。MID 返回文本串中从指定位置开始的特定数目的字符，语法：MID(text,start_num,num_chars)。参数 Text 是包含要提取字符的文本串；start_num 是文本中要提取的第一个字符的位置，文本中第一个字符的 start_num 为 1，以此类推；num_chars 指定希望 MID 从文本中返回字符的个数。实例：如果 a1=电子计算机，则公式"=MID(A1,3,2)"返回"计算"。如果取身份证的第 17 位可以用公式："=MID(C3,17,1)"。方法二：使用 RIGHT 函数嵌套 LEFT 函数。即先从身份证号中取出左边的 17 位，从这个结果中再用 RIGHT 函数取出 1 位最右边的字符。公式为："=RIGHT(LEFT(C3,17),1)"。方法三：使用 LEFT 函数嵌套 RIGHT 函数，先从最右侧开始取 2 个字符，再用 LEFT 函数取左边一位字符就可以了。公式为："=LEFT(RIGHT(C3,2),1)"。下一步要判断这一位是奇数还是偶数，要用 MOD 函数，此函数返回两数相除的余数，其结果的正负号与除数相同。语法为：MOD(number,divisor)，参数 number 为被除数，divisor 为除数（divisor 不能为零）。实例：如果 A1=51，则公式"=MOD(A1,4)"返回 3。

若要判断第 17 位是不是奇数，可以让第 17 位为被除数，2 为除数，如果余数为 0 说明是偶数，余数为 1 则是奇数。现用 MOD 函数嵌套 MID 函数表示第 17 位作为被除数 2 为除数的余数："=MOD(MID(C3,17,1),2)"，最后用 IF 函数判断这个余数是不是 0，如果是 0 就是偶数，对应的性别为 "女"，否则性别为 "男"。所以综合下来，公式 "=IF(MOD(MID(C3,17,1),2)=0,"女","男")" 或 "=IF(MOD(MID(C3,17,1),2)=1, 男","女")"，或者为："=IF(MOD(LEFT(RIGHT(C7,2)),2)=0,"女","男")"。

另外，在使用 LEFT 函数或者 RIGHT 函数取 1 位字符的时候，参数 1 可以省略。

第三小题使用 SUMIF 函数的作用是根据指定条件对若干单元格、区域或引用求和。语法：SUMIF(range,criteria,sum_range)。参数 range 为用于条件判断的单元格区域，criteria 是由数字、逻辑表达式等组成的判定条件，sum_range 为需要求和的单元格、区域或引用。解决第三题时先选中 D16 单元格，输入公式："=SUMIF(D3:D14,"男",F3:F14)"，或者在插入函数对话框中完成，如图 4-61 所示。当然对于前两个小题也都可以使用插入函数对话框的方式完成，请读者自行实验。

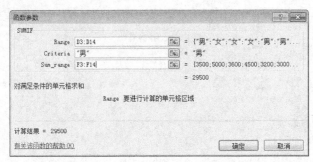

微课：SUMIF 函数的使用

图 4-61　SUMIF 函数参数对话框

【例 4-5】　销售统计表如图 4-62 所示，完成如下题目。

（1）使用 IF 函数计算销售业绩：销售总额小于等于 9000 为中，9001 到 9999 是良，10000 及以上为优。

（2）使用 RANK 函数计算销售排名，排名方式为降序。

第一小题仍然使用 IF 函数，在 IF 函数中嵌套 IF 函数。首先选中 G4 单元格，输入公式："=IF(F4<=9000,"中",(IF(F4<10000,"良","优")))"，其中第二个 IF 语句为第一个 IF 语句的参数。当然第二个 IF 语句里面也可再嵌套 IF 语句，对应地一层层嵌套。

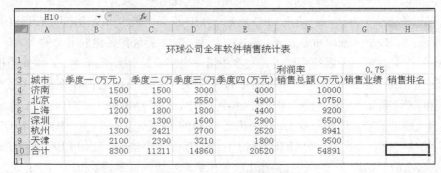

微课：IF 函数求性别

图 4-62　销售统计表基本数据

第二小题首先选中 H4 单元格，因为参数比较少，所以可以使用插入函数对话框找到 RANK 函数，在函数参数对话框中设置参数如图 4-63 所示。在第二个参数区域中必须要使用绝对引用的区域。单击【确定】按钮然后向下填充就可以看到每个城市的排名。也可以直接在 H4 单元格中输入公式："=RANK(F4,$F$4:$F$9,0)"直接求出降序排名。

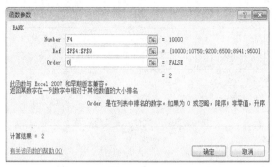

微课：RANK 函数的使用

图 4-63　RANK 函数参数对话框

5. 公式中的出错信息

当输入的公式或函数有错误时，系统不能正确计算出结果，Excel 将会显示一个错误值。常见的出错信息如表 4-1 所示。

表 4-1　　　　　　　　　　　　　　　　出错信息表

出错信息	说　　明
#####	公式产生的结果太大，单元格容纳不下
#VALUE!	公式中数据类型不匹配或不能自动更正公式
#DIV/0!	引用了空单元格或单元格为 0 作为除数
#NAME?	使用了不存在的名称或名称拼写有误
#N/A	没有可用数值或缺少函数参数
#REF!	删除了由其他公式引用的单元格
# NUM!	函数中使用了非法数字参数，如"= SQRT(-2)"
#NULL!	不正确的区域运算或单元格引用

4.4　数据管理

Excel 不仅具有强大的数据计算功能，还能像数据库一样管理数据，实现数据的排序、筛选、分类汇总、统计和查询等操作，具有数据库的组织、管理和处理数据的功能。这些功能都是基于数据清单完成的，Excel 数据清单也称 Excel 数据库。

4.4.1　数据清单

数据清单可以像数据库一样使用，是工作表中包含相关数据的一系列数据行。简单地说，数据清单就是一张二维表，其特点如下。

（1）数据列表的第一行信息应该是字段的名称，由行和列构成，其中行表示记录，列表示字段。图 4-64 所示为一个简单的数据清单，第一行为字段名，从第二行开始每行都是一条记录。

（2）每张工作表仅有一个数据清单。

（3）每列的数据应该是同一类型的。

（4）确保无隐藏的行和列。

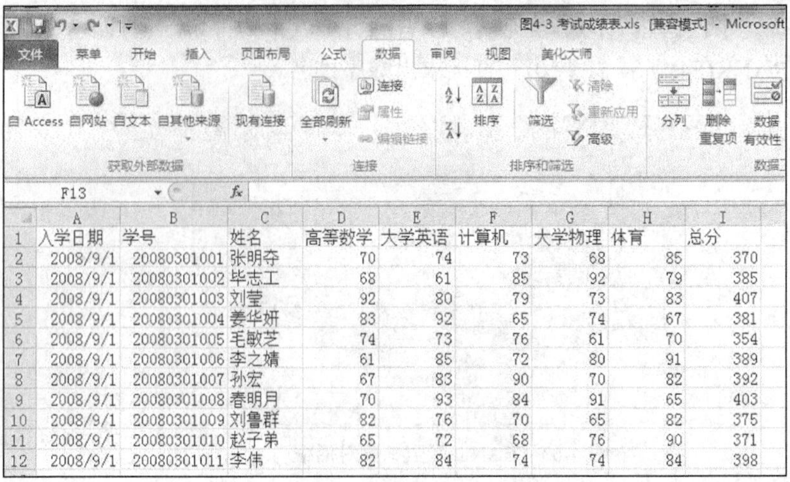

图 4-64　数据清单实例

（5）避免空行和空列。

数据清单的输入和修改等基本编辑和一般工作表的建立和编辑一样。

4.4.2　数据的排序

排序是根据数值或数据类型来排列数据的一种方式，用户可以按字母、数字或日期顺序来为数据排序。排序有升序和降序两种。在 Excel 中，是根据单元格中的数值而不是格式来排列数据的。

在默认情况下，按升序排序时使用如下次序。

（1）数字（从最小的负数到最大的正数）。

（2）文本以及包含数字的文本（按字母先后顺序排序，即 0~9、a~z、A~Z）。

（3）逻辑值（FALSE 在 TRUE 之前）。

（4）错误值（所有错误值的优先级相同）。

在按降序排序时，以上排序次序反转，而无论升序还是降序空格始终排在最后。

微课：数据的排序

1．简单排序

简单排序是指按照一个字段排序，也称为关键字。如在如图 4-64 所示数据清单中将学生成绩按照总分升序或降序排列。将鼠标定位在关键字总分列中的任意单元格，单击选项卡【数据】，在【排序和筛选】选项组中直接单击升序按钮 或降序按钮 快速实现排序。

2．复杂排序

当排序字段为两个或更多时，就要用排序对话框来实现。

下面以"学生成绩"清单为例进行排序，要求先按总分从高到低排列。若总分相同再按计算机成绩从低到高排列。此要求包含两个字段，分别是总分和计算机，也称为主要关键字和次要关键字。其操作过程如下。

鼠标定位在数据清单中的任意一个单元格或直接选中所有的数据清单。单击【数据】选项卡，在【排序和筛选】选项组中选择 按钮，打开"排序"对话框，如图 4-65 所示，其默认包含一个关键字，单击 添加条件 (A) 按钮，可增加多个次要关键字，主要关键字和次要关键字可以独立选择递增或递减。设置完成后的效果如图 4-66 所示，最后单击【确定】按钮。

图 4-65 排序对话框

图 4-66 关键字设置

一般情况下，大多是按照某一列的字段排序，但也有例外，有时会要求根据行的内容进行排序，从而使列的次序改变，而行的顺序保持不变。系统默认的是按照列排序，如果按照行排序，则在"排序"对话框中，单击 选项(0)... 按钮，出现"排序选项"对话框。如图 4-67 所示，在"方向"选项中，单击【按行排序】命令，然后单击【确定】按钮。

4.4.3 数据的筛选

筛选是查找和处理数据清单中数据子集的快捷方法。用户可以根据

图 4-67 排序选项对话框

实际情况让数据清单仅显示满足某些条件的行。Excel 提供了两种筛选清单命令：自动筛选和高级筛选。与排序不同，筛选并不重排清单，只是暂时隐藏不必显示的行。

1. 自动筛选

自动筛选是一种快速显示某些数据行的方法。具体操作过程如下。将鼠标定位在数据清单中任一单元格，在【数据】选项卡中，单击【排序和筛选】选项组中的筛选按钮 ，可以看到在每个字段的右侧都出现一个下拉箭头。如图 4-68 所示，通过每个字段的下拉箭头设置显示的条件，若要取消筛选则再次单击此按钮。如显示总分为 385 的同学，可以单击总分的下拉箭头，只勾选385，如图 4-69 所示。也可以设置稍微复杂的条件，如筛选总分在 370～400 的所有同学的信息，则在图 4-69 所示中选择【数字筛选】级联菜单中的【介于】项，打开"自定义自动筛选"对话框，如图 4-70 所示，设置完成后单击【确定】按钮。

	A	B	C	D	E	F	G	H	I
1	入学日期	学号	姓名	高等数学	大学英语	计算机	大学物理	体育	总分
2	2008/9/1	20080301001	张明奕	70	74	73	68	85	370
3	2008/9/1	20080301002	毕志工	68	61	85	92	79	385
4	2008/9/1	20080301003	刘莹	92	80	79	73	83	407
5	2008/9/1	20080301004	姜华妍	83	92	65	74	67	381
6	2008/9/1	20080301005	王敏芝	74	73	76	61	70	354

图 4-68 自动筛选下拉箭头

2. 高级筛选

高级筛选适用于复杂条件筛选。使用高级筛选，首先要确定筛选条件，并创建条件区域。"条件区域"是工作表中用来存放筛选条件的特殊区域。通常，条件区域要和数据清单之间有空行及空列。条件区域必须包含数据清单的列标。

高级筛选的操作过程如下。

创建条件区域。例如，在学生成绩表中筛选出总分大于 370 分，计算机成绩大于 75 分的同学的数据行，并在该数据清单外建立这个条件区域，如图 4-71 所示。

单击数据清单中的任意一个单元格，在【排序和筛选】选项组中，选择 高级 按钮，打开【高级筛选】对话框，如图4-72所示。选择条件区域，即刚才建立的条件区域，单击【确定】按钮，即可完成筛选。用户也可以将筛选的结果复制到其他位置。

微课：数据的
筛选

图4-69　筛选条件选择

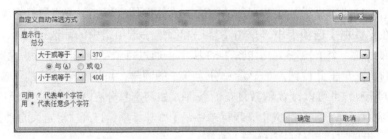

图4-70　自定义自动筛选方式对话框

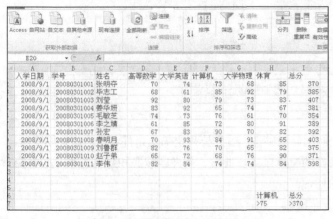

图4-71　成绩表条件区域设置

图4-72　高级筛选对话框

筛选结果如图4-73所示。如要取消高级筛选，用户可在【排序和筛选】选项组中选择按钮，即可取消高级筛选操作。

	A	B	C	D	E	F	G	H	I
1	入学日期	学号	姓名	高等数学	大学英语	计算机	大学物理	体育	总分
3	2008/9/1	20080301002	毕志工	68	61	85	92	79	385
4	2008/9/1	20080301003	刘莹	92	80	79	73	83	407
8	2008/9/1	20080301007	孙宏	67	83	90	70	82	392
9	2008/9/1	20080301008	春明月	70	93	84	91	65	403
13									
14									
15									
16								计算机	总分
17								>75	>370

图 4-73　高级筛选结果

4.4.4　数据的分类汇总

分类汇总即分门别类并对数据汇总处理，如对某个字段提供"求和"和"平均值"等计算。注意，数据清单中必须包含带有标题的列，分类汇总的前提是对某个字段排序。

在商场销售表中，按商品名称分类汇总显示销售总额的情况，即汇总每一种商品的整体销售情况。首先按商品字段排序，升序或降序都可以。然后选择【数据】选项卡，在【分级显示】组中选择【分类汇总】按钮，打开"分类汇总"对话框，如图 4-74 所示，分类字段选择商品，汇总方式选择求和，对销售总额求和，其他默认，最后单击【确定】按钮。得到汇总结果如图 4-75 所

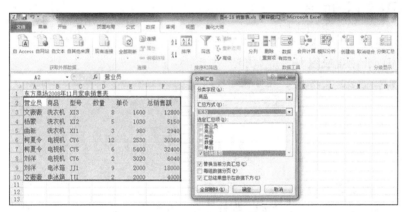

图 4-74　分类汇总菜单

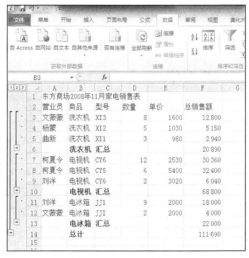

图 4-75　汇总结果

微课：数据的
分类汇总

示。在汇总结果中，单击左上角 $\boxed{1|2|3}$ 可以分级显示汇总结果，或者单击左边 $\boxed{-}$ 按钮可以隐藏某些行，隐藏之后 $\boxed{-}$ 变成 $\boxed{+}$，用户也可以重新展开隐藏的行。

如果要取消分类汇总，则在"分类汇总"对话框中选择【全部删除】按钮即可。不管是排序、筛选还是分类汇总，都是对数据进行的操作，因此都是在【数据】选项卡中完成。

4.5 数据图表化编辑

用柱状图、折线图等图形表示工作表中的数据称为"数据的图表化"。用图形表示数据，可以更生动、直观、形象地表示数据之间的关系。工作表中的图表是基于数据清单生成的，所以数据是必不可少的内容，当某些数据变化时，与公式的结果自动更正一样，图表也会随之变化。

图表可分为嵌入式图表和图表工作表两类。前者可将图表看作是一个图形对象，并作为工作表的一部分，放在工作表的任意位置。图表工作表是工作簿中具有特定工作表名称的独立工作表。当独立于工作表的数据要查看或编辑大而复杂的图表，或希望节省工作表上的屏幕空间时，可以使用图表工作表。Excel 文件图表有多种类型，下面介绍图表的创建和编辑方式。

4.5.1 图表的创建

图表的创建可通过【插入】选项卡中的【图表】选项组完成。如图 4-76 所示，在此可以选择图表的类型。下面介绍生成图表的具体方法，如图 4-77 所示。

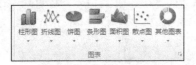

图 4-76 图表选项组

微课：图表的
创建

（1）首先选择要创建图表的区域，如图 4-77 所示，选中 3 列单元格。

（2）在图表选项组中选择一种类型，如柱形图，在弹出的图表样式库中选择一种，选择二维柱形图的第一个，单击之后即可生成包含该 3 列数据的柱形图，如图 4-78 所示。

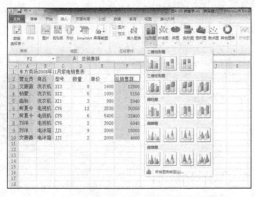

图 4-77 图表的创建

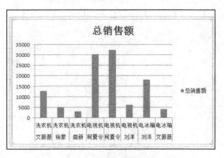

图 4-78 销售额图表

在选择图表类型和样式的时候，可以单击【图表】选项组右下角的 $\boxed{\ }$ 按钮打开"插入图表"对话框进行选择。如图 4-79 所示，该对话框包含了系统内置的所有类型和样式。

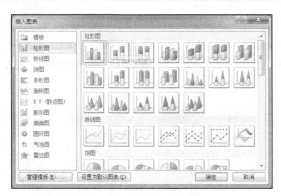

图 4-79　插入图表对话框

4.5.2　图表的编辑

当选中生成的图表时，图表中包含的数据也被选中，同时选项卡中多了一项图表工具，包含【设计】【布局】和【格式】3 个内容。用户可以通过这些选项对图表进行编辑，如图 4-80 所示。

图 4-80　图表工具编辑选项

创建图表后，往往需要对图表进行一些编辑。编辑内容通常包括图表的类型、布局、数据源的增删及图表的样式及背景颜色等。下面介绍一些常用的编辑操作和选项卡的使用。

1.【设计】选项卡

（1）图表样式的更改。

若要更改图表的样式，可以直接在【图表样式】选项组中选择对应的样式，也可以通过右侧下拉箭头展开所有的样式，如图 4-81 所示，可以更改柱形图的颜色。

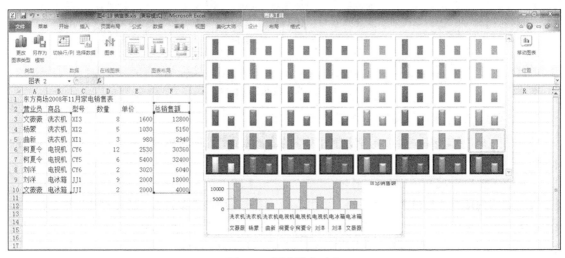

图 4-81　图表样式更改

（2）图表类型的更改。

如果要将柱形图更改为折线图，则单击【布局】选项卡下面最前端【类型】选项组中的【更改图表类型】按钮，打开"更改图表类型"对话框，如图4-82所示，选择要使用的图表类型和样式后单击【确定】按钮。

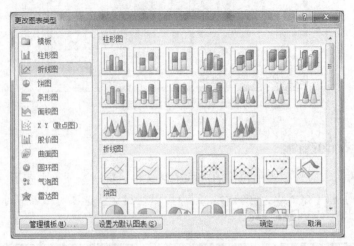

图4-82　更改图表类型对话框

（3）图表选项组。

在【图表】选项组中有两个按钮，【切换行/列】按钮可以改变图表数据在坐标轴上的次序；单击【选择数据】按钮可以打开"选择数据源"对话框，改变图表中包含的数据源，如图4-83所示，可以重新选择图表中要包含的数据或者根据实际需要添加/删除图例项。

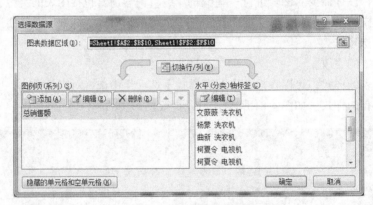

图4-83　选择数据源对话框

（4）图表布局选项组。

【图表布局】选项组按钮可快速设置图表项的显示方式，如图表标题、图例和坐标轴等显示的位置。

（5）位置选项组。

【位置】选项组中只包含一个按钮，单击【移动图表】按钮可以打开"移动图表"对话框，如图4-84所示，选择第一项则将该图表作为一个新的独立的工作表，默认名称为Chart1；也可以根据实际情况重新输入，选择第二项再将图表设置为工作表的一部分。

图 4-84　移动图表对话框

2.【布局】选项卡

【布局】选项卡主要包含的选项组如图 4-85 所示，最常用的就是【标签】和【坐标轴】选项组。

图 4-85　布局选项卡

（1）图表标题：可设置标题的有无以及位置。

（2）坐标轴标题：主要设置横竖坐标轴的有无以及显示方式。

（3）图例：设置图例的有无及显示方式。如果只有一个图例，则系统会将其作为默认的标题，如上一节建立的图表总销售额既是唯一的图例也是默认的图表标题。

（4）数据标签：设置数据是否显示以及显示的位置。

（5）坐标轴：设置横坐标轴和总坐标轴的有无及显示方式。

（6）网格线：设置横网格线和纵网格线的有无及显示方式。

在属性选项组可以设置图表的名称。

3.【格式】选项卡

在【格式】选项卡中，可以对图表的外观、背景、字体进行设置，使表格显得更加美观。该选项卡主要包含的工具按钮，如图 4-86 所示。在形状样式组，可以设置图表轮廓的样式和颜色、背景填充颜色和效果。在艺术字组中可以对图表的文本设置艺术效果。

图 4-86　格式选项卡

【例 4-6】　在例题 4-4 的基础上，以"城市"和"销售总额"列中的数据为数据源，在数据的下方生成一个二维分离型饼图，图表设计布局为"布局 1"，图表标题为"全年软件销售统计图"，图表高度为 8cm，宽度为 13cm。

操作步骤：首先选中城市列中的数据，按 Ctrl 键再选中销售总额一列中相应的数据，选中【插入】选项卡，在图表分组中选中饼图中的二维分离型饼图，然后在【设计】选项卡中的图表布局分组中选中"布局 1"，最后在【格式】选项卡中最后一个分组中设置大小，可得到结果图，如图 4-87 所示。

微课：图表的
设计

图 4-87　结果图

4.6　页面设置与打印

Excel 2010 和 Word 2010 页面设置的作用和目的类似，这一方面使文档看起来更加合理、美观，另一方面使文档以所见即所得的格式打印，得到易于阅读的纸质文档。

4.6.1　页面设置

页面设置指的是对已经编辑好的工作表进行页边距、页眉页脚、纸张大小及方向等项目的设置。Excel 文件的页面设置主要通过【页面布局】选项卡中的【页面设置】选项组完成，如图 4-88 所示。同 Word 一样，用户可以分别单击每个按钮设置相关参数，也可以单击右下角的启动按钮 ☐ 打开"页面设置"对话框，如图 4-89 所示。下面介绍"页面设置"对话框中的选项。

图 4-88　页面设置选项组　　　　　　　　　图 4-89　页面设置对话框

（1）页面：可以设置打印内容的方向，默认是纵向打印。缩放比例可在 10%～400% 调整。在纸张大小下拉列表中选择要使用的纸张类型，默认为 A4 纸。在起始页码部分设置开始打印的页数。

（2）页边距：设置打印内容距边界的距离，分别有上、下、左、右 4 个选项可设置，同时可以设置水平及垂直方向居中显示。

（3）页眉/页脚：在页眉下拉菜单中可以设置系统定义的页眉，也可以单击自定义页眉打开页眉对话框进行自定义的设计和编辑。如图 4-90 所示，用户可以在左、中、右对应的框中输入自己期望的页眉，也可以使用相关按钮进行设置，如单击 按钮可以在指定位置插入页码，单击 按钮可以在指定位置插入时间。页脚的编辑方法与此类似。

（4）工作表：单击该选项卡打开对应的对话框，如图 4-91 所示。在打印区域中设置打印文档的范围，可以直接输入打印区域或者选择相应的区域。如果文档内容过长，要打印在多张纸上，用户如希望每张纸上都显示相同的标题行和标题列，则可以在顶端标题行和左端标题列指定对应的行与列，还可以指定打印顺序。

图 4-90　页眉对话框

图 4-91　页面设置对话框工作表选项

4.6.2　打印区域设置

制作了一张工作表后，可根据需要将工作表打印出来。在打印之前，首先要对打印区域进行设置，否则系统会把整个表作为打印区域。可以根据实际情况设置打印区域，打印需要的部分或者以希望的格式打印。

1. 设置打印区域

首先选择要打印的数据区域，单击【文件】选项卡，在级联菜单中选择【打印】命令，打开打印页面，如图 4-92 所示。在该页面中设置相关项：打印的数量、打印的页码范围，然后在设置选项中的下拉菜单中选择打印选定区域。

2. 分页符的设置

工作表较大时，Excel 文件会自动分页。如果用户不满意这些分页可根据实际情况在某些行或列处强制添加分页符。插入的分页符分为水平分页符和垂直分页符。

要插入水平分页符时，首先选中一行，在【页面布局】选项卡的【页面设置】组中选择【分隔符】按钮，在弹出的级联菜单中选择【插入分页符】命令，如图 4-93 所示，在选中行的上方就会插入一个分页符。如要要插入垂直分页符则先选中某一列，重复上面的操作会在选中列的左边插入一个分页符。如果要同时插入水平及垂直分页符，则先选中某一个单元格重复上面的操作，在单元格的左边及上边会同时添加分页符。如果要删除插入的某一分页符，则选中对应的行或者列，在【分隔符】的级联菜单中选择【删除分页符】命令即可，选择【重设所有的分页符】命令可同时删除所有的分页符。

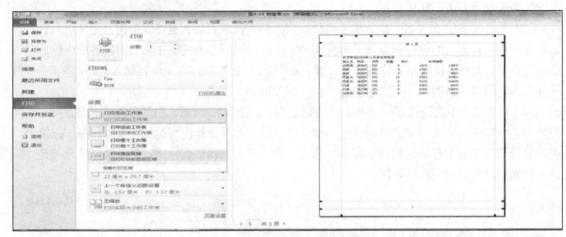

图 4-92　打印页面

图 4-93　分页符插入菜单

4.6.3　打印预览

当页面设置和打印区域设置都完成之后，就可以打印文档了，但是为了确保打印的格式准确无误，一般打印之前要先预览一下。图 4-92 的右侧就显示了打印预览的情况，下面显示打印的总页数，右下角有两个按钮可实现缩放和页边距的设置。单击缩放按钮可以在总体预览和放大状态之间切换，放大时能看清具体内容。单击页边距按钮会出现一些虚线，用来显示页眉页脚的位置，鼠标拖拽这些虚线可以改变其位置。虽然在页面设置中设置过这些边距的具体数值，但在此视图下显得更直观一些。

第5章
PowerPoint 2010 演示文稿

当前是网络信息化的时代，演示文稿被广泛地应用在演讲、报告与会议等众多领域。而 PowerPoint 是制作演示文稿的软件，使用演示文稿软件可方便、高效地制作出兼具图文、图表和动画效果的幻灯片。本章将详细讲解使用 PowerPoint 2010 创建和编辑演示文稿的方法。通过对 PowerPoint 2010 的讨论和学习，可了解演示文稿的基本概念，能熟练创建各种精美、实用的演示文稿，以满足日常工作和学习的需要。

本章要点：

- 掌握创建与保存演示文稿
- 掌握幻灯片文字的录入及字体格式设置
- 掌握幻灯片母版的设置
- 掌握幻灯片切换效果的设置
- 了解为幻灯片设置自定义动画
- 掌握动作按钮的添加、修改及设置

5.1　基本知识

PowerPoint 2010 的主要功能是将各种文字、图形、图表等多媒体信息以图片的形式展示出来。软件提供的多媒体技术不仅使得展示效果声形俱佳、图文并茂，还可以通过多种途径展示创建的内容。

5.1.1　演示文稿基本知识

PowerPoint 2010 的主要功能是把文字、图形、图表、音视频等多媒体信息以图片的形式展示出来，此类图片叫做幻灯片。

演示文稿由多幅幻灯片组成，一篇演示文稿就是一个文件，其扩展名为.pptx。

5.1.2　PowerPoint 2010 的启动与退出

用户可以通过单击【开始】菜单、单击快捷方式和双击应用程序图标或已建立好的文件来启动 PowerPoint 2010。

PowerPoint 2010 的主窗口如图 5-1 所示，它主要包括快速访问工具栏、文件菜单、选项标签、功能区、任务窗格、状态栏、视图工具栏及显示比例工具。

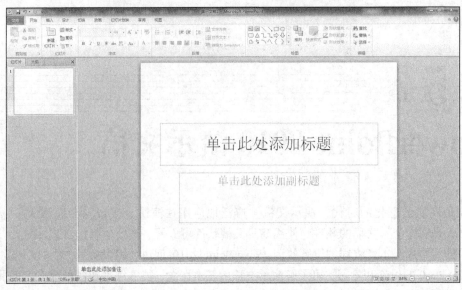

图 5-1　PowerPoint 2010 主窗口

退出时，可以选择【文件】菜单中的【退出】命令、单击标题栏最右端【关闭】按钮或双击标题栏最左端的图标退出 PowerPoint 2010。

5.1.3　建立演示文稿

PowerPoint 2010 启动后默认会新建一个空白的演示文稿。另外，可以通过空演示文稿、模板或者内容提示向导等新建演示文稿。若使用内容提示向导，可直接生成包含建议内容及外观设计的演示文稿。

1. 创建空白演示文稿

单击【文件】→【新建】命令，在【可用的模板和主题】栏中选择【空白演示文稿】选项，再单击【创建】按钮可手动创建空白演示文稿，如图 5-2 所示。

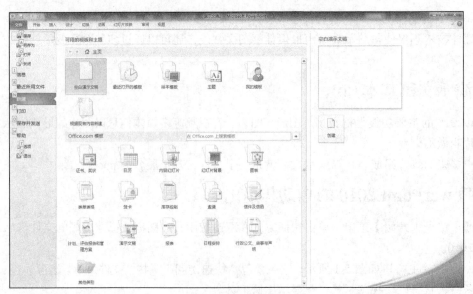

微课：建立演示
文稿

图 5-2　创建空白演示文稿

2. 用"样本模板"创建演示文稿

所谓模板，是指在外观或内容上已经为用户进行了一些预设的文件。

单击【文件】→【新建】命令，在【可用的模板和主题】栏中，选择【样本模板】选项，如图 5-3 所示，预览区可预览模板样式，双击需要的模板样式即可创建新演示文稿。或单击选中需要的模板样式，再单击【创建】按钮也可完成操作。

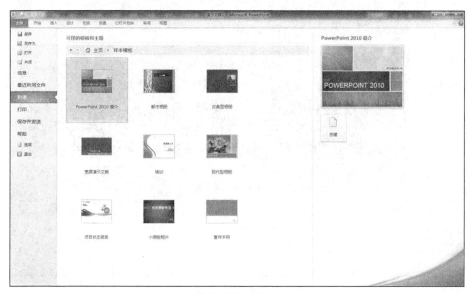

图 5-3　【新建样本模板】对话框

利用【样本模板】创建的演示文稿，具有特定的设计主题，用户可以根据需要编辑标题和内容。另外，新插入的幻灯片，会自动套用所选用的模板。

5.1.4　PowerPoint 2010 视图

视图是表现幻灯片的方式，PowerPoint 2010 中可以通过单击窗口的视图工具栏来切换不同的视图。视图工具栏 的 4 个按钮依次是普通视图、幻灯片浏览视图、阅读视图、幻灯片放映视图。

1. 普通视图

普通视图是主要的编辑视图。普通视图包含 3 个工作区：左侧为【幻灯片/大纲】窗格、右侧为幻灯片编辑区窗格、底部为【备注】窗格，如图 5-4 所示。

【幻灯片/大纲】窗格：包括【幻灯片】选项卡和【大纲】选项卡。【大纲】选项卡区域显示文本占位符中的内容，不显示图形对象、色彩；可以看到每张幻灯片中的标题和文字部分；可编辑演示文稿中文本占位符中的所有文本；可完成幻灯片的移动、复制等基本操作。大纲形式的普通视图如图 5-5 所示。

幻灯片编辑窗格：在这种形式下，可为幻灯片添加标题、正文；使用绘图工具制作图形；添加各种对象；对幻灯片的内容进行编辑；也可以添加超链接、动画特效。

备注窗格：用户可以添加与观众共享的演说者备注或信息；可在每张幻灯片下面的备注栏内输入文字，而在幻灯片上是显示不出来的。

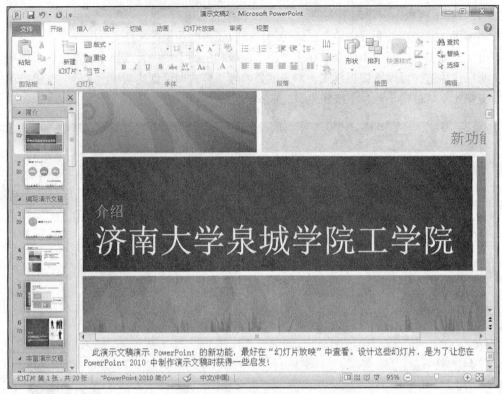

图 5-4　普通视图

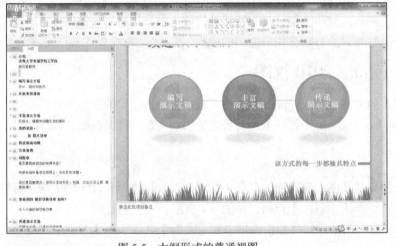

图 5-5　大纲形式的普通视图

微课：PowerPoint
2010 视图

2. 幻灯片浏览视图

在幻灯片浏览视图中，屏幕上可同时看到演示文稿的多幅幻灯片的缩略图。这样，用户容易在幻灯片之间排列、添加、删除、复制和移动幻灯片，以及选择幻灯片的切换效果，但不能编辑单独的具体内容，如图 5-6 所示。

3. 阅读视图

阅读视图用于查看演示文稿、放映演示文稿。

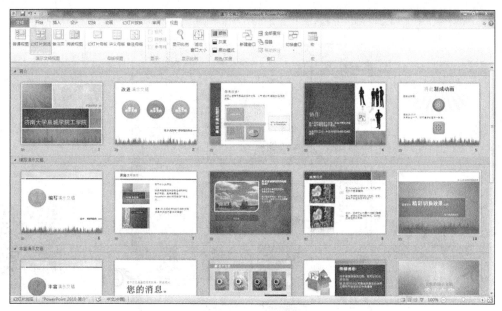

图 5-6　幻灯片浏览视图

4. 幻灯片放映视图

在幻灯片放映视图模式下，可看到演示文稿的演示效果，如图形、音频、动画等。

在进行幻灯片放映的任何时刻，按键盘上的 Esc 键可以退出幻灯片放映；单击鼠标右键也可以从弹出的快捷菜单中选择相应的命令，以实现对幻灯片放映的控制。

5.2　幻灯片的基本操作

幻灯片制作好了以后，必定要做修改、删除等一些操作。用户也可以使演示文稿的幻灯片具有统一的外观，进行幻灯片格式化等操作。

5.2.1　新建幻灯片

演示文稿是由多张幻灯片组成的。制作演示文稿的前提就是先添加新的幻灯片，然后再添加具体内容。幻灯片的创建有以下几种方法。

微课：新建幻灯片

（1）单击【开始】选项标签组中的【新建幻灯片】命令，即可创建新的幻灯片，如图 5-7 所示。

（2）在左边的【幻灯片/大纲】窗格中单击鼠标右键，在弹出的快捷菜单中选择【新建幻灯片】命令。

（3）选中一张幻灯片，按 Enter 键会在选中的幻灯片的下面添加一张新的幻灯片。

5.2.2　编辑幻灯片

1. 在占位符中添加文本

用户在新建幻灯片时，如果选择了带有文本的版式，则在幻灯片上会出现文本占位符。所谓占位符是指新建幻灯片时，在幻灯片上出现的虚线框，它表示幻灯片上各组成元素（文本、图片、图表、剪贴画等）在幻灯片中的位置，如图 5-8 所示。

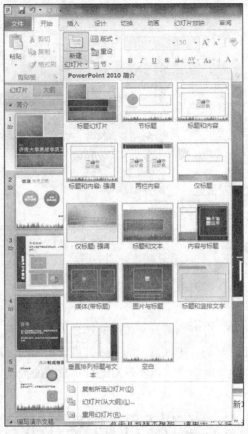

微课：编辑幻
灯片

图 5-7 【新建幻灯片】按钮及下拉菜单

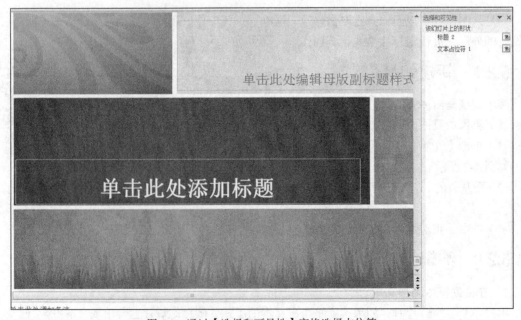

图 5-8 通过【选择和可见性】窗格选择占位符

向幻灯片中添加文本最简单的方法是直接将文本键入文本占位符。在编辑过程中，可以随时改变占位符的大小和位置。利用占位符编辑文本的优点就是可以通过模板快速更改每张幻灯片的文本格式。

2．利用文本框添加文字

如果要在文本占位符外添加文字，必须先添加文本框，然后再在文本框中输入文字。可以通过【插入】选项标签的文本框命令添加文本框，然后单击文本框内部即可输入文本。

3．编辑文本

对文本进行移动、复制、修改和删除等编辑的操作方法与 Word 中完全一样。

5.2.3　格式化幻灯片

1．设置字体格式

操作方法：在幻灯片中选中要设置其格式的文本，然后执行【开始】选项标签的【字体】功能区中的命令；也可单击【字体】功能区右下角的【对话框启动】按钮弹出【字体】对话框，其设置过程如图 5-9 所示。

微课：格式化
幻灯片

图 5-9　字体对话框

2．设置文本的段落格式

选中要设置段落格式的文本，再执行【开始】选项标签的【段落】功能区中的相关命令，即可实现对齐方式、缩进方式、行间距、分栏等；也可单击【段落】功能区右下角的【对话框启动】按钮，然后在弹出的【段落】对话框中进行操作。

3．使用项目符号和编号

选中要设置项目符号和编号的文本，再执行【开始】选项标签的【段落】功能区中的【项目符号和编号】命令，如图 5-10 所示。

5.2.4　编辑幻灯片

1．移动、复制幻灯片

首先在【普通视图】或【浏览视图】下选择需要移动的幻灯片，然后按住鼠标左键直接拖动到指定位

微课：移动、复制、删除幻灯片

图 5-10 设置项目符号和编号

置即可。如果要进行复制，则可以按住 Ctrl 键拖动。移动和复制幻灯片最简便快捷的方法是采用鼠标拖放技术，但其缺点是当移动范围超过一屏时不容易识别拖放的目的地，此时使用【剪贴板】命令较为合适。

2. 删除幻灯片

要删除幻灯片，则在【普通视图】或【浏览视图】下选择需要删除的幻灯片，按 Delete 键或右键单击要删除的幻灯片，最后选择【删除幻灯片】命令即可。

5.2.5 插入对象

和 Word、Excel 一样，PowerPoint 中也可以使用图片、剪贴画、公式和艺术字等对象，来美化幻灯片，并增强演示效果。

微课：插入对象

各种对象的插入方法和编辑方法与在 Word、Excel 中一样，在此不再赘述。

1. 插入音频对象

在【插入】选项标签的【媒体】功能区中单击【音频】命令，在弹出的快捷菜单中有两种插入音频文件的方式，即【文件中的音频】命令和【剪贴画音频】命令，如图 5-11 所示。

选择好音频后，可以在【音频工具/播放】选项标签的【音频选项】功能区中，选择声音的播放方式。

（1）自动：整个幻灯片的放映全过程中，音频均在播放。

（2）单击时：幻灯片放映时，音频不播放，只有当单击音频图标或启动声音按钮时，才会播放声音。

图 5-11　音频命令及下拉菜单

（3）跨幻灯片播放：音频播放可以从当前幻灯片延续到后面的幻灯片，不会因为幻灯片的切换而中断。

2. 插入视频对象

插入视频对象的方法，与插入音频对象基本一样。

设置视频特效：选中视频文件后，在【视频工具/格式】选项卡中，可以设置视频的颜色、对比度、亮度等。

5.3 演示文稿的编辑

要制作演示文稿，可以使用母版的功能，这样演示文稿就成了有序集合。另外，还可以通过背景、主题等方式编辑演示文稿。

5.3.1 幻灯片母版的使用

母版是模板的一部分，是一种特殊的视图模式，其中存储了有关应用的设计模板元素，包括字形、占位符大小或位置、背景设计和配色方案等。PowerPoint 2010 应用程序中的母版可分为 3 类：幻灯片母版、讲义母版和备注母版。讲义是指演示文稿的打印版本，可以在每页中包含多张幻灯片，以方便提供一份书面的幻灯片内容，并在每页讲义上留出空间给听众注释。

1. 幻灯片母版

幻灯片母版是最常用的母版，幻灯片母版控制所有幻灯片的格式，所以使用幻灯片母版可以统一幻灯片的呈现风格，使幻灯片有一致的美感。

单击【视图】选项标签，再单击【幻灯片母版】按钮，可进入【幻灯片母版】视图，如图 5-12 所示。

更改母版版式：版式是指用户要表现的内容在幻灯片上的排列方式。更改版式主要是指实现各种占位符的增、删、移动位置及设置段落格式等，如图 5-13 所示。

图 5-12　幻灯片母版视图　　　　　　　　图 5-13　编辑幻灯片母版

更改母版背景：背景是整个演示文稿的颜色主调，它能体现演示文稿的整体风格。一般将演示文稿的背景设置成纯色或渐变色，也可将其填充为纹理或图案。其操作方式是：单击【幻灯片母版】选项标签【背景】功能区中的【设置背景格式】按钮，如图 5-14 所示；然后打开【设置背景格式】对话框即可完成相关设置，如图 5-15 所示。

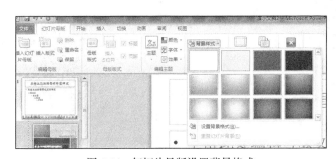

图 5-14　幻灯片母版设置背景格式　　　　　图 5-15　设置背景格式对话框

2. 备注母版

备注母版主要供演讲者为幻灯片添加备注，以及设置备注幻灯片的格式。

3. 讲义母版

讲义母版主要用于控制幻灯片以讲义形式打印的格式。

5.3.2　主题

主题是演示文稿的颜色搭配、字体格式化以及一些特效命令的集合。使用主题，简化演示文稿的制作过程。PowerPoint 2010 共提供了 24 种主题，用户可自行选择，义新的主题。

微课：设置主题

1. 应用主题

在【设计】选项标签的【主题】功能区内单击【其他】按钮，在下拉列表中选择合适的主题单击即可。在默认情况下，主题会同时更新所有幻灯片的主题，若想只更改当前幻灯片的主题，需在主题上单击右键，在弹出的快捷菜单中选择"应用于选定幻灯片"命令，如图5-16所示。

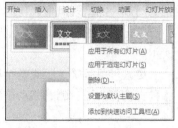

图5-16 应用主题

2. 自定义主题

若用户需要自定义主题，则可以在【设计】选项标签的【主题】功能区内通过"颜色""字体"及"效果"命令进行自定义。

5.3.3 背景

PowerPoint 2010可以更换幻灯片、备注页、讲义的背景色或背景设计。背景可以是音色块，也可以是渐变过渡色、底纹、图案、纹理或图片。

1. 设置幻灯片背景

选中目标幻灯片，单击【设计】选项标签的【背景】功能区中的【背景样式】命令，在弹出的下拉菜单中选择需要的背景即可；也可单击【设置背景格式】命令，在弹出的【设置背景格式】对话框中进行设置。PowerPoint 2010提供的背景格式设计方式有纯色填充、渐变填充、图片或纹理填充、图案填充4种，如图5-17所示。

微课：设置背景

图5-17 设置背景格式对话框

（1）纯色填充。

在【设置背景格式】对话框中选中【纯色填充】命令，单击【颜色】按钮，在弹出的下拉菜单中选择合适的颜色即可；也可选择【其他颜色】命令，在弹出的【颜色】对话框中选择合适的颜色。设置好后，单击【关闭】按钮，此时被选中的幻灯片的背景颜色即被设好。若要将其他幻灯片中的背景也做同样设置，则需单击【全部应用】按钮。

（2）渐变填充。

在【设置背景格式】对话框中选中【渐变填充】命令，在【预设颜色】选项里设置渐变色的基本色调，在"类型""方向"和"角度"里设置颜色变化类型、变化方向和变化角度；还可以通过【添加/删除渐变光圈】选项来设置增减的个数和颜色等。

（3）图片或纹理填充。

在【设置背景格式】对话框中选择【图片或纹理填充】命令，在【纹理】对话框里设置背景的纹理。若不想使用系统自带纹理，则可通过【文件】、【剪贴画】按钮查找自己喜欢的图片作为背景。

另外，在【视图】选项标签的【母版视图】功能区中选择【幻灯片母版】命令，则会弹出【幻灯片母版】选项卡，在此选项卡中也有"背景样式"命令，设置方式与以上方式相同。

2. 设置备注或讲义背景

备注或讲义背景的设置：在【视图】选项标签的【母版视图】功能区中选择【备注母版】命令或【讲义母版】命令，然后在弹出的【备注母版】选项卡或【讲义母版】选项卡中通过【设置背景样式】命令进行设置，其设置方式与普通幻灯片背景设置方式相同。

5.4　设计演示文稿的放映

制作演示文稿的最终目的就是播放，它主要通过播放的方式将内容展示出去。本节讲解演示文稿放映的基本知识。

5.4.1　设置幻灯片的切换效果

幻灯片的切换效果是指前后两张幻灯片进行切换的方式。默认情况下，放映幻灯片时使用简单的闪现方式，即后一张幻灯片直接取代前一张幻灯片。为了让演示的形式生动形象，PowerPoint 2010 提供了几十种特技切换效果，其操作如下。

微课：设置幻灯片的切换效果

选中目标幻灯片，再切换到【切换】选项标签，在【切换到此幻灯片】功能区内可添加幻灯片切换方式；添加后，可使用【效果选项】【声音】【持续时间】等命令对当前切换方式进行进一步设置，如图 5-18 所示。

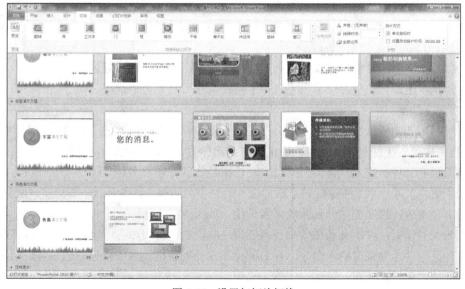

图 5-18　设置幻灯片切换

【效果选项】：比如"擦除"切换方式，可以选择不同的方向，如图 5-19 所示。

【声音】：单击最下方的"其他声音"，可以使用本机中的声音，如图 5-20 所示。

【持续时间】：是指整个效果的时间，若时间很长，则效果就会慢慢来，但是声音不会。

另外，【全部应用】按钮是将这个幻灯片的切换样式应用到此文档的全部幻灯片之中。【自动换片时间】是指此幻灯片的展示时间，此时间一到，就会调到下一张幻灯片。

图 5-19 设置幻灯片切换效果选项图

图 5-20 设置幻灯片切换声音

5.4.2 设置动画效果

微课：设置动画效果

PowerPoint 2010 提供了丰富的动画效果，为文本、图片、表格等对象设置动画。动画效果可以使演示文稿呈现出更加绚丽多彩的视觉效果。

1. 动画方案

选中要添加动画的对象，选择【动画】选项标签，在【动画】功能区中，选择合适的动画单击即可；也可以单击【其他】按钮，在下拉列表中选择其他合适的动画。

2. 自定义动画

在幻灯片中选中要添加动画效果的对象，单击【动画】选项标签的【高级动画】功能区中的【添加动画】按钮，在打开的下拉列表中根据需要选择适合的动画效果，如图 5-21 所示。一般来说，动画效果有 4 种：进入、强调、退出、动作路径，其下还有多种具体动画效果供选择。

单击【更多进入效果】按钮打开【添加进入效果】对话框，其中还有"百页窗、回旋、棋盘、盒状、菱形、其他效果"等多种具体效果供选用，如图 5-22 所示。

动画效果的设置：自定义动画效果还需要进一步设置，首先单击【动画】选项标签的【高级动画】功能区中的【动画窗格】命令，在右侧会出现动画窗格，选中指定动画，然后用鼠标右键单击打开快捷菜单设置开始、效果、删除等选项，如图 5-23 所示。

图 5-21　动画功能区

图 5-22　更多进入效果菜单

图 5-23　设置动画效果

3. 删除动画

当选中要删除的对象时，其左上角会出现序号按钮，选中要删除的动画序号，按 Delete 键即可。

5.4.3　插入超链接和动作

利用超链接技术和动作设置，可以制作具有交互功能的演示文稿，以便于更好地说明问题。利用【超链接】命令和【动作设置】命令都可实现交互功能。

1. 超链接

超链接可以实现从当前播放的幻灯片部分转跳至其他幻灯片，或者链接到其他演示文稿、Word 文档或者某个网页。超链接只有在幻灯片播放时有效。

2. 动作设置

在放映幻灯片、演讲或者在介绍当前幻灯片时可能需要引用或查看其他幻灯片或者其他文档。如果某个素材需多次打开，可以使用 PowerPoint 2010 的【动作设置】功能很方便地实现。

在当前幻灯片上，可以选中一段文字，也可以选中一幅图画，单击菜单栏中的【插入】选项标签的【链接】功能区中的【动作】按钮，打开【动作设置】对话框，如图 5-24 所示。

微课：插入动作

图 5-24　动作设置对话框

图 5-25　动作按钮列表

根据习惯不同，选取【单击鼠标】或【鼠标移过】命令，单击鼠标时的动作则选中【超链接到】，在【超链接】列表框中选择需要链接的幻灯片或者其他文件，如最后一张幻灯片，单击【确定】按钮。

在观看完最后一张幻灯片后要回到当前播放的幻灯片，可以用同样方法在该幻灯片的适当位置选中文字或设置按钮，超链接到其他 PowerPoint 演示文稿或返回。

3. 动作按钮

在幻灯片中添加动作按钮，然后加上适当的动作链接操作，可以方便地对幻灯片的播放进行操作。

在当前幻灯片上，单击菜单栏中的【插入】选项标签的【插图】功能区中的【形状】按钮，打开所有预置的形状列表，在最下方选择所需要的动作按钮，如图 5-25 所示。

微课：插入动作
按钮

选择好动作按钮后，自动退回到编辑界面中，这时鼠标变成黑色十字形，按下鼠标左键，拖动鼠标光标在幻灯片中画出一个用户之前选择的动作按钮，再打开【动作设置】对话框。动作设置的操作在此不再赘述。

在画出的动作按钮上单击鼠标右键，在弹出的菜单中选择"编辑文字"，可以给动作按钮添加文字，方便用户对这个动作按钮进行描述。

5.4.4　演示文稿的放映

放映前，可根据具体的情况进行设置，单击【幻灯片放映】选项标签【设置】功能区中的【设置幻灯片放映】命令，弹出【设置放映方式】对话框，如图 5-26 所示。

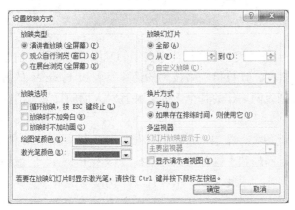

微课：演示文稿
的放映

图 5-26　设置放映方式对话框

PowerPoint 2010 中共有 3 种播放演示文稿的方式，即"演讲者放映""观众自行浏览"和"在展台浏览"，它还可以在【设置放映方式】对话框中进行如下设置。

放映幻灯片：提供了演示文稿中幻灯片的 3 种播放方式，即播放全部幻灯片、播放指定序号的幻灯片及自定义放映。

换片方式：当选择【手动】选项时，在放映时必须有人为的干预才能切换幻灯片。

在任何一种视图下，单击主窗口下的视图切换按钮中的【幻灯片放映】按钮，均可进入幻灯片放映视图。

5.4.5　排练计时

此功能可跟踪每张幻灯片的显示时间并相应地设置计时，为演示文稿估计一个放映时间。其操作方法如下。

执行【幻灯片放映】选项标签中的【设置】功能区的【排练计时】命令，系统会弹出【录制】对话框并自动记录幻灯片的切换时间，如图 5-27 所示。

图 5-27　录制对话框

第 6 章
计算机网络基础和 Internet 应用

21 世纪是信息社会和知识经济时代。计算机技术多年的发展经历表明，信息社会的基础设施就是计算机、通信业和网络。现在，计算机网络技术的迅速发展和 Internet 的普及，使人们更深刻地体会到计算机网络已渗透到人们工作的各个方面，并且对人们的日常生活甚至思想产生了较大的影响。

因特网（Internet）是世界上最大、覆盖面最广的计算机互联网。Internet 使用 TCP/IP，将全世界不同国家、不同地区、不同部门和不同类型的计算机、国家主干网、广域网、局域网，通过网络互连设备"永久"地高速互连，因此它是一个"计算机网络的网络"。

本章要点：
- 了解计算机网络的发展、功能与应用
- 掌握计算机网络的分类和组成
- 掌握计算机网络的传输介质
- 了解 Internet 的基本情况
- 掌握 IP 地址的组成、分类与划分
- 了解域名的分类、作用以及域名的申请
- 掌握 WWW、FTP、邮件等服务器的应用
- 掌握 Internet 的作用

6.1　计算机网络的形成与发展

计算机网络技术是计算机技术和通信技术相结合的产物，它代表着当前计算机系统今后发展的一个重要方向。它的发展和应用正改变着人们的传统观念和生活方式，使信息的传递和交换更加快捷。目前，计算机网络在全世界范围内迅猛发展，网络应用逐渐渗透到各个技术领域和社会的各个方面，已经成为衡量一个国家科技水平和综合国力的标志。可以预言，未来的计算机就是网络化的计算机。

6.1.1　计算机网络的产生

计算机网络是通信技术和计算机技术相结合的产物，它是信息社会最重要的基础设施，并将构成人类社会的信息高速公路。

1946 年，诞生了世界上第一台电子数字计算机，从而开辟了向信息社会迈进的新纪元。20

世纪 50 年代，美国利用计算机技术建立了半自动化的地面防空系统（SAGE）。它将雷达信息和其他信号经远程通信线路送达计算机进行处理，第一次利用计算机网络实现了远程集中式控制，这是计算机网络的雏形。

1969 年，美国国防部高级研究计划局（DARPA）建立了世界上第一个分组交换网 ARPANet，即 Internet 的前身，这是一个只有 4 个节点的存储转发方式的分组交换广域网。ARPANet 的远程分组交换技术，于 1972 年首次在国际计算机会议上公开展示。

1976 年，美国 Xerox 公司开发了基于载波监听多路访问/冲突检测（CSMA/CD）原理的、用同轴电缆连接多台计算机的局域网，取名以太网。

计算机网络是半导体技术、计算机技术、数据通信技术和网络技术相互渗透、相互促进的产物。数据通信的任务是利用通信介质传输信息。

通信网为计算机网络提供了便利而广泛的信息传输通道，而计算机和计算机网络技术的发展也促进了通信技术的发展。

6.1.2　计算机网络的发展

计算机网络出现的时间并不长，但发展速度很快，经历了从简单到复杂的过程。计算机网络最早出现在 20 世纪 50 年代，发展到现在大体经历了 4 个阶段。

1. 大型机时代（1965 年～1975 年）

大型机时代是集中运算的年代，使用主机和终端模式结构，所有的运算都是在主机上进行的，用户终端为字符方式。在这一结构里，最基本的联网设备是前端处理机和中央控制器（又称集中器）。所有终端连到集中器上，然后通过点到点电缆或电话专线连到前端处理机上。

2. 小型机联网（1975 年～1985 年）

DEC 公司最先推出了小型机及联网技术。由于该公司采用了允许第三方产品介入的联网结构，从而加速了网络技术的发展。很快，10Mbit/s 的局域网速率在 DEC 推出的 VAX 系列主机、终端服务器等一系列产品上被广泛采用。

3. 共享型的局域网（1985 年～1995 年）

随着 DEC 和 IBM 基于局域网（LAN）的终端服务器的推出和微型计算机的诞生和快速发展，各部门纷纷开始出现急需解决资源共享的问题。为满足这一需求，一种基于 LAN 的网络操作系统研制成功，与此同时，基于 LAN 的网络数据库系统的应用也得到快速发展。

与此同时，双绞线、集线器、桥接器等网络设备在扩大了联网规模的同时也加大了广播信息量，对网络规模的继续扩大构成了威胁。随后，出现了以路由器为基础的联网技术，它不但解决了提升带宽的问题，而且解决了广播风暴问题。

4. 交换时代（1995 年至今）

个人计算机（PC）的快速发展是开创网络计算时代最直接的动因。网络数据业务强调可视化，如 Web 技术的出现与应用、各种图像文档的信息发布、用于诊断的医疗放射图片的传输、CAD、视频培训系统的广泛应用等，这些多媒体业务的快速增长、全球信息高速公路的提出和实施都无疑对网络带宽提出更快、更高的需求。显然，几年前运行良好的 Hub 和路由器技术已经不能满足这些要求，一个崭新的交换时代已经来临。

6.1.3　计算机网络的发展趋势

计算机网络的发展方向是 IP 技术+光网络，光网络将会演进为全光网络。从网络的服务层面上看，未来的计算机网络将是一个 IP 的世界，通信网络、计算机网络和有线电视网络将通过 IP 三网合一；从传送层面上看将是一个光的世界；从接入层面上看将是一个有线和无线的多元化世界。

1. 三网合一

目前，广泛使用的网络有通信网络、计算机网络和有线电视网络。随着技术的不断发展，新业务的不断出现，新旧业务的不断融合，以及作为其载体的各类网络的不断融合，目前广泛使用的三类网络正逐渐向单一、统一的 IP 网络发展，即所谓的"三网合一"。

在 IP 网络中，可将数据、语音、图像、视频均归结到 IP 数据包中，通过分组交换和路由技术，采用全球性寻址，使各种网络无缝连接，IP 将成为各种网络、各种业务的"共同语言"，实现所谓的 Everything over IP。

实现"三网合一"并最终形成统一的 IP 网络后，传递数据、语音、视频只需要建造、维护一个网络，这不仅简化了管理，而且会大大地节约开支，同时可提供集成服务，方便了用户。可以说，"三网合一"是网络发展的一个最重要趋势。

2. 光通信技术

光通信技术已有 30 年的历史。随着光器件、各种光复用技术和光网络协议的发展，光传输系统的容量已从 Mbit/s 级发展到 Tbit/s 级，提高了近 100 万倍。

光通信技术的发展主要有两个大的方向：一是主干传输向高速率、大容量的 OTN 光传送网发展，最终实现全光网络；二是接入向低成本、综合接入、宽带化光纤接入网发展，最终实现光纤到家庭和光纤到桌面。全光网络是指光信息流在网络中的传输及交换始终以光的形式实现，不再需要经过光/电、电/光变换，即信息从源结点到目的结点的传输过程中始终在光域内。

3. IPv6 协议

TCP/IP 协议族是互联网基石之一，而 IP 协议是 TCP/IP 协议族的核心协议，是 TCP/IP 协议族中网络层的协议。目前 IP 协议的版本为 IPv4。IPv4 的地址位数为 32 位，即理论上约有 42 亿个地址。随着互联网应用的日益广泛和网络技术的不断发展，IPv4 的问题逐渐显露出来，主要有地址资源枯竭、路由表急剧膨胀、对网络安全和多媒体应用的支持不够等。

IPv6 是下一版本的 IP 协议，也可以说是下一代 IP 协议。IPv6 采用 128 位地址长度，几乎可以不受限制地提供地址。理论上约有 3.4×10^{38} 个 IP 地址，而地球的表面积以厘米为单位也仅有 5.1×10^{18} 平方厘米。即使按保守方法估算 IPv6 实际可分配的地址，每个平方厘米面积上也可分配到若干亿个 IP 地址。IPv6 除一劳永逸地解决了地址短缺问题外，同时也解决了 IPv4 中的其他缺陷，主要有端到端 IP 连接、服务质量（QoS）、安全性、多播、移动性、即插即用等。

4. 宽带接入技术

必须要有宽带接入技术的支持，各种宽带服务与应用才有可能开展。只有接入网的带宽瓶颈问题被解决，骨干网和城域网的容量潜力才能真正发挥。尽管当前宽带接入技术有很多种，但只要是不和光纤或光结合的技术，就很难在下一代网络中应用。目前光纤到户（Fiber To The Home，FTTH）的成本已下降至可以为用户接受的程度。这里涉及两个新技术，一个是基于以太网的无源光网络（Ethernet Passive Optical Network，EPON）的光纤到户技术，另一个是自由空间光系统（Free Space Optical，FSO）。

由 EPON 支持的光纤到户，正在异军突起。它能支持吉比特的数据传输速率，并且在不久后成本会降到与数字用户线路（Digital Subscriber Line，DSL）和光纤同轴电缆混合网（Hybrid Fiber

Cable，HFC）相同的水平。

FSO 技术是通过大气而不是光纤传送光信号的，它是光纤通信与无线电通信的结合。FSO 技术能提供接近光纤通信的速率（如可达到 1Gbit/s）。FSO 既在无线接入带宽上有了明显的突破，又不需要在稀有资源无线电频率上有很大的投资，因为它不要许可证。FSO 和光纤线路相比，系统不仅安装简便，所用时间少很多，而且成本也低很多。FSO 现已在企业和居民区得到应用，但是其和固定无线接入一样，易受环境因素干扰。

5. 移动通信系统技术

现用的 4G 系统传输容量大，灵活性更高。它以多媒体业务为基础，已形成很多的标准，并已引入商业模式。4G 以上系统包括 4G 以及现在正在研发的 5G，它们以宽带多媒体业务为基础，使用更高更宽的频带，传输容量更上一层楼。它们可在不同的网络间无缝连接，为用户提供满意的服务；同时网络可以自行组织，终端可以重新配置和随身携带，是一个包括卫星通信在内的端到端的 IP 系统，可与其他技术共享一个 IP 核心网。它们是构成下一代移动互联网的基础设施。

6.2　计算机网络的功能和应用

计算机网络系统中包括网络传输介质、网络连接设备、各种类型的诸如计算机等的终端设备。在软件方面，计算机网络系统需要有网络协议、网络操作系统、网络管理和应用软件等。

6.2.1　计算机网络的功能

计算机网络是计算机技术与通信技术相结合的产物，它的应用范围不断扩大，功能也不断增强，主要包括以下几个方面。

1. 资源共享

现代计算机网络连接的主要目的是共享网络资源，包括硬件资源，如大容量的硬盘、打印机等；还包括软件资源，如文字、数字、图片、视频图像等。

网络中的各种资源均可以根据不同的访问权限和访问级别，提供给入网的计算机用户共享使用。这些资源可以是全开放的，也可以按权限访问。即网络上的用户都可以在权限范围内共享网络系统提供的共享资源。共享基于联网环境资源的计算机用户不受实际地理位置的限制。例如，客户端的用户可以在网络服务器上建立用户目录并将自己的数据文件存放到此目录下，也可以从服务器上读取共享的文件，还可以把打印作业送到网络连接的打印机上打印，当然也可以从网络中检索自己所需要的信息数据等。

在计算机网络中，如果某台计算机的处理任务过重，也就是太"忙"时，可通过网络将部分工作转交给较为"空闲"的计算机来完成，均衡使用网络资源。

资源共享使得网络中分散的资源能够为更多的用户服务，提高了资源的利用率。共享资源是组建计算机网络的重要目的之一。

2. 数据通信

数据通信是计算机网络的基本功能之一，用以实现计算机与终端或计算机与计算机之间传递各种信息，从而实现两地间的信息传递。随着计算机与各种具有处理功能的智能设备在各领域的日益广泛使用，数据通信的应用范围也日益扩大。其典型应用有：文件传输、电子信箱、语音信箱、可视图文、智能用户电报及遥测遥控等，方便了人们的工作和生活。

3. 提高信息系统的可靠性

计算机网络系统具有可靠的处理能力。网络互联及各终端线路进行了冗余设计，当某条通信线路出现故障的时候，网络设备会快速运行相关网络协议启用冗余端口，使得信息流从新的通信线路转发出去，从而保证通信不被中断，保证信息系统的可靠性。数据的加密、通信线路的认证等增加了计算机网络系统的安全性。

4. 进行分布处理

在具有分布处理能力的计算机网络中，可以将任务分散到多台计算机上进行处理，由网络来完成对多台计算机的协调工作。对于处理较大型的综合性问题，可按一定的算法将任务分配给网络中不同的计算机进行分布处理，提高处理速度，有效利用设备。这样，以往需要大型机才能完成的大型题目，即可由多台微型机或小型机构成的网络来协调完成，而且降低了运行费用，提高了运行效率，同时还能保证数据的安全性、完整性和一致性。

采用分布处理技术，往往能够将多台性能不高的计算机连成具有高性能的计算机网络，使解决大型复杂问题的费用大大降低。

5. 进行实时控制和综合处理

利用计算机网络，可以完成数据的实时采集、实时传输、实时处理和实时控制，这在实时性要求较高或环境恶劣的情况下非常有用。另外，通过计算机网络可将分散在各地的数据信息进行集中或分级管理，并通过综合分析处理后得到有价值的数据信息资料。利用计算机网络完成下级生产部门或组织向上级部门的集中汇总，可以使上级部门及时了解情况。

6. 其他用途

利用计算机网络可以进行文件传送。作为仿真终端访问大型机，在异地可同时举行网络会议，进行电子邮件的发送与接收；在家中办公或购物；从网络上欣赏音乐、电影、体育比赛节目等；还可以在网络上和他人进行聊天或讨论问题等。

6.2.2　计算机网络的应用

网络数据的分布处理、计算机资源的共享及网络通信技术的快速发展与应用推动了社会的信息化，使计算机技术朝着网络化方向发展。融合了计算机技术与通信技术的计算机网络技术，是当前计算机技术发展的一个重要方向。

由于计算机网络的功能特点，使得计算机网络应用已经深入社会生活的各个方面，如办公自动化、网上教学、金融信息管理、电子商务、网络传呼通信等。随着现代信息社会进程的推进，通信和计算机技术的迅猛发展，计算机网络的应用越来越普及，它打破了空间和时间的限制，几乎深入社会的各个领域。其应用可归纳为以下几个方面。

1. 办公自动化

人们已经不满足于用个人计算机进行文字处理及文档管理，普遍要求把一个机关或企业的办公计算机连成网络，以简化办公室的日常工作，这些事务包括以下几点。

（1）信息录入、处理、存档等。

（2）信息的综合处理与统计。

（3）报告生成与部门之间或上下级之间的报表传递。

（4）通信、联络（电话、邮件）等。

（5）决策与判断。

2. 管理信息系统

管理信息系统对一个企业，特别是部门多、业务复杂的大型企业更有意义，也是当前计算机网络应用最广泛的方面。它主要应用于以下几个方面。

（1）按不同的业务部门设计子系统，如计划统计子系统、人事管理子系统、设备仪器管理子系统等。

（2）工业实时监测系统，如对大型生产设备、仪器的参数、产量等信息实时采集的综合信息处理系统。

（3）企业管理决策支持系统。

3. 电子数据交换

电子商务、电子数据交换等网络应用把商店、银行、运输、海关、保险，以至工厂、仓库等各个部门联系起来，实行无纸、无票据的电子贸易。它可提高商贸特别是国际商贸的流通速度，也可降低成本、减少差错、方便客户和提高商业竞争力。同时，它还是全球化经济的体现，是构造全球化信息社会不可缺少的纽带。

4. 公共生活服务信息化

公共生活服务包括以下一些与公共生活密切相关的网络应用服务。

（1）与电子商务有关的网上购物服务。

（2）基于信息检索服务的各种生活信息服务，如天气预报信息、旅游信息、交通信息、图书资料出版信息、证券行情信息等。

（3）基于联机事务处理系统的各种事务性公共服务，如飞机、火车联网订票系统、银行联汇兑及取款系统、旅店客房预定系统及图书借阅管理系统等。

（4）各种方便、快捷的网络通信服务，如网络电子邮件、网络电话、网络传真、网络电视电话、网络寻呼机、网上交友及网络视频会议等。

（5）网上广播、电视服务，如网上新闻组、交互式视频点播等。

5. 远程教育

基于计算机网络的现代教育系统更能适应信息社会对教育高效率、高质量、多学制、多学科、个别化、终身化的要求。因此，有人把它看成是教育领域中的信息革命，也是科教兴国的重要举措。

6. 电子政务

政府上网可以及时发布政府信息和接收处理公众反馈的信息，增强人民群众与政府领导之间的直接联系和对话，有利于提高政府机关的办事效率，提高透明度与领导决策的准确性，有利于廉政建设和社会民主建设。

6.3 计算机网络的分类

计算机网络有许多种分类方法，其中最常用的有 3 种分类依据，按网络的传输技术、网络的覆盖范围和网络的拓扑结构进行分类。

6.3.1 按网络传输技术分类

1. 广播网络

广播网络的通信信道是共享介质，即网络上的所有计算机都共享它们的传输通道。这类网络以局域网为主，如以太网、令牌环网、令牌总线网、光纤分布数字接口（Fiber Distribute Dizital Interface，FDDI）网等。

2. 点到点网络

点到点网络也称为分组交换网，它使得发送者和接收者之间有许多条连接通道，分组要通过路由器，而且每一个分组所经历的路径都是不确定的。因此，路由算法在点到点网络中起着重要的作用。点到点网络主要用在广域网中，如分组交换数据网 X.25、帧中继、异步传输方式（Asynchronous Transfer Mode，ATM）等。

6.3.2 按网络覆盖范围分类

计算机网络按照网络的覆盖范围，可以分为局域网、城域网和广域网 3 类。

1. 局域网

局域网（Local Area Network，LAN）的地理分布范围在几千米以内，一般局域网络建立在某个机构所属的一个建筑群内，或大学的校园内，也可以是办公室或实验室几台计算机连成的小型局域网络。局域网连接这些用户的微型计算机及其网络上作为资源共享的设备（如打印机等）进行信息交换。另外，其通过路由器和广域网或城域网相连接实现信息的远程访问和通信。LAN 是当前计算机网络发展中最活跃的分支。局域网有别于其他类型网络的特点如下。

（1）局域网的覆盖范围有限，一般仅在几百米至十几千米的范围内。

（2）数据传输率高，一般在 10～100Mbit/s，现在的高速 LAN 的数据传输率（bit/s）可达到千兆；信息传输的过程中延迟小、差错率低。

（3）局域网易于安装，便于维护。

2. 城域网

城域网（Metropolitan Area Network，MAN）采用类似于 LAN 的技术，但规模比 LAN 大，地理分布范围在 10～100km，介于 LAN 和 WAN 之间，一般覆盖一个城市或地区。

3. 广域网

广域网（Wide Area Network，WAN）的涉辖范围很大。它可以是一个国家或一个洲际网络，规模十分庞大而复杂。它的传输媒体由专门负责公共数据通信的机构提供。它的特点可以归纳为以下几点。

（1）覆盖范围广，可以形成全球性网络，如 Internet 网。

（2）目前，广域网的典型速率从 56kbit/s 到 155Mbit/s，现在已有 622Mbit/s、2.4 Gbit/s 甚至更高速率的广域网。

（3）通信线路一般使用电信部门的公用线路或专线，如公用电话网（PSTN）、综合业务网（ISDN）、DDN、ADSL 等。

6.3.3 按网络的拓扑结构分类

网络中各个节点相互连接的方法和形式称为网络拓扑。网络的拓扑结构形式较多，主要分为总线型、星型、环型、树型、全互联型、网状型和不规则型。按照网络的拓扑结构，可把网络分成总线型网络、星型网络、环型网络、树型网络、网状型网络、混合型网络。

6.3.4 其他的网络分类方法

按网络控制方式分类，计算机网络可分为分布式和集中式两种网络。

按信息交换方式分类，计算机网络可分为分组交换网、报文交换网、线路交换网和综合业务数字网等。

按网络环境分类，计算机网络可分为企业网、部门网和校园网等。

微课：查看网络
配置信息

计算机网络还可按通信速率分为 3 类：低速网、中速网和高速网。低速网的数据传输速率为 300bit/s～1.4Mbit/s，系统通常是借助调制解调器利用电话网来实现。中速网的数据传输速率为 1.5～45Mbit/s，这种系统主要是传统的数字式公用数据网。高速网的数据传输速率为 50～1000Mbit/s。信息高速公路的数据传输速率将会更高，目前的 ATM 网的传输速率可以达到 2.5Gbit/s。

按网络配置分类，这主要是对客户机/服务器模式的网络进行分类，在这类系统中，根据互联计算机在网络中的作用可分为服务器和工作站两类。于是，按配置的不同，可把网络分为同类网、单服务器网和混合网，几乎所有这种客户机/服务器模式的网络都是这 3 种网络中的一种。网络中的服务器是指向其他计算机提供服务的计算机，工作站是接收服务器提供服务的计算机。

按传输介质带宽分类，计算机网络可分为基带网络和宽带网络。数据的原始数字信号所固有的频带（没有加以调制的）叫基本频带，或称基带。这种原始的数字信号称为基带信号。数字数据直接用基带信号在信道中传输，称为基带传输，其网络称为基带网络。基带信号占用的频带宽，往往独占通信线路，不利于信道的复用，且抗干扰能力差，容易发生衰减和畸变，不利于远距离传输。把调制的不同频率的多种信号在同一传输线路中传输称为宽带传输，这种网络称为宽带网。

按网络协议分类，计算机网络可分为以太网（Ethernet）、令牌环网（Token Ring）、光纤分布式数据接口网络（FDDI）、X.25 分组交换网络、TCP/IP 网络、系统网络架构（System Network Architecture，SNA）网络、异步转移模式（ATM）网络等。Ethernet、Token Ring、FDDI、X.25、TCP/IP、SNA 等都是访问传输介质的方法或网络采用的协议。

按网络操作系统（网络软件）分类，计算机网络可分为如 Novell 公司的 NetWare 网络、3COM 公司的 3+Share 和 3+OPEN 网络、Microsoft 公司的 LAN Manager 网络和 Windows NT/2000/2003 网络、Banyan 公司的 VINES 网络、UNIX 网络、Linux 网络等。这种分类是以不同公司的网络操作系统为标志的。在各种网络设备中，网桥可以实现两个同种网络的互联，而网关可以实现两个异种网络的互联。

6.4 网络协议层次模型及拓扑结构

6.4.1 网络协议层次模型

计算机问世至今，出现了许多商品化的网络系统。这些网络在体系结构上有较大的差异，它们之间互不相容，难以互联构成更大的网络系统。为此，许多研究机构和厂商都在开展网络体系结构的研发，其中最为著名的有 ISO 的开放系统互联参考模型（OSI/RM，Open System Interconnection/Reference Model）和 TCP/IP（Transmission Control Protocol/Internet Protocol）参考模型。

1. OSI 参考模型

OSI 参考模型是一个开放性的通信系统互连参考模型，它是一个定义得非常好的协议规范。OSI 模型有 7 层结构。OSI 的 7 层从上到下分别是以下层次结构。

（1）应用层。应用层是与其他计算机进行通信的一个应用，它是对应应用程序的通信服务的。提供 OSI 用户服务，即确定进程之间通信的性质，以满足用户需要以及提供网络与用户应用软件之间的接口服务。如 TELNET、HTTP、FTP、NFS、SMTP 等。

（2）表示层。这一层的主要功能是定义数据格式及加密。例如，FTP 允许你选择以二进制或 ASCII 格式传输。如果选择二进制，那么发送方和接收方不改变文件的内容。如果选择 ASCII 格式，则发送方将把文本从发送方的字符集转换成标准的 ASCII 后发送数据，在接收方将标准的 ASCII 转换成接收方计算机的字符集。如加密，ASCII 等。

（3）会话层。会话层定义了如何开始、控制和结束一个会话，包括对多个双向消息的控制和管理，以便在只完成连续消息的一部分时可以通知应用，从而使表示层看到的数据是连续的，在某些情况下，如果表示层收到了所有的数据，则用数据代表表示层。该层提供会话管理服务。

（4）传输层。传输层为会话层实体提供透明、可靠的数据传输服务，保证端到端的数据完整性；选择网络层的最适宜的服务；提供建立、维护和拆除传输连接功能。传输层根据通信子网的特性，最佳地利用网络资源，为两个端系统的会话层之间提供建立、维护和取消传输连接的功能，并以可靠和经济的方式传输数据。在这一层，信息的传送单位是报文。

（5）网络层。网络层为传输层实体提供端到端的交换网络数据传送功能，使得传输层摆脱路由选择、交换方式、拥挤控制等网络传输细节；可以为传输层实体建立、维持和拆除一条或多条通信路径；对网络传输中发生的不可恢复的差错予以报告。网络层将数据链路层提供的帧组成数据包，包中封装有网络层包头，其中含有逻辑地址信息——源站点和目的站点地址的网络地址。该层的网络设备有路由器、三层交换机。主要功能是进行路由选择。

（6）数据链路层。数据链路层负责在两个相邻结点间的线路上，无差错地传送以帧为单位的数据，并进行流量控制。每一帧包括一定数量的数据和一些必要的控制信息。与物理层相似，数据链路层要负责建立、维持和释放数据链路的连接。在传送数据时，如果接收点检测到所传数据中有差错，就要通知发送方重发这一帧。该层的网络设备有集线器、网桥、二层交换机、中继器，主要功能是进行数据转发和汇聚，中继器还起到信号放大作用。

（7）物理层。物理层提供建立、维护和拆除物理链路所需的机械、电气、功能和规程的特性；提供有关在传输介质上传输非结构的位流及物理链路故障检测指示。在这一层，数据还没有被组织，仅作为原始的位流或电气电压处理，单位是比特。

2. TCP/IP 参考模型

TCP/IP 源于美国国防部高级计划局的 ARPANET，是一种网际互联的通信协议，目的在于通过它实现网际中异构网络或异种机之间的互相通信。Internet 网络体系结构以 TCP/IP 为核心。基于 TCP/IP 的参考模型将协议分成 4 个层次，它们分别是：应用层、传输层、网络层和网络接口层。

（1）应用层。应用层对应于 OSI 参考模型的高层，为用户提供所需要的各种服务，如 FTP、Telnet、DNS、SMTP 等。

（2）传输层。传输层对应于 OSI 参考模型的传输层，为应用层实体提供端到端的通信功能，保证了数据包的顺序传送及数据的完整性。该层定义了两个主要的协议：传输控制协议（TCP）和用户数据报协议（UDP）。TCP 提供的是一种可靠的、通过"三次握手"来连接的数据传输服务；而 UDP 协议提供的则是不保证可靠的（并不是不可靠）、无连接的数据传输服务。

（3）网络层。网络层对应于 OSI 参考模型的网络层，主要解决主机到主机的通信问题。它所包含的协议涉及数据包在整个网络上的逻辑传输。注重重新赋予主机一个 IP 地址来完成对主机的寻址，它还负责数据包在多种网络中的路由。该层有 3 个主要协议：网际协议（IP）、互联网组管理协议（IGMP）和互联网控制报文协议（ICMP）。

（4）网络接口层（即主机—网络层）。网络接口层与 OSI 参考模型中的物理层和数据链路层相对应。它负责监视数据在主机和网络之间的交换。事实上，TCP/IP 本身并未定义该层的协议，而由参与互连的各网络使用自己的物理层和数据链路层协议，然后与 TCP/IP 的网络接入层进行连接。地址解析协议（ARP）工作在此层，即 OSI 参考模型的数据链路层。

6.4.2　计算机网络拓扑结构

计算机网络的拓扑结构，是指网络中的通信线路和节点连接而成的图形，用以标识网络的整体结构外貌，同时也反映了整个组成模块之间的结构关系。它影响整个网路的设计、功能、可靠性、通信费用等方面，是计算机网络研究的主要内容之一。拓扑结构有很多种，主要有星型、总线型、环型、树型、网状型和混合型等，如图 6-1 所示。

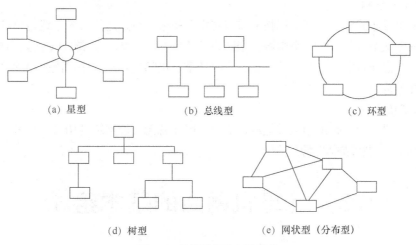

图 6-1　计算机网络拓扑结构

1. 星型拓扑结构

星型结构由一中心节点和一些与它相连的从节点组成。主节点可与从节点直接通信，而从节点之间必须经中心节点转接才能通信。星型结构一般有两类：一类的中心主节点是功能很强的计算机，它具有数据处理和转接双重功能，采用存储转发方式，转接会产生时间延迟；另一类是转接中心仅起各从节点的连通作用，如 CBX 系统或集线器转接系统。

星型结构的优点是：维护管理容易；重新配置灵活；故障隔离和检测容易；网络延迟时间较短。但其网络共享能力较差，通信线路利用率低，中心节点负荷太重。

2. 总线型拓扑结构

总线结构采用公共总线作为传输介质，各节点都通过相应的硬件接口直接连向总线，信号沿介质进行广播式传送。由于总线拓扑共享无源总线，通信处理是分布式控制，故入网节点必须具有智能，能执行介质访问控制协议。

总线型的特点是：结构简单灵活，非常便于扩充；可靠性高，网络响应速度快；设备量少，价格低；安装使用方便，共享资源能力强；极便于广播工作，即一个节点发送，所有节点都可接收，但其故障诊断和隔离比较困难。

3. 环型拓扑结构

环型结构为一封闭环型，各节点通过中继器连入网内，各中继器间由点到点链路首尾连接，信息单向沿环路逐点传送。

环型网的特点是：信息在网络中沿固定方向流动，两个节点间仅有唯一通路，大大简化了路径选择的控制。某个节点发生故障时，可以自动旁路，可靠性较高；由于信息是串行穿过多个节点环路接口，故当节点过多时，会影响传输效率，从而使网络响应时间变长。但当网络确定时，其延时固定。另外由于环路封闭故扩充不方便。

4. 树型拓扑结构

树型结构是从总线结构演变过来的，其形状像一棵倒置的树，顶端有一个带分支的根，每个分支还可延伸出子分支。当节点发送时，根接收信号，然后再重新广播发送到全网。其特点是综合了总线型与星型的优缺点。

5. 网状拓扑结构

网状又称为分布式结构，其无严格的布点规定和构形，节点之间有多条线路可供选择。

当某一线路或节点故障时不会影响整个网络的工作，具有较高的可靠性，而且资源共享方便。

由于各个节点通常和另外多个节点相连，故各个节点都应具有选路和流控制的功能，因而网络管理软件比较复杂，硬件成本较高。

6. 混合状拓扑结构

由于卫星和微波通信是采用无线电波传输的，因此就无所谓网络的构型，也可以看作是一种任意型和无约束的网状结构的混合结构。

6.5 计算机网络的基本组成

计算机网络技术包括计算机软、硬件技术，网络系统结构技术以及通信技术等内容。

按照网络的物理组成来划分，计算机网络是由若干计算机（服务器、客户机）及各种通信设备通过电缆、电话线等通信线路连接组成；按数据通信和数据处理的功能来划分，计算机网络是由内层通信子网和外层资源子网组成。通信子网由通信设备和通信线路组成，承担全网的数据传输、交换、加工和变换等通信处理工作。资源子网由网上的用户主机、通信子网接口设备和软件组成，用于数据处理和资源共享。

1. 计算机网络的系统组成

计算机网络要完成数据处理与数据通信两大基本功能，因此从逻辑功能上一个计算机网络分为两个部分：一部分是负责数据处理的计算机与终端；另一部分是负责数据通信的通信控制处理机与通信链路。从计算机网络系统组成的角度来看，典型的计算机网络从逻辑功能上可以分为资源子网和通信子网两部分。从计算机网络功能角度讲，资源子网是负责数据处理的子网，通信子网是负责数据传输的子网。一个典型的计算机网络组成如图6-2所示。

（1）资源子网。资源子网由主机、终端、终端控制器、联网外设、各种软件资源与信息资源组成。资源子网的主要任务是：提供资源共享所需的硬件、软件及数据等资源；提供访问计算机网络和处理数据的能力。

网络中的主机可以是大型机、中型机、小型机、工作站或微型机。主机是资源子网的主要组成单元，它通过高速通信线路与通信子网的控制处理机相连接。普通的用户终端通过主机接入网内，主机要为本地用户访问网络其他主机设备与资源提供服务，同时要为网中远程用户共享本地资源提供服务。随着微型机的广泛应用，接入计算机网络的微型机数量日益增多，它可以作为主机的一种类型直接通过通信控制处理机接入网内，也可以通过联网的大、中、小型计算机系统间接接入网内。

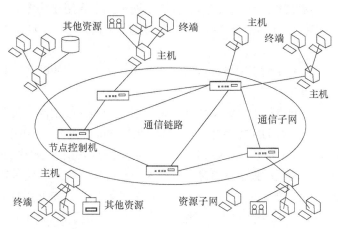

图 6-2　按逻辑功能分计算机网络示意图

终端控制器连接一组终端，负责这些终端和主机的信息通信，或直接作为网络节点。终端是直接面向用户的交互设备，可以是由键盘和显示器组成的简单的终端，也可以是微型计算机系统。

计算机外设主要是网络中的一些共享设备，如大型的硬盘机、高速打印机、大型绘图仪等。

（2）通信子网。通信子网由通信控制处理机、通信线路、信号变换设备及其他通信设备组成，完成数据的传输、交换以及通信控制，为计算机网络的通信功能提供服务。

通信控制处理机在通信子网中又被称为网络节点。它一方面作为与资源子网的主机、终端连接的接口，将主机和终端接入网内；另一方面它又作为通信子网中的分组存储转发节点，完成分组的接收、校验、存储和转发等功能，实现将源主机报义准确发送到目的主机的作用。

通信线路为通信控制处理机与通信控制处理机、通信控制处理机与主机之间提供通信信道。计算机网络采用了多种通信线路，如电话线、双绞线、同轴电缆、光纤、无线通信信道、微波与卫星通信信道等。一般来说，在大型网络中，相距较远的两节点之间的通信链路都利用现有的公共数据通信线路。

信号变换设备的功能是对信号进行变换以适应不同传输媒体的要求。这些设备一般有将计算机输出的数字信号变换为电话线上传送的模拟信号的调制解调器、无线通信接收和发送器、用于光纤通信的编码解码器等。

另外，计算机网络还应具有功能完善的软件系统，支持数据处理和资源共享功能。同时为了在网络各个单元之间能够进行正确的数据通信，通信双方必须遵守一致的规则或约定。例如，数据传输格式、传输速度、传输标志、正确性验证、错误纠正等，这些规则或约定称为网络协议。不同的网络具有不同的网络协议。同一网络根据不同的功能又有若干协议，它们组成该网络的协议组。

2．网络应用过程中相关的网络组件

（1）服务器。服务器是一台高性能计算机，用于网络管理、运行应用程序、处理各网络工作站成员的信息请求等，并连接一些外部设备如打印机、CD-ROM、调制解调器等。根据其作用的不同，服务器分为文件、应用程序、通信和数据库等。

（2）客户机。客户机也称工作站，连入网络中的由服务器进行管理和提供服务的任何计算机都属于客户机，其性能一般低于服务器。个人计算机接入网络后，在获取服务的同时，其本身就成为一台 Internet 网上的客户机。

（3）网络适配器。网络适配器也称网卡，在局域网中用于将用户计算机与网络相连，大多数局域网采用以太（Ethernet）卡（多是连接头为 RJ-45 的双绞线水晶头），如 NE2000 网卡、PEMCIA 卡等。

（4）传输介质。网络电缆用于网络设备之间的通信连接，常用的网络电缆有双绞线、细同轴电缆、粗同轴电缆、光缆等。

（5）网络操作系统。网络操作系统（NOS）是用于管理的核心软件。在目前网络系统软件市场上，常用的网络系统软件有 UNIX 系统（如 IBM AIX、Sun Solaris、HPUX 等）、PC UNIX 系统（SCO UNIX、Solaris X86 等）、Novell NetWare、Windows NT、Apple Macintosh、Linux 等。UNIX 因其悠久的历史、强大的通信和管理功能以及可靠的安全性等特性得到较为普遍的认可。Windows NT 则利用价格优势、友好的用户界面、简易的操作方式和丰富的应用软件等特性，在短短几年的时间内就在小型网络系统的市场竞争中脱颖而出。由于 Windows NT 有较好的扩展性、优良的兼容性、易于管理和维护，故小型网络系统平台通常选用它。

（6）网络协议。网络协议是网络设备之间进行互相通信的语言和规范。常用的网络协议有以下几种。

① TCP/IP：TCP（Transmission Control Protocol，传输控制协议）和 IP（Internet Protocol，网间协议）是当今最通用的协议之一，TCP/IP 是网络中使用的基本的通信协议。虽然从名字上看 TCP/IP 包括两个协议，但它实际上是一组协议，包括着上百个各种功能的协议，如远程登录、文件传输和电子邮件等，而 TCP 和 IP 是保证数据完整传输的两个基本的重要协议。通常说 TCP/IP 是指 Internet 协议族，

微课：检查网络
连接情况

而不单单是指 TCP 和 IP。可以使用 IPConfig 命令检查网络配置情况；使用 Ping 命令检查网络连接是否正常。

② IPX/SPX 网络协议：是指 IPX（Internetwork Packet Exchange，网间数据包交换协议）和 SPX（Sequenced Packet Exchange，顺序包交换协议），其中，IPX 协议负责数据包的传送；SPX 负责数据包传输的完整性。

③ NetBEUI 协议：NetBEUI（NetBIOS Extended User Interface，NetBIOS 扩展用户接口）是对 NetBIOS（Network Basic Input/Output System，网络基本输入/输出系统）的一种扩展，NetBEUI 协议主要用于本地局域网中，一般不能用于与其他网络的计算机进行沟通。

④ 万维网（WWW）协议：WWW 是 World Wide Web（环球信息网）的缩写，也可以简称为 Web，中文名字为万维网。把万维网（Web）页面传送给浏览器的协议是 HTTP（Hyper Text Transport Protocol，超文本传送协议）。从技术角度上说，环球信息网是 Internet 上那些支持 WWW 协议和 HTTP 协议的客户机与服务器的集合，透过它可以存取世界各地的超媒体文件，其内容包括文字、图形、声音、动画、资料库以及各式各样的软件。

（7）客户软件和服务软件。客户机（网络工作站）上使用的应用软件通称为客户软件。在服务器上的服务软件通常是为了便于网络用户在服务器上获取各种服务的。

6.6　传输介质与网络标准化

一条信道的传输速率与带宽成正比，不同的信道，其带宽不同。带宽与传输介质有关。传输介质是构成信道的主要部分，它是数据信号在异地之间传输的真实媒介。传输介质是网络中连接收发双方的物理通路，也是通信中实际传送信息的载体。传输介质的特性直接影响通信的质量，我们可以从 5 个方面了解传输介质的特性：物理特性、传输特性、连通性、地理范围、抗干扰性。下面简要介绍几种最常用的传输介质。

6.6.1　有线传输介质

1. 双绞线

双绞线是在短距离范围内（如局域网中）最常用的传输介质。双绞线是将两根相互绝缘的导线按一定的规格相互缠绕起来，然后在外层再套上一层保护套或屏蔽套而构成的。如果两根导线相互平行地靠在一起，就相当于一个天线的作用，信号会从一根导线进入另一根导线中，称为串扰现象。为了避免串扰，就需要将导线按一定的规则缠绕起来。双绞线分为非屏蔽双绞线（UTP）和屏蔽双绞线（STP），通常情况下，人们使用非屏蔽双绞线，如图 6-3 所示。屏蔽双绞线在每对线的外面加了一层屏蔽层，如图 6-4 所示。在通过强电磁场区域时，通常要使用屏蔽双绞线来减少或避免强电磁场的干扰。

图 6-3　非屏蔽双绞线　　　　　　　　　图 6-4　屏蔽双绞线

双绞线具有以下特性。

（1）物理特性。双绞线由按规则螺旋结构排列的两根、四根或八根绝缘导线组成。一对线可以作为一条通信线路，各个线对螺旋排列的目的是使各线对之间产生的电磁干扰最小。

（2）传输特性。在局域网中常用的双绞线根据传输特性可以分为 5 类。在典型的 Ethernet 网中，常用第 3 类、第 4 类与第 5 类非屏蔽双绞线，通常简称为 3 类线、4 类线与 5 类线。其中，3 类线带宽为 16MHz，适用于语音及 10Mbit/s 以下的数据传输；5 类线带宽为 100MHz，适用于语音及 100Mbit/s 的高速数据传输，甚至可以支持 155Mbit/s 的 ATM 数据传输。

（3）连通性。双绞线既可用于点到点连接，也可用于多点连接。

（4）地理范围。双绞线用作远程中继线时，最大距离可达 15km；用于 10Mbit/s 局域网时，与集线器的距离最大为 100m。

（5）抗干扰性。双绞线的抗干扰性，取决于在一束线中相邻线对的扭曲长度及适当的屏蔽。

2. 同轴电缆

同轴电缆由导体铜质芯线（单股实心线或多股胶合线）、绝缘层、外导体屏蔽层及塑料保护外套等构成，如图 6-5 所示。同轴电缆有一重要的性能指标是阻抗，其单位为欧姆。若两端电缆阻抗不匹配，电流传输时会在接头处产生反射，形成很强的噪声，所以必须使用阻抗相同的电缆互相连接。另外在网络两端也必须加上匹配的终端电阻吸收电信号，否则由于电缆与空气阻抗不同也会产生反射，干扰网络的正常使用。

目前经常用于局域网的同轴电缆有两种：一种是专门用在符合 IEEE802.3 标准以太网环境中阻抗为 50Ω 的电缆，它只用于数字信号发送，称为基带同轴电缆；另一种是用于频分多路复用 FDM 的模拟信号发送，阻抗为 75Ω 的电缆，称为宽带同轴电缆。

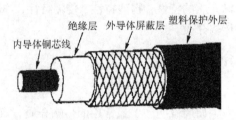

图 6-5　同轴电缆的结构

同轴电缆具有以下特性。

（1）物理特性。单根同轴电缆直径为 1.02～2.54cm，可在较宽频范围工作。

（2）传输特性。基带同轴电缆仅用于数字传输，阻抗为 50Ω，并使用曼彻斯特编码，数据传输速率最高可达 10Mb/s。宽带同轴电缆可用于模拟信号和数字信号传输，阻抗为 75Ω，对于模拟信号，带宽可达 300～450MHz。在 CATV 电缆上，每个电视通道分配 6MHz 带宽，而广播通道的带宽要窄得多，因此，在同轴电缆上使用频分多路复用技术可以支持大量的视频、音频通道。

（3）连通性。其可用于点到点连接或多点连接。

（4）地理范围。基带同轴电缆的最大距离限制在几千米；宽带电缆的最大距离可以达几十千米。

（5）抗干扰性。其能力比双绞线强。

3. 光缆

随着光电子技术的发展和成熟，利用光导纤维（光纤）来传输信号的光纤通信，已经成为一个重要的通信技术领域。光纤主要由纤芯和包层构成双层同心圆柱体，纤芯通常由非常透明的石英玻璃拉成细丝而成。光纤的核心就在于其中间的玻璃纤维，它是光波的通道。光纤使用光的全反射原理将携带数据的光信号从光纤一端不断全反射到另外一端。

光纤和同轴电缆相似，只是没有网状屏蔽层，中心是光传播的玻璃芯。光纤分为单模光纤和多模光纤两类（所谓"模"是指以一定的角度进入光纤的一束光）。单模光纤的发光源为半导体激光器，适用于远距离传输。多模光纤的发光源为光电二极管，适用于楼宇之间或室内。

正是由于光纤的数据传输率高（目前已达到几 Gbit/s）、传输距离远（无中继传输距离达几十千米至上百千米）的特点，因而其在计算机网络布线中得到了广泛的应用。目前光缆主要是用于交换机之间、集线器之间的连接，但随着千兆位局域网络应用的不断普及和光纤产品及其设备价格的不断下降，把光纤连接到桌面也将成为网络发展的一个趋势。

但是光纤也存在一些缺点，这就是光纤的切断和将两根光纤精确地连接所需要的技术要求较高。

光纤具有以下的特性。

（1）物理特性。在计算机网络中均采用两根光纤（一来一去）组成传输系统。按波长范围可分为 3 种：0.85μm 波长（0.8～0.9μm）、1.3μm 波长（1.25～1.35μm）和 1.55μm 波长（1.53～1.58μm）。不同的波长范围光纤损耗特性不同，其中 0.85μm 波长区为多模光纤通信方式，1.55μm 波长区为单模光纤通信方式，1.3μm 波长区有多模和单模两种方式。

（2）传输特性。光纤通过内部的全反射来传输一束经过编码的光信号，内部的全反射可以在任何折射指数高于包层媒体折射指数的透明媒体中进行。光纤的数据传输率可达 Gbit/s 级，传输距离达数十千米。目前，一条光纤线路上一般传输一个载波，随着技术的进一步发展，会出现实用的多路复用光纤。

（3）连通性。采用点到点连接。

（4）地理范围。可以在 6～8km 的距离内不用中继器传输，因此光纤适合于在几个建筑物之间通过点到点的链路连接局域网。

（5）抗干扰性。不受噪声或电磁影响，适宜在长距离内保持高数据传输率，而且能够提供良好的安全性。

6.6.2　无线传输介质

双绞线、同轴电缆和光纤都属于有线传输。有线传输不仅需要铺设传输线路，而且连接到网络上的设备也不能随意移动。反之，若采用无线传输媒体，则不需要铺设传输线路，允许数字终端在一定范围内移动，非常适合那些难于铺设传输线的边远山区和沿海岛屿，也为大量的便携式计算机入网提供了条件。目前最常用的无线传送方式有无线电广播、微波、红外线和激光，每种方式使用某一特定的频带。

微课：无线网络连接的设置

1. 无线电广播

提到无线电广播，最先想到的就是调频广播（FM）和调幅广播（AM）。无线电传送包括短波、民用波段（CB），以及甚高频（VHF）和超高频（UHF）的电视传送。

无线电广播是全方向的，也就是说不必将接收信号的天线放在一个特定的地方或某个特定的方向。无论汽车在哪里行驶，只要它的收音机能够接收到当地广播电台的信号就能够收到电台的广播。屋顶上的电视天线无论指向哪里都能够接收到电视信号，但电视接收天线对无线广播信号方向更灵敏，因此调整电视接收天线使其直线指向发射台的方向可以接收到更清晰的图像。

调幅广播比调频广播使用的频率低得多，较低的频率意味着它的信号更易受到大气的干扰。如果在雷雨天收听调幅广播，每次闪电时都会收听到噼啪声，但调频广播就不会受到雷电的干扰。可是频率较低的调幅广播比调频广播传送的距离远，这在夜里（太阳的干扰减弱时）更明显。

短波和民用波段无线电广播也都用很低的频率。短波无线电广播必须得到批准，而且限制在某一特定的频率范围。任何拥有相应设备的人都可以收听到这些广播。电视台使用的频率比无线电广播电台使用的频率更高，广播电台只传送声音，而电视台可传送图像和声音的混合信号。高频电视台使用 2～12 频道传送信号，超高频电视台使用的是大于 13 的频道。电视频道不同就是传送信号的频率不同，电视机在每个频道以不同的频率接收不同的信号。

2. 微波与卫星通信

微波是指频率为 300MHz～300GHz 的电波，其主要是使用 2～40GHz 的频率范围。微波通信是把微波作为载波信号，用被传输的模拟信号或数字信号来调制它，进行无线通信。它既可传输模拟信号，又可传输数字信号。由于微波段的频率很高，频段范围也很宽，故微波信道的容量很大，可同时传输大量信息。

微波能穿透电离层而不反射到地面，故只能使微波沿地球表面由源地址向目标地址直线传输。然而地球表面是曲面，因此微波的传播距离受到限制，一般只有 50km 左右。若采用 100m 高的天线塔，传播距离才能达到 100km。因此微波通信有两种主要方式，即地面微波接力通信和卫星通信。

地面微波接力通信是在一条无线通信信道的两个终端之间，建立若干个微波中继站，中继站把前一站送来的信号放大后，再发送到下一站，这就是所谓的接力。相邻站之间必须直视，不能有障碍物，而且微波的传播受恶劣天气的影响，保密性比电缆差。

卫星通信是将微波中继站放在人造卫星上，形成卫星通信系统。通信卫星本质上是一种特殊的微波中继站，它用上面的中继站接收从地面发来的信号，加以放大后再发回地面。这样，只要用 3 个相差 120° 的卫星便可覆盖整个地球。在卫星上可装多个转发器，它们以一种频率段（5.925GHz～6.425GHz）接收从地面发来的信号，再以另一频率段（3.7GHz～4.2GHz）向地面发回信号，频带的宽度是 500MHz，每一路卫星信道的容量相当于 100 000 条音频线路。卫星通信的最大特点是通信距离远，而且通信费用与通信距离无关，当通信距离很远时，租用一条卫星音频信道远比租用一条地面音频信道便宜。卫星通信和微波接力通信相似，频带宽、容量大、信号所受的干扰小、通信稳定。但卫星通信的传播时延大，无论两个地面站相距多远，从一个地面站经卫星到另一个地面站的传播时延总为 250～300μs，比地面微波接力通信链路和同轴电缆链路的传播时延都大。

3. 红外线通信

红外线通信是利用红外线来传输信号，在发送端设有红外线发送器，接收端设有红外线接收器。发送器和接收器可以任意安装在室内或室外，但它们之间必须在可视范围内，中间不能有障碍物。红外线信道有一定的带宽，当传输速率为 100kbit/s 时，通信距离可大于 16km，传输速率为 1.5Mbit/s 时，通信距离为 1.6km。红外线具有很强的方向性，很难窃听、插入和干扰，但传输距离有限，易受环境（如雨、雾和障碍物）的干扰。

4. 激光通信

激光通信是利用激光束来传输信号，即将激光束调制成光脉冲，以便传输数据，因此激光通信与红外线通信一样是全数字的，不能传输模拟信号。激光通信必须配置一对激光收发器，而且要安装在视线范围内。激光的频率比微波高，因此可获得更高的带宽。激光具有高度的方向性，因而很难窃听、插入和干扰，但同样易受环境的影响，传播距离不会很远。激光通信与红外线通信的不同之处，在于激光硬件会发出少量的射线而污染环境。

6.6.3 几种介质的安全性比较

数据通信的安全性是一个重要的问题。不同的传输介质具有不同的安全性。双绞线和同轴电缆用的都是铜导线，传输的是电信号，因而容易被窃听。数据沿导线传送时，可以简单地用另外的铜导线搭接在双绞线或同轴电缆上即可窃取数据，因此铜导线必须安装在不能被窃取的地方。

从光缆上窃取数据很困难，因为光线在光缆中必须没有中断才能正常传送数据。如果光缆断开或被窃听，就会被立刻知道并且能够查出。光缆的这个特性使窃取数据很困难。

广播传送（无线电或微波）是不安全的，这种数据就是简单地通过天空传送，任何人使用接收天线都能接收数据。地面微波传送和无线微波传送都存在这个问题。提高无线电广播数据安全性的唯一方法是给数据加密。给数据加密类似给电视信号编码，例如，有线电视机不用解码器就不能收看被编码的电视频道。

6.6.4　计算机网络的标准化

计算机通信、计算机网络和分布式处理系统的剧增，以及协议和接口的不断进化，均迫切要求在不同公司制造的计算机之间以及计算机与通信设备之间实现方便的互联和相互通信。由此，接口、协议、计算机网络体系结构都应有公共遵循的标准。国际标准化组织（ISO）以及国际上一些著名标准制定机构专门从事这方面标准的研究和制定。

1. 国际标准化组织

国际标准化组织（ISO）是一个自发的不缔约组织，由各技术委员会（TC）组成，其中的 TC97 技术委员会专门负责制定有关信息处理的标准。1977 年，ISO 决定在 TC97 下成立一个新的分技术委员会 SC16，以"开放系统互连"为目标，进行有关标准的研究和制定。现在 SC16 改为 SC21，负责七层模型中高四层及整个参考模型的研究。另一个与计算机网络有关的分技术委员会为 SC6，它负责低三层的标准和数据通信有关的标准制定。中国从 1980 年开始也参加了 ISO 的标准工作。

2. 其他标准化机构

（1）国际电信联盟（ITU）。国际电话电报咨询委员会 CCITT，现已改名为国际电信联盟 ITU（International Telecommunication Union），主要负责有关通信标准的研究和制定，其中 ITU-T（国际电信联盟电信标准化局）下设有 15 个工作组，分别负责某一具体电信技术的标准制定。ITU 标准主要用于国与国之间互连，而在各个国家内部则可以有自己的标准。

（2）美国国家标准局（NBS）。NBS 是美国商业部的一个部门，其研究范围较广，包括 ISO 和 ITU 的有关标准，研究目标是力争与国际标准一致。NBS 在美国已颁布了许多与 ISO 和 ITU 兼容或稍有改动的标准。

（3）美国国家标准学会（ANSI）。ANSI 是由制造商、用户通信公司组成的非政府组织，是美国的自发标准情报交换机构，也是美国指定的 ISO 投票成员。它的研究范围与 ISO 相对应，例如，电子工业协会（EIA）是电子工业的商界协会，也是 ANSI 成员，主要涉及 ISO 的物理层标准的制定；又如电气和电子工程师协会（IEEE）也是 ANSI 成员，主要研究最低两层和局域网的有关标准。

（4）欧洲计算机制造商协会（ECMA）。ECMA 由在欧洲经营的计算机厂商组成，包括某些美国公司的欧洲部分，专门致力于有关计算机技术标准的协同研发。ECMA 发布它自己的标准，这些标准对 ISO 的工作有着重大影响。

3. Internet 的组织机构

因特网体系结构局（Internet Architecture Board，IAB）负责 Internet 策略和标准的最后仲裁。IAB 下设特别任务组（Task Force），其中最著名的是因特网工程特别任务组（Internet Engineering Task Force，IETF）。它为 Internet 工程和发展提供技术及其他支持。它的任务之一是简化现存的标准并开发一些新的标准，并向 Internet 工程指导小组（Internet Engineering Group，IESG）推荐标准。

IETF 主要的工作领域有：应用程序、Internet 服务管理、运行要求、路由、安全性、传输、用户服务与服务应用程序。

IETF 又分为若干工作组（Working Group）。Internet 有关的许多被称为"请求评注"（Request For Comments，RFC）的技术文件大部分都出自于工作组。因特网的标准都有一个 RFC 编号，如著名的 IP 协议和 TCP 协议文件最早分别为 RFC791 和 RFC793。但是并不是每个 RFC 文件都是因特网的标准。有的 RFC 文件只是提出一些新的思想和建议，也可以对原有一些老的 RFC 文件进行增补和修订。

6.7 Internet 的简介

人们经常把 Internet 称作"信息高速公路"，但实际上它只是一个多重网络的先驱者，它的功能类似于洲际高速公路，它是一个网络的网络，连接全世界各大洲的地区网络，它将各种各样的网络连在一起，而不论其网络规格的大小、主机数量的多少、地理位置的异同。它把网络互联起来，也就是把网络的资源组合起来，这就是 Internet 的重要意义。

6.7.1 Internet 的基本概念

Internet 是一种计算机网络的集合，以 TCP/IP（传输控制协议/网际协议）协议进行数据通信，把世界各地的计算机网络连接在一起，进行信息交换和资源共享。

Internet 是全球最大的、开放的、由众多网络互联而成的计算机互联网。Internet 可以连接各种各样的计算机系统和计算机网络。不论是微型计算机还是大/中型计算机，不论是局域网还是广域网，不管它们在世界上什么地方，只要共同遵循 TCP/IP 协议，就可以接入 Internet。Internet 提供了包罗万象的信息资源，成为人们获取信息的一种方便、快捷、有效的手段，成为信息社会的重要支柱。

以下对 Internet 相关的名词或术语进行简单的解释。

万维网（World Wide Web，WWW）：也称环球网，是基于超文本的、方便用户在 Internet 上搜索和浏览信息的信息服务系统。

超文本（Hypertext）：一种全局性的信息结构，它将文档中的不同部分通过关键字建立连接，使信息得以用交互方式搜索。它是超级文本的简称。

超媒体（Hypermedia）：即超文本和多媒体在信息浏览环境下的结合，是超级媒体的简称。

主页（HomePage）：通过万维网进行信息查询时的起始信息页，即常说的网络站点的 WWW 首页。

浏览器（Browser）：万维网服务的客户端浏览程序，可以向万维网服务器发送各种请求，并对服务器发来的、由 HTML 语言定义的超文本信息和各种多媒体数据格式进行解释、显示和播放。

防火墙（Firewall）：用于将 Internet 的子网和 Internet 的其他部分相隔离，以达到网络安全和信息安全效果的软件和硬件设施。

Internet 服务提供者（Internet Services Provider，ISP）：即向用户提供 Internet 服务的公司或机构。其中，大公司在许多城市都设有访问站点，小公司则只提供本地或地区性的 Internet 服务。一些 Internet 服务提供者在提供 Internet 的 TCP/IP 连接的同时，也提供他们自己各具特色的信息资源。

地址：到达文件、文档、对象、网页或者其他目的地的路径。地址可以是 URL（Internet 结点地址，简称网址）或 UNC（局域网文件地址）网络路径。

UNC（Universal Naming Convention）：称为通用命名约定，它对应于局域网服务器中的目标文件的地址，常用来表示局域网地址。这种地址分为绝对 UNC 地址和相对 UNC 地址。绝对 UNC 地址包括服务器共享名称和文件的完整路径。如果使用了映射驱动器号，则称之为相对 UNC 地址。

URL（Uniform Resource Locator）：称为"统一资源定位地址"或"固定资源位置"。它是一个指定因特网（Internet）或内联网（Intranet）服务器中目标定位位置的标准。

HTTP：Hypertext Transmission Protocol 的缩写，是一种通过全球广域网，即 Internet 来传递信息的一种协议，常用来表示互联网地址。利用该协议，可以使客户程序键入 URL 并从 Web 服务器检索文本、图形、声音以及其他数字信息。

6.7.2　Internet 的发展历史

Internet 是由 Interconnection 和 Network 两个词组合而成的，通常被译为"因特网"或"国际互联网"。Internet 是一个国际性的互联网络，它将遍布世界各地的计算机、计算机网络及设备互连在一起，使网上的每一台计算机或终端都像在同一个网络中那样实现信息交换。

Internet 建立在高度灵活的通信技术之上，正在迅速发展为全球数字化的信息库，它提供创建、浏览、访问、搜索、阅读、交流信息等形形色色的服务。它所涉及的信息范围极其广泛，包括自然科学、社会科学、体育、娱乐等各个方面。这些信息由多种数据格式构成，可以被记录成便笺、组织成菜单、多媒体超文本、文档资料等各种形式。这些信息可以交叉参照，快速传递。

1969 年，美国国防部高级研究计划署（Defense Advanced Research Proiect Agency，DARPA）建立了一个具有 4 个节点（位于加州大学洛杉矶分校 UCLA、加州大学圣巴巴拉分校 UCSB、犹他大学 Utah 和斯坦福研究所 SRI）的基于存储转发方式交换信息的分组交换广域网——ARPANet，该网是为了验证远程分组交换网的可行性而进行的一项试验工程。1983 年，TCP/IP 协议诞生并在 ARPANet 上正式启用，这就是全球 Internet 正式诞生的标志。从 1969 年 ARPANet 的诞生到 1983 年 Internet 的形成是 Internet 发展的第一阶段，也就是研究试验阶段，当时接入 Internet 的计算机约有 220 台左右。

1983 年到 1994 年是 Internet 发展的第二阶段，核心是 NSFNET 的形成和发展，这是 Internet 在教育和科研领域广泛使用的阶段。1986 年，美国国家科学基金委员会（National Science Foundation，NSF）制定了一个使用超级计算机的计划，即在全美设置若干个超级计算中心，并建设一个高速主干网，把这些中心的计算机连接起来，形成 NSFNET，并成为 Internet 的主体部分。

Internet 最初的宗旨是支持教育和科学研究活动，而不是用于营业性的商业活动。但是随着 Internet 规模的扩大，应用服务的发展以及市场全球化需求的增长，人们提出了一个新概念——Internet 商业化，并开始建立了一些商用 IP 网络。1994 年，NSF 宣布不再给 NSFNET 运行、维护提供经费支持，而由 MCI、Sprint 等公司运行维护，这样不仅商业用户可以进入 Internet，而且 Internet 的经营也自然而然地商业化了。

Internet 从研究试验阶段发展到用于教育、科研的实用阶段，进而发展到商用阶段，反映了 Internet 技术应用的成熟和被人们所共识。

6.7.3　Internet 在中国的发展

Internet 在我国的发展历史还很短。1987 年，钱天白教授发出第一封电子邮件"越过长城，通向世界"，标志着我国进入 Internet 时代。我国于 1988 年实现了与欧洲和北美地区的 E-mail 通信。1994 年正式加入 Internet，并建立了中国顶级域名服务器，实现了网上的全部功能。自从 1994 年 Internet 进入我国后，就以强大的优势迅速渗透到人们工作和生活的各个领域，为人们带来极大的方便。Internet 是一个国际性的互联网络，是人类历史上最伟大的成就之一，它第一次使如此众多的人方便地通信和共享资源、自然地沟通和互相帮助，Internet 对人类文明、社会发展与进步起到了重大的作用。

1993年年底，我国有关部门决定兴建"金桥""金卡""金关"工程，简称"三金"工程。"金桥"工程是指国家公用经济信息通信网；"金卡"工程是指国家金融自动化支付及电子货币工程，该工程的目标和任务是用10多年的时间，在3亿城市人口中推广普及金融交易卡和信用卡；"金关"工程是指外贸业务处理和进出口报关自动化系统，该工程是用EDI实现国际贸易信息化，进一步与国际贸易接轨。后来，有关部门又提出"金科"工程、"金卫"工程、"金税"工程等，正是这些信息工程的建设，带动了我国电信和Internet产业的新发展。

我国已经建立了4大公用数据通信网，为我国Internet的发展创造了基础设施条件。

（1）中国公用分组交换数据网（China PAC）。该网络于1993年9月开通，1996年年底已经覆盖全国县级以上城市和一部分发达地区的乡镇，与世界23个国家和地区的44个数据网互联。

（2）中国公用数字数据网（China DDN）。该网络于1994年开通，1996年年底覆盖到3 000个县级以上城市和乡镇。

（3）中国公用计算机互联网（China Net）。该网络1995年与Internet互联，已经覆盖全国30个省（市、自治区）。

（4）中国公用帧中继网（China FRN）。该网络已在8个大区的省会城市设立了结点，向社会提供高速数据和多媒体通信服务。

目前，我国的Internet主要包括4个重点项目，内容如下。

① 中国科技网（CSTNet）。

CSTNet的前身是中国国家计算与网络设施（The National Computing and Networking Facilily of China，NCFC），是世界银行贷款"重点学科发展项目"中的一个高技术基础设施项目。NCFC主干网将中国科学院网络CASNet、北京大学校园网PuNet和清华大学校园网TuNet通过单模和多模光缆互联在一起，其网控中心设在中国科学院网络信息中心。到1995年5月，NCFC工程初步完成时，已连接了150多个网络，3000多台计算机。NCFC最重要的网络服务是域名服务，在国务院信息化领导小组的授权下，该网络控制中心运行CNNIC职能，负责我国的域名注册服务。

在NCFC的基础上，先后又连接了一批科学院以外的中国科研单位，如农业、林业、医学、电力、地震、铁道、电子、航空航天、环境保护等近30多个科研单位及国家自然科学基金委员会、国家专利局等科技部门，发展成中国科技网CSTNet。CSTNet为非营利性的网络，主要为科技用户、科技管理部门及与科技有关的政府部门服务。

② 中国教育和科研网（CERNet）。

CERNet是1994年由国家计委出资、国家科委主持的网络工程。该项目由清华大学、北京大学等10所大学承担。CERNet已建成包括全国主干网、地区网和校园网3个层次结构的网络，其网控中心设在清华大学。地区网络中心分别设在北京、上海、南京、西安、广州、武汉、沈阳。

③ 中国公用计算机互联网（ChinaNet）。

ChinaNet是由邮电部投资建设的，于1994年启动。ChinaNet也分为3层结构，建立了北京、上海两个出口，经由路由器进入Internet。1995年6月正式运营后，该网络现已覆盖了全国31个省市。

④ 中国国家公用经济信息通信网（ChinaGBN）。

ChinaGBN是中国第二个可商业化运行的计算机互联网络，1996年开始建设，由电子工业部归口管理。ChinaGBN是以卫星综合业务数字网为基础，以光纤、微波、无线移动等方式形成的天地一体的网络结构。它是一个把国务院各部委专用网与各大省市自治区、大中型企业以及国家重点工程连接起来的国家经济信息网，可传输数据、语音、图像等。

6.7.4　Internet 的组织与管理

Internet 的最大特点是它的开放性，任何接入者都是自愿的，它是一个互相协作、共同遵守一种通信协议的集合体。

1. Internet 的国际管理者

Internet 最权威的管理机构是因特网协会（Internet Society，ISOC）。它是一个完全由志愿者组成的指导 Internet 政策制定的非营利、非政府性组织，目的是推动 Internet 技术的发展与促进全球化的信息交流。它兼顾各个行业的不同兴趣和要求，注重 Internet 上出现的新功能与新问题，主要任务是发展 Internet 的技术架构。

因特网体系结构委员会（Internet Architecture Board，IAB）是因特网协会专门负责协调 Internet 技术管理与技术发展的分委员会。它的主要职责是：根据 Internet 的发展需要制定 Internet 技术标准，制定与发布 Internet 工作文件，进行 Internet 技术方面的国际协调与规划 Internet 发展战略。

因特网体系结构委员会下设两个具体的部门：因特网工程任务部（Internet Engineering Task Force，IETF）与因特网研究任务部（Internet Research Task Force，IRTF）。其中，IETF 负责技术管理方面的具体工作，包括 Internet 中、短期技术标准和协议制定以及 Internet 体制结构的确定等；IRTF 负责技术发展方面的具体工作。

Internet 的日常管理工作由网络运行中心（Network Operation Center，NOC）与网络信息中心（Network Information Center，NIC）承担。其中，NOC 负责保证 Internet 的正常运行与监督 Internet 的活动；NIC 负责为 ISP 与广大用户提供信息方面的支持，包括地址分配、域名注册和管理等。

2. Internet 的中国管理者

中国互联网络信息中心（China Internet Network Information Center，CNNIC）是中国的 Internet 管理者。它作为中国信息社会基础设施的建设者和运行者，负责管理维护中国互联网地址系统，引领中国互联网地址行业发展，权威发布中国互联网统计信息，代表中国参与国际互联网社群。它承担的与 Internet 管理有关的工作包括以下内容。

（1）互联网地址资源注册管理。CNNIC 是中国域名注册管理机构和域名根服务器运行机构，它负责运行和管理国家顶级域名.cn、中文域名系统及通用网址系统，为用户提供不间断的域名注册、域名解析和 Whois 查询服务。它是亚太互联网络信息中心（Asia-Pacific Network Information Center，APNIC）的国家级 IP 地址注册机构成员。以 CNNIC 为召集单位的 IP 地址分配联盟，负责为中国的 ISP 和网络用户提供 IP 地址的分配管理服务。

（2）互联网调查与相关信息服务。CNNIC 负责开展中国互联网络发展状况等多项公益性互联网络统计调查工作。CNNIC 的统计调查，其权威性和客观性已被国内外广泛认可。

（3）目录数据库服务。CNNIC 负责建立并维护全国最高层次的网络目录数据库，提供对域名、IP 地址、自治系统号等方面的信息查询服务。

6.8　Internet 地址

为了实现 Internet 上不同计算机之间的通信，除使用相同的通信协议 TCP/IP 协议之外，每台计算机还应具有一个与其他计算机不重复的地址，它相当于通信时每个计算机的名字。Internet

地址包括 IP 地址和域名地址，它们是 Internet 地址的两种表示方式。

6.8.1 IP 地址

在以 TCP/IP 为通信协议的网络上，每一台与网络连接的计算机、设备都可称为"主机"（Host）。在 Internet 网络上，这些主机也被称为"结点"。而每一台主机都有一个固定的地址名称，该名称用以表示网络中主机的 IP 地址（或域名地址）。该 IP 地址不但可以用来标识各个主机，而且也隐含着网络间的路径信息。在 TCP/IP 网络上的每一台计算机，都必须有一个唯一的 IP 地址。

1. 基本的地址格式

IP 地址共有 32 位，即 4 个字节（8 位构成一个字节），由类别、标识网络的 ID 和标识主机的 ID 3 部分组成。

类别	网络 ID（NETID）	主机 ID（HOSTID）

为了简化记忆，实际使用 IP 地址时，几乎都将组成 IP 地址的二进制数记为 4 个十进制数（0～255），每相邻两个字节的对应十进制数间以英文句点分隔。通常表示为 mmm.ddd.ddd.ddd。例如，将二进制 IP 地址 11001010 01100011 01100000 01001100 写成十进制数 202.99.96.76 就可以表示网络中某台主机的 IP 地址。计算机很容易将用户提供的十进制地址转换为对应的二进制 IP 地址，再供网络互连设备识别。

2. IP 地址分类

为了便于寻址以及层次化构造网络，每个 IP 地址包括两个标识码（ID），即网络 ID 和主机 ID。同一个物理网络上的所有主机都使用同一个网络 ID，网络上的每一个主机（包括网络上工作站、服务器和路由器等）有一个主机 ID 与其对应。IP 地址根据网络 ID 的不同分为 5 种类型：A 类地址、B 类地址、C 类地址、D 类地址和 E 类地址。如图 6-6 所示。

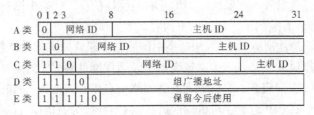

图 6-6 IP 地址的分类

（1）A 类 IP 地址。一个 A 类 IP 地址由 1 字节的网络号和 3 字节的主机号组成，网络号的最高位必须是"0"，地址范围从 1.0.0.0 到 126.255.255.255。可用的 A 类网络有 126 个，每个网络能容纳 1 亿多个主机。

（2）B 类 IP 地址。一个 B 类 IP 地址由 2 字节的网络号和 2 字节的主机号组成，网络号的最高位必须是"10"，地址范围从 128.0.0.0 到 191.255.255.255。可用的 B 类网络有 16382 个，每个网络能容纳 65534 个主机。

（3）C 类 IP 地址。一个 C 类 IP 地址由 3 字节的网络号和 1 字节的主机号组成，网络号的最高位必须是"110"，范围从 192.0.0.0 到 223.255.255.255。C 类网络可达 209 万余个，每个网络能容纳 254 个主机。

（4）D 类 IP 地址。D 类 IP 地址用于多点广播（Multicast）。一个 D 类 IP 地址第一个字节以"1110"开始，它是一个专门保留的地址，并不指向特定的网络。目前这一类地址被用在多点广播（Multicast）中。多点广播地址用来一次寻址一组计算机，它标识共享同一协议的一组计算机。

（5）E 类 IP 地址。以"1111"开始，为将来使用保留。

全零地址（0.0.0.0）对应于当前主机；全"1"的 IP 地址（255.255.255.255）是当前子网的广播地址。

3. IP 地址的寻址规则

微课：通过 IP 地址查询网页

（1）网络寻址规则。

① 网络地址必须唯一。

② 网络标识不能以数字 127 开头。在 A 类地址中，数字 127 保留给内部回送函数（127.1.1.1 用于回路测试）。

③ 网络标识的第一个字节不能为 255（数字 255 作为广播地址）。

④ 网络标识的第一个字节不能为 0（0 表示该地址是本地主机，不能传送）。

（2）主机寻址规则。

① 主机标识在同一网络内必须是唯一的。

② 主机标识的各个位不能都为"1"。如果所有位都为"1"，则该 IP 地址是广播地址，而非主机的地址。

③ 主机标识的各个位不能都为"0"。如果各个位都为"0"，则表示"只有这个网络"，而这个网络上没有任何主机。

4. 子网和子网掩码

（1）子网。

在计算机网络规划中，子网技术将单个大网划分为多个子网，并由路由器等网络互联设备连接。它的优点在于融合不同的网络技术，通过复位向路由来达到减轻网络拥挤（由于路由器的定向功能，子网内部的计算机通信就不会对子网外部的网络增加负载）、提高网络性能的目的。

子网划分是将二级结构的 IP 地址变成三级结构，即网络号+子网号+主机号。每一个 A 类网络可以容纳超过千万的主机，一个 B 类网络可以容纳超过 6 万的主机，一个 C 类网络可以容纳 254 台主机。一个有 1000 台主机的网络需要 1000 个 IP 地址，需要申请一个 B 类网络的地址。尽管如此，地址空间利用率还达不到 2%，而其他网络的主机也无法使用这些被浪费的地址。为了减少这种浪费，我们可以将一个大的物理网络划分为若干个子网。

为了实现更小的广播域并更好地利用主机地址中的每一位，可以把基于类的 IP 网络进一步分成更小的网络，每个子网由路由器界定并分配一个新的子网网络地址。子网地址是借用基于类的网络地址的主机部分创建的。划分子网后，通过使用掩码，把子网隐藏起来，使得从外部看网络没有变化，这就是子网掩码。

（2）子网掩码。

确定哪部分是子网号，哪部分是主机号，需要采用所谓子网掩码（Subnet Mask）的方式进行识别，即通过子网掩码来告诉本网是如何进行子网划分的。子网掩码是一个与 IP 地址结构相同的 32 位二进制数字标识，也可以像 IP 地址一样用点分十进制来表示，其作用是屏蔽 IP 地址的一部分，以区分网络号和主机号。其表示方式如下。

① 凡是 IP 地址的网络和子网标识部分，用二进制数 1 表示。

② 凡是 IP 地址的主机标识部分，用二进制数 0 表示。

③ 用点分十进制书写。

子网掩码拓宽了 IP 地址网络标识部分的表示范围，主要用于以下几个方面。

④ 屏蔽 IP 地址的一部分，以区分网络标识和主机标识。

⑤ 说明 IP 地址是在本地局域网上，还是在远程网上。

如下所示，通过子网掩码，可以算出计算机所在子网的网络地址。

假设 IP 地址为 192.168.10.2，子网掩码为 255.255.255.240，将十进制转换成二进制：

IP 地址：	11000000	10101000	00001010	00000010
子网掩码：	11111111	11111111	11111111	11110000
"与"运算：	---
	11000000	10101000	00001010	00000000

则可得其网络地址为 192.168.10.0，主机标识为 2。

设 IP 地址为 192.168.10.5，子网掩码为 255.255.255.240，将十进制转换成二进制：

IP 地址：	11000000	10101000	00001010	00000101
子网掩码：	11111111	11111111	11111111	11110000
"与"运算：	---
	11000000	10101000	00001010	00000000

则可得其网络地址为 192.168.10.0，主机标识为 5。由于两个地址所在网络地址相同，表示两个 IP 地址在同一个网络里。

子网掩码一共分为两类。一类是缺省（自动生成）子网掩码，另一类是自定义子网掩码。缺省子网掩码即未划分子网，对应的网络号的位都置 1，主机号都置 0。

A 类网络缺省子网掩码：255.0.0.0。

B 类网络缺省子网掩码：255.255.0.0。

C 类网络缺省子网掩码：255.255.255.0。

自定义子网掩码是将一个网络划分为几个子网，需要每一段使用不同的网络号或子网号，实际上我们可以认为是将主机号分为两个部分：子网号、子网主机号。形式如下。

未做子网划分的 IP 地址：网络号+主机号。

做子网划分后的 IP 地址：网络号+子网号+子网主机号。

也就是说 IP 地址在划分子网后，以前的主机号位置的一部分给了子网号，余下的是子网主机号。子网掩码是 32 位二进制数，它的子网主机标识用部分为全 "0"。利用子网掩码可以判断两台主机是否在同一子网中。若两台主机的 IP 地址分别与它们的子网掩码相 "与" 后的结果相同，则说明这两台主机在同一子网中。

6.8.2 域名

直接使用 IP 地址就可以访问 Internet 上的主机，但是 IP 地址不便记忆。为了便于记忆，在 Internet 上用一串字符来表示主机地址，这串字符就被称为域名。例如，IP 地址 202.112.0.36 指向中国教育科研网网控中心主机，同样，域名 www.edu.cn 也指向中国教育科研网网控中心主机。域名相当于一个人的名字，IP 地址相当于身份证号，一个域名对应一个 IP 地址。用户在访问网上的某台计算机时，可以在地址栏中输入 IP 地址，也可以输入域名。如果输入的是 IP 地址，计算机可以直接找到目的主机。如果输入的是域名，

微课：通过域名
查询网页

则需要通过域名系统（Domain Name System，DNS）将域名转换成 IP 地址，再去找目的主机。

1．域名结构

DNS 域名系统是一个以分级的、基于域的命名机制为核心的分布式命名数据库系统。DNS 将整个 Internet 视为一个域名空间（Name Space），域名空间是由不同层次的域（Domain）组成的集合。在 DNS 中，一个域代表该网络中要命名资源的管理集合。这些资源通常代表工作站、PC 机、路由器等，但理论上可以标识任何东西。不同的域由不同的域名服务器来管理，域名服务器负责管理存放主机名和 IP 地址的数据库文件，以及域中的主机名和 IP 地址映像。每个域名服务器只负责整个域名数据库中的一部分信息，而所有域名服务器中的数据库文件中的主机和 IP 地址集合组成 DNS 域名空间。域名服务器分布在不同的地方，它们之间通过特定的方式进行联络，这样可以保证用户可以通过本地的域名服务器查找到 Internet 上所有的域名信息。

DNS 的域名空间是由树状结构组织的分层域名组成的集合，如图 6-7 所示。

DNS 采用层次化的分布式名字系统，是一个树状结构。整个树状结构称为域名空间，其中的节点称为域。任何一个主机的域名都是唯一的。

微课：通过域名查找对应的 IP 地址

树状的最顶端是一个根域"root"，根域没有名字，用"."表示；然后即是顶级域，如 com、org、edu、cn 等。在 Internet 中，顶级域由 INTERNIC 负责管理和维护。部分顶级域名及含义如表 6-1 所示。

再下面是二级域，表示顶级域中的一个特定的组织名称。在 Internet 中，各国的网络信息中心 NIC 负责对二级域名进行管理和维护，以保证二级域名的唯一性。在我国，这项工作由 CNNIC 负责。

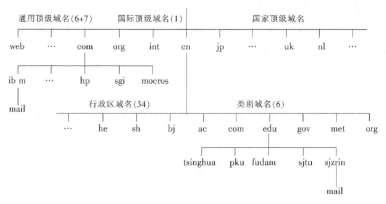

图 6-7　DNS 域名空间

表 6-1　　　　　　　　　　　　　部分 Internet 顶级域名及含义

域名	含义	域名	含义
com	商业组织	gov	美国的政府机构
edu	美国的教育、学术机构	mil	美国的军事机构
net	网络服务机构	ma	中国澳门特别行政区
org	非营利性组织、机构	tw	中国台湾省
int	国际组织	uk	英国
cn	中国	us	美国
hk	中国香港特别行政区	au	澳大利亚

在二级域下面创建的域称为子域，它一般由各个组织根据自己的要求进行创建和维护。域名空间最下面一层是主机，它被称为完全合格的域名。在 Windows 2000 下，可以利用 HOSTNAME 命令在命令提示符下查看该主机的主机名。

2. 域名

区域是域名空间树状结构的一部分，它将域名空间根据用户的需要划分为较小的区域，以便于管理。这样，就可以将网络管理工作分散开来，因此，区域是 DNS 系统管理的基本单位。

Internet 上的域名服务器系统是按照区域来安排的，每个域名服务器都只对域名体系中的一部分进行管辖。

6.9　Internet 的应用

Internet 是一个建立在网络互连基础上的巨大的、开放的全球性网络。Internet 拥有数千万台计算机和数以亿计的用户，是全球信息资源的超大型集合体。所有采用 TCP/IP 协议的计算机都可加入 Internet，实现信息共享和相互通信。与传统的书籍、报刊、广播、电视等传播媒体相比，Internet 使用方便，查阅更快捷，内容更丰富。今天，Internet 已在世界范围内得到了广泛的普及与应用，并正在迅速地改变着人们的工作和生活方式。

6.9.1　WWW 服务

WWW，即万维网，又称"环球信息网""环球网"等。它并不是独立于 Internet 的另一个网络，而是基于"超文本（Hypertext）"技术将许多信息资源连接成一个信息网，由节点和超链接组成的、方便用户在 Internet 上搜索和浏览信息的超媒体信息查询服务系统，是互联网所提供服务的一部分。

WWW 中节点的连接关系是相互交叉的，一个节点可以各种方式与另外的节点相连接。超媒体的优点是用户可以通过传递一个超链接，得到与当前节点相关的其他节点的信息。

"超媒体"（Hypermedia）是一个与超文本类似的概念，在超媒体中，超链接的两端可以是文本节点，也可以是图像、语音等各种媒体的数据。WWW 通过超文本传输协议（HTTP）向用户提供多媒体信息，所提供信息的基本单位是网页，每一网页可以包含文字、图像、动画、声音等多种信息。

WWW 是通过 WWW 服务器（也叫作 Web 站点）来提供服务的。网页可存放在全球任何地方的 WWW 服务器上（例如，北京大学 WWW 服务器 http://www.pku.edu.cn），当接入 Internet 时，就可以使用浏览器（如 Internet Explorer，Netscape）访问全球任何地方的 WWW 服务器上的信息。

1. WWW 地址

WWW 地址，即 WWW 的 IP 地址或域名地址，通常以协议名（协议是专门用于在计算机之间交换信息的规则和标准）开头，后面是负责管理该站点的组织名称，后缀则标识该组织的类型和地址所在的国家或地区。例如，地址 http://www.tsinghua.edu.cn 提供表 6-2 所示的信息。如果该地址指向特定的网页，那么，其中也应包括附加信息，如端口名、网页所在的目录以及网页文件的名称。使用 HTML（超文本标记语言）编写的网页通常以.htm 或.html 扩展名结尾。浏览网页时，其地址显示在浏览器的地址栏中。

表 6-2   Web 地址示例

Web 地址	说明
http:	这台 Web 服务器使用 HTTP 协议
WWW	该站点在 World Wide Web 上
tsinghua	该 Web 服务器位于清华大学
edu	属于教育机构
cn	属于中国大陆地区

2．WWW 的工作方式

WWW 系统的结构采用了 C/S（Client/Server，客户/服务器）模式，它的工作原理如图 6-8 所示。信息资源以主页（也称网页，html 文件）的形式存储在 WWW 服务器中，用户通过 WWW 客户端程序（浏览器）向 WWW 服务器发出请求；WWW 服务器根据客户端请求内容，将保存在 WWW 服务器中的某个页面发送给客户端；浏览器在接收到该页面后对其进行解释，最终将图、文、声并茂的画面呈现给用户。我们可以通过页面中的链接，方便地访问位于其他 WWW 服务器中的页面，或是其他类型的网络信息资源。

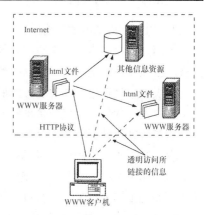

图 6-8 WWW 服务的工作原理

3．WWW 浏览器

WWW 浏览器（Web Browser），Web 浏览器，是安装在客户端上的 WWW 浏览工具，其主要作用是在窗口中显示和播放从 WWW 服务器上取得的主页文件中嵌入的文本、图形、动画、图像、音频和视频信息，访问主页中各超文本和超媒体链接对应的信息。此外，它也可以让用户访问和获得 Internet 网上的其他各种信息服务。对于主页中所涉及的各种不同格式的文本、图形、动画、图像、音频和视频文件，Web 浏览器一般通过预置的即插软件（Plug-ins）或外部辅助应用程序（External Helper Applications）直接或间接地对其内容进行显示与播放，供用户观赏。目前，最流行的主流浏览器有 Microsoft Internet Explorer（IE）和 Netscape Navigator。

6.9.2 超文本

1．超文本（Hyper text）的概念

超文本是由信息节点和表示信息节点间相关性的链构成的一个具有一定逻辑结构和语义的网络。传统的文本是顺序的、线性表示的，而超文本不是顺序的，它是一个非线性的网状结构，把文本按其内部固有的独立性和相关性划分成不同的基本信息块（节点）。超文本是一种使用于文本、图形或计算机的信息组织形式。它使得单一的信息块之间相互交叉"引用"。这种"引用"并不是通过复制来实现的，而是通过指向对方的地址字符串来指引用户获取相应的信息。这种信息组织形式是非线性的，它使 Internet 网成为真正为大多数人所接受的交互式的网络。

2．超文本的组成

（1）节点。超文本是由节点（Node）和链（Link）构成的信息网络。节点是表达信息的单位，通常表示一个单一的概念或围绕一个特殊主题组织起来的数据集合。节点的内容可以是文本、图形、图像、动画、音频、视频等，也可以是一般计算机程序。节点分为两种类型：一种称为表现型，记录各种媒体信息。表现型节点按其内容的不同又可分为许多类别，如文本节点和图文节点

等；另一种称为组织型，用于组织并记录节点间的联结关系，它实际起索引目录的作用，是连接超文本网络结构的纽带，即组织节点的节点。

（2）链。链是固定节点问的信息联系，它以某种形式将一个节点与其他节点连接起来。由于超文本没有规定链的规范与形式，因此，超文本与超媒体系统的链也是各异的，信息间的联系丰富多彩引起链的种类复杂多样。但最终达到效果却是一致的，即建立起节点之间的联系。链的一般结构可分为三个部分：链源、链宿及链的属性。

6.9.3 电子邮件

1. 电子邮件的基本概念

利用计算机网络来发送或接收的邮件叫做"电子邮件"，英文名为 E-mail。对于大多数用户而言，E-mail 是互联网上使用频率最高的服务系统之一。

提供独立处理电子邮件业务的服务器(一台计算机或一套计算机系统)就叫作"邮件服务器"。它将用户发送的信件承接下来再转送到指定的目的地；或将电子邮件存储到相关的网络邮件邮箱中，以等待邮箱的拥有者去收取。

发送与接收邮件的计算机可以属于局域网、广域网或 Internet。如某一局域网或广域网没有与 Internet 连接，那么，该网络的电子邮件只能在其网内的各工作站（即个人计算机或终端机）间传送而不能越出网外。这种只限制在局部或全局（广域）网络内传递的邮件称为"办公室电子邮件"（Office E-mail），而那些能够在世界范围内（即 Internet）传递的电子邮件则称为 "Internet 电子邮件"（Internet E-mail）。

2. 电子邮件地址

互联网上的电子邮件服务采用客户/服务器（Client/Server）方式。电子邮件服务器其实就是一个电子邮局，它全天候、全时段开机运行着电子邮件服务程序，并为每一个用户开设一个电子邮箱，用以存放任何时候从世界各地寄给该用户的邮件，等待用户任何时刻上网索取。用户在自己的计算机上运行电子邮件客户程序，如 Outlook Express、Messenger、FoxMail 等，用以发送、接收、阅读邮件等。

要发送电子邮件，必须知道收件人的 E-mail 地址（电子邮件地址），即收件人的电子邮箱所在。这个地址是由 ISP 向用户提供的，或者是 Internet 上的某些站点向用户免费提供的，但它不同于家门口那种木质邮箱，而是一个"虚拟邮箱"，即 ISP 的邮件服务器硬盘上的一个存储空间。在日益发展的信息社会，E-mail 地址的作用如同电话号码一样越来越重要，并逐渐成为一个人的电子身份，如今许多人已在名片上赫然印上 E-mail 地址。报刊、杂志、电视台等单位也常提供 E-mail 地址以方便用户联系。

E-mail 地址格式均为：用户名@电子邮件服务器域名，如 lujun@126.com。其中，用户名由英文字符组成，不分大小写，用于鉴别用户身份，又叫做注册名，但不一定是用户的真实姓名。不过，在确定自己的用户名时，不妨起一个自己好记、但不易被别人猜出、又不易与他人重名的名字。@的含义和读音与英文介词 at 相同，表示"位于"之意。

电子邮件服务器域名是用户的电子邮件邮箱所在电子邮件服务器的域名。在邮件地址中不分大小写。整个 E-mail 地址的含义是"在某电子邮件服务器上的某人"。

3. TCP/IP 电子邮件传输协议

（1）SMTP。TCP/IP 协议族提供两个电子邮件传输协议：邮件传输协议（Mail Transfer Protocol，MTP）和简单邮件传输协议（Simple Mail Transfer Protocol，SMTP）。顾名思义，后者比前者简单。

SMTP 是 Internet 上传输电子邮件的标准协议，用于提交和传送电子邮件，规定了主机之间传输电子邮件的标准交换格式和邮件在链路层上的传输机制。SMTP 通常用于把电子邮件从客户机传输到服务器上，以及从某一服务器传输到另一个服务器上。Internet 中，大部分电子邮件由 SMTP 发送。SMTP 的最大特点就是简单，它只定义邮件如何在邮件传输系统中通过发送方和接收方之间的 TCP 连接传输，而不规定其他任何操作——包括用户界面与用户之间的交互以及邮件的存储、邮件系统多长时间发送一次邮件等。

同文件传输一样，在正式发送邮件之前，SMTP 也要求客户与服务器之间建立一个连接，然后发送方可以发送若干报文。发送完以后，终端连接，推出 SMTP 进程，也可以请求服务器交换收、发双方的位置，进行反方向右键传输。接收方服务器必须确认每一个报文，接收方也可以终止整个连接或当前报文传输。

（2）邮局协议。每个具有邮箱的计算机系统必须运行邮件服务器程序来接收电子邮件，并将邮件放入正确的邮箱。TCP/IP 专门设计了一个提供对电子邮件信箱进行远程存取的协议，它允许用户的邮箱位于某个运行邮件服务器程序的计算机，即邮件服务器上，并允许用户从他的个人计算机对邮箱的内容进行存取。这个协议就是邮局协议（Post Office Protocol，POP3，目前是第 3 版）。

邮局协议是 Internet 上传输电子邮件的第一个标准协议，也是一个离线协议。它提供信息存储功能，负责为用户保存收到的电子邮件，并且从邮件服务器上下载取回这些邮件。

POP3 为客户机提供了发送信任状（用户名和口令），以规范对电子邮件的访问。这样，邮件服务器上就要运行两个服务器程序：一个是 SMTP 服务器程序，它使用 SMTP 协议与客户端程序进行通信；另一个是 POP3 服务器程序，它与用户计算机中的 POP3 客户程序通过 POP 协议进行通信，如图 6-9 所示。

图 6-9 电子邮件传输模型

（3）网际消息访问协议。当电子邮件客户机软件在笔记本计算机上运行时（通过慢速的电话线访问互联网和电子邮件），网际消息访问协议（Internet Message Access Protocol，IMAP4）比 POP3 更为适用。使用 IMAP 时，用户可以有选择地下载电子邮件，甚至只是下载部分邮件。因此，IMAP 比 POP 更加复杂。

4. 电子邮件传送过程

电子邮件系统是一种典型的客户机/服务器模式的系统。Internet 中有很多电子邮件服务器（Mail Server），它们是整个电子邮件系统的核心，并利用"简单邮件传输协议"（SMTP）和"邮局协议"（POP3）实现邮件的传送和接收。

电子邮件服务器的工作过程如下。

（1）发送方将待发的电子邮件通过 SMTP 发往目的地的邮件服务器。

（2）邮件服务器接收别人发给本机用户的电子邮件，并保存在用户的邮箱里。

（3）用户打开邮箱时，邮件服务器将用户邮箱的内容通过 POP3 传至用户个人计算机中，这就是用户收取电子邮件的过程。收发邮件的流程如图 6-10 和图 6-11 所示。

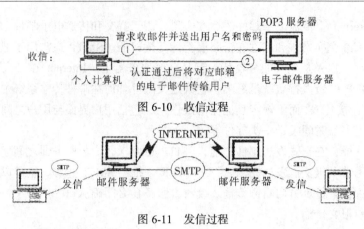

图 6-10　收信过程

图 6-11　发信过程

6.9.4　文件传输 FTP 服务

1. FTP 概述

文件传送协议（File Transfer Protocol，FTP）是 Internet 文件传送的基础。通过该协议，用户可以将文件从一台计算机上传输到另一台计算机上，并保证其传输的可靠性。FTP 是应用层协议，采用了 Telnet 协议和其他低层协议的一些功能。

无论两台与 Internet 相连的计算机地理位置上相距多远，通过 FTP，用户都可以将一台计算机上的文件传输到另一台计算机上。

FTP 方式在传输过程中不对文件进行复杂的转换，具有很高的效率。不过，这也造成了 FTP 的一个缺点：用户在文件下载到本地之前无法了解文件的内容。然而，Internet 和 FTP 的完美结合，使每个联网的计算机都拥有了一个容量无穷的备份文件库。

FTP 是一种实时联机服务，用户在进行工作时首先要登录到对方的计算机上，登录后也仅可以进行与文件搜索和文件传输有关的操作。使用 FTP 几乎可以传输任何类型的文件，如文本文件、二进制可执行程序、图像文件、声音文件、数据压缩文件等。

与大多数 Internet 服务一样，FTP 也是一个客户机/服务器系统。用户通过一个支持 FTP 的客户机程序，连接到在远程主机上的 FTP 服务器程序。用户通过客户机程序向服务器程序发出命令，然后服务器程序执行用户所发出的命令，并将执行的结果返回到客户机。比如说，用户发出一条命令，要求服务器向用户传送某一个文件的一份副本，服务器这时会响应这条命令，并将指定文件送至用户的机器上。客户机程序代表用户接收到这个文件，将其存放在用户目录中。

在 FTP 的使用当中，用户经常遇到两个概念："下载"（Download）和"上传"（Upload）。"下载"文件就是从远程主机复制文件至自己的计算机上；"上传"就是将文件从自己的计算机中复制至远程主机上。用 Internet 语言来说，用户可通过客户机程序向（从）远程主机上传（下载）文件，如图 6-12 所示。

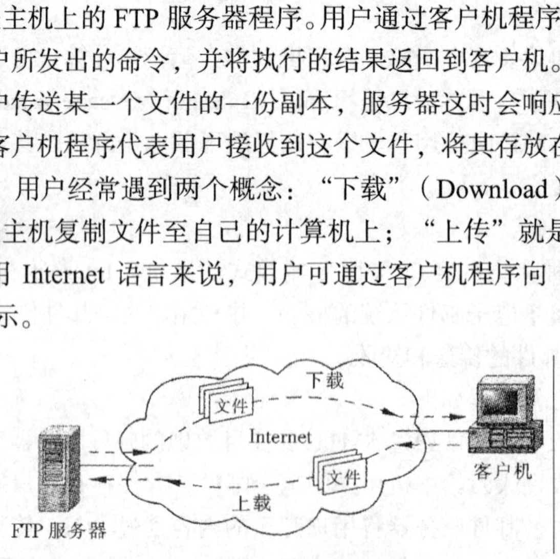

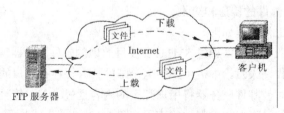

图 6-12　文件传输工作过程

2. FTP 的工作过程

FTP 服务使用的是 TCP 端口 21 和端口 20。一个 FTP 服务器进程可以同时为多个客户端进程提供服务，FTP 服务器的 TCP 端口 21 始终处于监听状态。

客户端发起通信，请求与服务器的端口 21 建立 TCP 连接，客户端的端口号为 1024～65535 中的一个随机数。该连接用于发送和接收 FTP 控制信息，所以又称为控制连接。

当需要传输数据时，客户端再打开连接服务器端口 20 的第二个端口，建立另一个连接。服务器的端口 20 只用于发送和接收数据，只在传输数据时打开，在传输结束时关闭。该连接称为数据连接。每一次开始传输数据时，客户端都会建立一个新数据连接，并在该次数据传输结束时立即释放。

3. FTP 的访问

FTP 支持授权访问，即允许用户使用合法的账号访问 FTP 服务。这时，使用 FTP 时必须首先登录，然后在远程主机上获得相应的权限以后，方可上传或下载文件。也就是说，要想同哪一台计算机传送文件，就必须具有哪一台计算机的适当授权。换言之，除非有用户 ID 和口令，否则便无法传送文件。这种方式有利于提高服务器的安全性，但违背了 Internet 的开放性。Internet 上的 FTP 服务器何止千万，不可能要求每个用户在每一台服务器上都拥有账号。所以许多时候，允许匿名 FTP 访问行为。

匿名 FTP 是这样一种机制，用户可通过它连接到远程服务器上，并从其下载文件，而无需成为其注册用户。系统管理员建立了一个特殊的用户 ID，名为 anonymous，Internet 上的任何人在任何地方都可使用该用户 ID。

通过 FTP 程序连接匿名 FTP 服务器的方式同连接普通 FTP 服务器的方式差不多，只是在要求提供用户标识 ID 时必须输入 anonymous，该用户 ID 的口令可以是任意的字符串。用户用自己的 E-mail 地址作为口令，使系统维护程序能够记录下谁在存取这些文件。

值得注意的是，匿名 FTP 不适用于所有 Internet 主机，它只适用于那些提供了这项服务的主机。当远程主机提供匿名 FTP 服务时，会指定某些目录向公众开放，允许匿名存取，而系统中的其余目录则处于隐匿状态。作为一种安全措施，大多数匿名 FTP 服务器都允许用户从其下载文件，而不允许用户向其上传文件。也就是说，用户可将匿名 FTP 服务器上的所有文件全部复制到自己的机器上，但不能将自己机器上的任何一个文件复制到匿名 FTP 服务器上。即使有些匿名 FTP 服务器确实允许用户上传文件，用户也只能将文件上传至某一指定上传目录中。随后，系统管理员会检查这些文件，他会将这些文件移至另一个公共下载目录中，供其他用户下载。利用这种方式，远程主机的用户得到了保护，避免了有人上传有问题的文件，如带病毒的文件。

作为一个 Internet 用户，可通过 FTP 在任何两台 Internet 主机之间复制文件。但是，实际上大多数人只有一个 Internet 账户。FTP 主要用于下载公共文件，如共享软件、各公司技术支持文件等。Internet 上有成千上万台匿名 FTP 服务器，这些主机上存放着数不清的文件，供用户免费复制。实际上，几乎所有类型的信息、所有类型的计算机程序都可以在 Internet 上找到。这是 Internet 吸引我们的重要原因之一。

6.10　Intranet 基础

WWW 服务的日益增长和浏览器的广泛使用，使计算机技术人员更加关注企业内部的计算机网络，并开始考虑将稳定可靠的 Internet 技术，特别是 WWW 服务同内部计算机网络结合起来的问题。于是，一种特殊的内部网络 Intranet 就出现了。

6.10.1　Intranet 概述

Intranet 也叫内联网或企业内部网，是指利用 Internet 技术构建的一个企业、组织或者部门内部提供综合性服务的计算机网络。

Intranet 将 Internet 的成熟技术应用于企业内部，使 TCP/IP、SMTP、HTML、Java、HTTP、WWW 等先进技术在企业信息系统中充分发挥作用，将 Web 服务、Mail 服务、FTP 服务、News 服务等迁移到了企业内部，实现了内部网络（内联网）的开放性、低投资性、免维护性、易操作性以及运营成本的低廉性。

在 Intranet 里面，所有的应用都如同在 Internet 上面一样，可通过浏览器来进行操作。Intranet 与传统的局域网最明显的差别表现在：在 Intranet 上，所有的操作告别了老式系统的复杂菜单与功能以及客户端的软件，一切都和在 Internet 上面冲浪一般轻松简单，使用起来感觉好比将 Internet 搬回到了企业内部。

因为内联网和因特网采用了相同的技术，所以内联网与因特网可以无缝连接。实际上，大量的内联网已经迁移成为了因特网上的公开网站。通过防火墙（Firewall）的安全机制，可以将内联网与因特网实现平滑连接并保障内部网络信息的安全隔离。如果再加上专线连接或者远程接入和虚拟专网（VPN）的应用，则此 Intranet 又可以升级转换成一个无所不在的企业外联网（Extranet）：将一个企业的内部与外部（如分支机构、出差员工、远程办公情形），以及因特网上的网站通过因特网或者公用通信网（如电话网）为媒介连接为一个整体。

6.10.2　Intranet 的特点

基于 Intranet 的企业内部网与传统的企业内部网络相比，具有以下无可比拟的优越性。

（1）使用统一的 TCP/IP 标准，技术成熟，系统开放，开发难度低，应用方案充足。

（2）操作界面统一而亲切友好，使用、维护、管理和培训都十分简单。

（3）具有良好的性价比，能充分保护和利用已有的资源；通信传输、信息开发和管理费用低。

（4）技术先进，能够适应未来信息技术的发展方向，代表了未来企业运作、管理的潮流。

（5）网络服务多种多样，能够提供诸如 WWW 信息发布与浏览、文件传输、电子新闻、信息查询、多媒体服务等丰富多彩的服务。

（6）信息处理和交换非常灵活，信息内容图文并茂，具体生动，使用灵活自如，能够充分利用企业的信息资源。

（7）能够适应不同的企业和政府部门，也可以适应不同的管理模式以迎接未来的挑战。

6.10.3　Intranet 的应用

短短几年内，Intranet 发展势如破竹，从一开始的静态发展为动态，从服务器端的单一分布发展为多层的客户/服务器分布，从信息发布发展为真正的事务应用。发展至今，Intranet 应用主要可分为以下 4 类。

1. 信息发布和共享

这类应用是 Intranet 最普遍和最普通的一种，它将日常的公司信息转换成真正的全球性信息，实现高效的无纸信息传送系统。典型的应用有内部文件发布，如日常新闻、公司机构、职员信息、职工手册、政策法规等；最新教育培训资料；产品目录、广告和行销资料；咨询和引导、网络 Kiosk（多媒体网络查询机，Kiosk）；软件发布等。通常地，这类应用是一组静态的、预定义的页面，这些页面包含丰富的多媒体信息，如文字、图像、声音、视频、动画等，页面之间通过链接进行透明的切换和浏览。这些信息也可以根据用户的操作和用户的身份，按需要动态产生或订制。与传统媒体相比，这类应用不仅范围广，价格便宜，更新及时，更重要的是媒体丰富和按需点播。

2. 通信

Intranet 的电子邮件为公司内部的通信提供了一种极其方便和快捷的手段，特别是对于一些地理分布在跨省、跨国的公司或虚拟办公室。它不仅能传送文件，而且能传送图像、声音、视频等其他多媒体信息。目前，另一种网上通信手段 Internet 电话正以其实时性和价格低廉的优点逐渐被大家接受。

3. 协同工作

Intranet 协同工作应用，又称群件，可以使分散的企业沟通自如。其常用群件有以下几类。

（1）讨论组：一个公司分布各地的研究开发部门可以通过新闻/讨论组和公告栏讨论问题、交换资料。

（2）工作流：工作流实现了业务流程的电子化，如文件批阅等。

（3）视频会议：Intranet 大大高于 Internet 的带宽，使视频传输成为可能，不同地点的人可以像在一个会议室中一样通过 Intranet 召开电子视频会议。

（4）日程安排：和单机上的日程安排软件不同，Intranet 日程安排软件可以进行多人的约会，如董事会、项目谈判。

通过群件，不仅分布机构可以协同工作，而且在 Intranet 上可以建立虚拟机构或虚拟办公室。

4. 应用存取和电子贸易

新一代的 Intranet 应用是业务相关的、事务处理的、远程数据库存取的复杂应用。它以多层客户/服务器计算为基础，能实现信息管理、决策支持和电子贸易。例如，物资管理、人事管理、数据统计、有偿信息服务、电子购物、Internet 银行和网上实时证券交易等。这类应用正在成为 Intranet 的热点和发展方向，也是各大厂商的战略重点，目前已有许多产品和工具问世。

成功的现代企业都具备一些共同特点：完善的管理、相应的投资能力、通畅的购销渠道，以及不断更新的产品、技术和良好的用户服务。而所有这些要求都可以借助 Intranet 快速地实现。但要指出的是，虽然 Intranet 应用有许多共同的特性，但不同的企业在实施 Intranet 时，必须根据各自不同的需求和基础进行。

第7章
网页制作

随着互联网的普及与发展，网站逐渐取代了传统媒体成为人们获取信息的主要途径。网站是由许多相关网页组成的一个整体，各网页之间通过超链接相连。HTML 是用来描述网页的一种简单标记语言，是学习网页制作的基础。

Dreamweaver 是一个"所见即所得"的可视化网站开发工具，与 Fireworks、Flash 一起被称为网页制作三剑客。

本章要点：

- 了解网页制作相关概念
- 了解常用网页制作工具
- 掌握网站制作流程
- 掌握 HTML 常用标记
- 掌握 Dreamweaver 基本操作

7.1 网页制作基础

在上网时，浏览器中显示的所有页面都是网页（Webpage）。网页是在互联网中传输，可以通过浏览器访问的文件。网站（Website）也称站点，由一系列相关网页和文件组成。

7.1.1 网页

网页是 Internet 的基本信息单位，是构成网站的基本元素。

网页的组成主要包括文本、图像、表格、表单和超链接，其他元素还有声音、动画、视频等。

1. URL

统一资源定位符（Uniform Resource Locator，URL），是互联网上标准资源的地址。在互联网上的每个文件都有一个唯一的 URL，它包含的信息可指出文件的位置以及告诉浏览器应该怎么处理它。

一个完整的 URL 包含协议类型、服务器名称（或 IP 地址）、路径和文件名，其标准格式如下：协议类型://服务器地址（端口号）/路径/文件名。如 http://www.125jz.com/myzuopin/index.html。其中 http（超文本传输协议）是协议类型，www.125jz.com 是服务器地址/myzuopin/是路径，index.html 是要访问的文件名。

2．网页的分类

网页根据其生成方式主要分为静态网页和动态网页。

（1）静态网页

通常静态网页只有 HTML 标记，没有其他可以执行的程序代码。静态网页制作好后其网页的内容是静态不变的。静态网页的后缀名一般为.htm 或.html。使用静态网页，如果要修改网页内容，就必须修改源文件，然后重新上传到服务器。使用静态网页时，会增加网站制作和维护方面的工作量，一般适用于内容较少的展示型网站。

静态页面的访问流程比较简单。首先，用户通过浏览器向 Web 服务器发送访问请求；其次，服务器接受请求并查找要访问的页面文件；最后，找到页面文件后发送给客户端，用户通过浏览器就可以看到要访问的静态网页了。静态网页工作原理如图 7-1 所示。

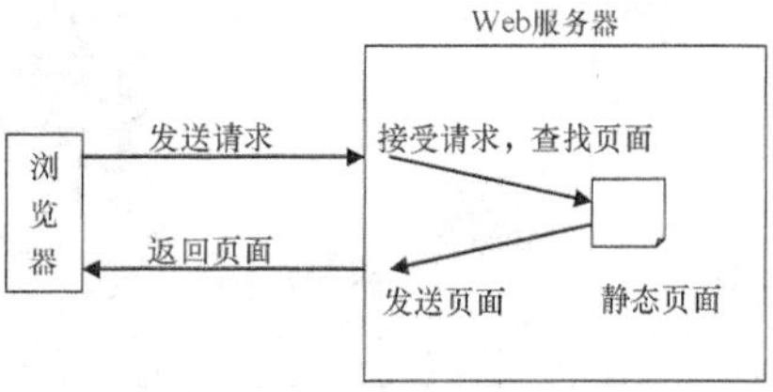

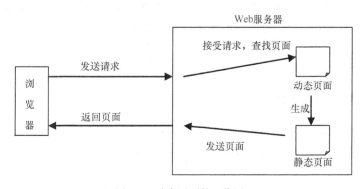

图 7-1　静态网页工作原理

（2）动态网页

动态网页是指跟静态网页相对的一种网页编程技术，是 HTML 与高级程序设计语言、数据库编程等多种技术的融合。动态网页中不仅含有 HTML 标记，而且含有可以执行的程序代码。动态网页的后缀名根据所采用的技术不同，有.aspx、.asp、.jsp、.php 等。

这里的"动态"主要指的是"交互性"，动态网页能够根据不同的输入和请求动态生成返回的页面，如常见的 BBS、留言板、聊天室等就是用动态网页来实现的。有些网页插入了滚动字幕、Flash 动画、Applet 等动态效果，这只是视觉上的动态，与真正的"动态网页"是不同的概念。

动态网页的工作原理如图 7-2 所示，在服务器查找到动态页面后，需要执行程序代码生成静态页面再发送至客户端。

图 7-2　动态网页的工作原理

7.1.2　网站

网站是由许多相关网页及文件组成的一个整体，各网页之间通过超链接相连，它们之间可以相互访问，如网易、新浪、搜狐等。

1．首页

一个网站由很多页面组成，当我们输入网站域名后，打开的第一个页面即首页（主页）。如在浏览器中输入 http://www.sina.com.cn，访问到的第一个页面就是新浪网的网站首页，如图 7-3 所示。

图 7-3　新浪网首页

首页（Home Page）是整个网站的起点，默认文件名一般为 index.html。首页可以说是网站内容的目录，它使用户能够很容易地了解网站提供的信息及功能，引导浏览者访问网站的相应栏目和其他信息。

2．网站分类

按照不同的分类标准，我们可以把网站分为多种类型。

按照网站主体性质，可分为政府网站、企业网站、商业网站、教育科研机构网站、个人网站、其他非营利机构网站等。

按照开发语言，可分为 HTML 网站、ASP 网站、JSP 网站、PHP 网站、Flash 网站等。

按照网站内容更新方式，可分为静态网站、动态网站。

按照网站功能，可分为门户网站、企业网站、娱乐休闲网站、电子商务网站、博客、社区论坛、聊天交友、软件下载等。

7.1.3　常用网页制作工具

早期的网页完全由程序员手工编写代码，界面枯燥、乏味。20 世纪 90 年代末开始，出现了"所见即所得"的网页设计软件。网页制作涉及的工具比较多，不同的阶段、不同的任务需要的工具不同。

1．网页编辑工具

网页是 HTML 文件，任何文本编辑器都可以用来制作网页，如记事本、UltraEdit、EditPlus等。一款功能强大、使用简单的软件往往可以起到事半功倍的效果。在网页编辑工具中，使用广泛、功能强大的软件是 Adobe 公司的 Dreamweaver。Dreamweaver 软件是集网页制作和网站管理于一身的所见即所得网页编辑器，可以编辑 HTML、CSS、JavaScript、XML、JSP、PHP 等多种格式的文件。Dreaweaver 界面如图 7-4 所示。

由于 Dreaweaver 支持代码、拆分、设计、实时视图等多种方式来创作、编写和修改网页，因此初级人员可以无需编写任何代码就能快速创建 Web 页面。

2．图像处理工具

图像处理工具比较多，有 Photoshop、Fireworks、Illustrator、Freehand、光影魔术手、美图秀

秀等。在图像处理过程中，用户可以综合使用多种工具以达到最终效果。其中，Photoshop 和 Fireworks 是最常用的网页图像处理软件。

图 7-4　Dreamweaver 软件

Photoshop 是 Adobe 公司出品的最为出名的图像处理软件之一，是集图像扫描、编辑修改、图像制作、广告创意、图像输入与输出于一体的图形图像处理软件，深受广大平面设计人员和计算机美术爱好者的喜爱。Photoshop 界面如图 7-5 所示。

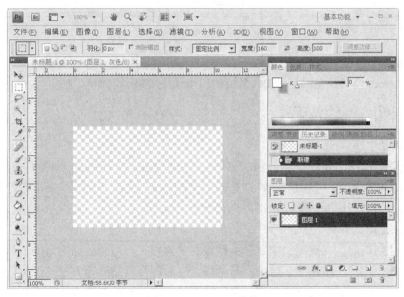

图 7-5　Photoshop 软件

Fireworks 也是 Adobe 公司推出的一款网页制图软件，该软件可以加速 Web 的设计与开发，是一款创建与优化 Web 图像、快速构建网站与 Web 界面原型的理想工具。对于辅助网页编辑来说，Fireworks 是非常好的软件。

3. 动画制作工具

Flash 是一款非常优秀的交互式矢量动画制作软件，它可以实现多种动画特效，广泛用于创建包含丰富的视频、声音、图形和动画等内容的站点。许多网站的欢迎页面、导航菜单和 banner（网站横幅广告）都是 Flash 制作的，还有一些网站整个站点都是 Flash 制作出来的。Flash 界面如图 7-6 所示。

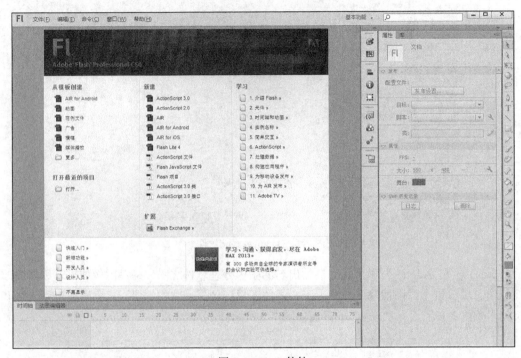

图 7-6　Flash 软件

Flash 主要制作二维平面动画，制作三维动画则需要使用 3D Studio Max（简称 3ds Max）。3ds Max 是 Discreet 公司开发的基于 PC 系统的三维动画渲染和制作软件。

7.1.4　网站制作流程

1. 确定网站主题

网站主题就是网站的题材类别，网站所包含的主要内容。一个网站必须要有一个明确的主题，如英语听力网、智联招聘、美团等。特别是对于个人网站，网站主题定位要准确、鲜明，要小而精，不能像综合信息门户网站那样做得内容大而全。

2. 搜集加工网页素材

明确网站主题以后，就要围绕主题开始搜集相关素材了。网页制作所需要的素材包括文字材料、图片、动画、声音、图像等。搜集素材越多，以后制作网站就越方便。搜集的网页素材一般还需要经过加工处理才能在网页中使用。文字材料一般需要网站编辑人员重新编辑，图片需要美工人员加工处理，声音或视频还需要剪辑及后期制作。

3. 规划网站

一个网站设计得成功与否，很大程度上取决于设计者的规划水平。网站规划包含的内容很多，如网站的结构、栏目的设置、网站的风格、颜色搭配、版面布局、文字图片的运用等。

4. 制作网页

按照网站规划和设计方案，选择合适的网页编辑工具制作具体页面。

5. 网站的测试与发布

网站制作完成后，在发布之前要进行测试，以保证网站页面的外观、功能、链接等符合设计要求。网站测试的内容包括很多方面，有浏览器兼容性、打开速度、功能测试、安全测试、压力测试等。

测试完毕后，网站要发布到 Web 服务器上，才能够让其他人访问。网站上传后，设计者还要在浏览器中打开网站进行测试，以便发现问题及时修改。

6. 推广宣传

网页做好之后，网站还要不断地进行宣传，这样才能让更多的人访问，提高网站的访问率和知名度。网站推广的方法有很多，如到搜索引擎上提交网站、交换友情链接、付费广告、软文推广、到知名论坛上发贴、博客推广等。

7. 维护更新

网站要注意经常维护更新内容，一个长时间不更新或做好后就没更新过的网站，很少有人会访问。只有不断地发布新的对用户有用的内容，才能够吸引浏览者。

7.2　HTML 基础

HTML 是由在欧洲核子物理实验室工作的科学家 Tim Berners-Lee 发明的。他发明 HTML 的目的是方便科学家们可以更容易地获取彼此的研究文档。HTML 取得的巨大成功，大大超出了 Tim Berners-Lee 的原本预计。通过发明 HTML，他为我们今天所认识的万维网奠定了基础。

7.2.1　HTML 简介

超文本（Hypertext）是用超链接的方法，将各种不同空间的文字信息组织在一起的网状文本，是一个非线性的网状结构。超文本标记语言（Hyper Text Markup Language，HTML），是用来描述网页的一种简单标记语言。HTML 是学习制作网站的基础，即使用"所见即所得"的网页开发工具 Dreamweaver 等制作网站，最终也要转换成 HTML 代码才能被浏览器解释执行。了解基本的 HTML 知识，有利于制作出更好的网站。

HTML 的最新版本是 HTML5,其第一份正式草案由万维网联盟（World Wide Web Consortium，W3C）于 2008 年 1 月 22 日公布。2014 年 10 月，W3C 宣布 HTML5 标准规范最终制定完成。截止到目前，大部分浏览器如 Firefox、Google Chrome、Opera、Safari 4+、Internet Explorer 9+已经具备了某些 HTML5 的支持，360 浏览器、搜狗浏览器、QQ 浏览器、猎豹浏览器等国产浏览器同样具备支持 HTML5 的能力。

1. HTML 标签的格式

HTML 标签（又称标记）由"<标签名和>"组成，如<html>。标签分为起始标签和结束标签。结束标签和起始标签标签名一样，但在标签名之前增加了"/"，如</html>。HTML 标签字母不区分大小写。

大部分 HTML 标签可以包含一些属性来对标签进行具体描述。属性由属性名和属性值以及"="号组成，属性只可以写在起始标签中，标签名和属性之间用空格隔开。一个标签如果包含多个属性，那么属性和属性之间也用空格隔开。

```
<font color="#FF0000" size="12" >HTML简介</font>。
```

2. HTML 标签分类

HTML 标签又分为单标签和双标签两种。顾名思义，双标签必须成对出现，单标签可以单独使用。

（1）双标签。

HTML 中的标签大部分为双标签，其书写格式为：

```
<标签名>内容</标签名>
如<h1>一级标题</h1>，<b>文字加粗</b>。
```

（2）单标签。

单标签的书写格式为：

```
<标签名>
```

典型的 HTML 中的单标签有换行标签
，它可以单独使用，没有对应的结束标记。例如，人们常常以为制作一个网站很难，其实并非如此。
学习制作网站是件充满乐趣的事。显示效果如图 7-7 所示。

图 7-7　单标签示例

7.2.2　HTML 文档结构

HTML 文件以<html>标记开始，以</html>标记结束，一个基本的 HTML 文件代码如下：

```
<html>
<head>
    <title>Html 文档结构</title>
</head>
<body>
    第一个 HTML 文件
</body>
</html>
```

在学习 HTML 时，建议使用计算机中的记事本或其他简易文本编辑器编写 HTML 文档。虽然使用可视化开发工具 Dreamweaver 等能够加快网页开发速度，但对学习 HTML 并没有太多帮助。

打开记事本输入以上代码，在保存时选择【文件】→【另存为】，在打开的"另存为"对话框中将文件扩展名设置为.html。使用记事本编写 HTML 文档，如图 7-8 所示。

双击刚才保存的 HTML 文件，可以在浏览器中看到最终的页面效果，如图 7-9 所示。

图 7-8　记事本编写代码

微课：使用记事本制作网页

图 7-9　HTML 页面效果

由以上代码可以看出，HTML 文档由头部（head）和主体（body）两部分组成。

1. 头部（head）

<head>…</head>标记之间的内容，用于描述页面的头部信息，如页面的标题、作者、摘要、关键词、版权、自动刷新等信息。

（1）<title>标签

<title>…</title>用于设置网页标题，如代码中的<title>Html 文档结构</title>，将使网页标题显示在浏览器窗口的标题栏上。

（2）<meta>标签

<meta>标签可以通过属性提供网页关键字、作者、描述、字符集等多种信息。

设定网页关键字，基本语法：

```
<meta name="keywords" content="value">
```

示例：

```
<meta name="keywords" content="网页、网页设计、网页制作、教程、素材">
```

网页关键字应和网页主题相关，它是为搜索引擎提供的，能够提高网站在搜索引擎中被搜索到的机会。网页关键字不会出现在浏览器中。

设定作者，基本语法：

```
<meta name="author" content="value">
```

示例：

```
<meta name="author" content="姬广永">
```

用于设置页面制作者信息，在页面源代码中可以查看。

网页描述，基本语法：

```
<meta name="description" content=" value ">
```

示例：

```
<meta name="description" content="权威的网页制作, 网页设计教程基地: 包含网页制作教程、素材、酷站欣赏、免费空间、网站推广等资源">
```

该语句是对网站主题的描述，不会出现在浏览器的显示中，可供搜索引擎寻找页面。

设置字符集，基本语法：

```
<meta http-equiv="Content-Type" content="text/html; charset=value" />
```

示例：

```
<meta http-equiv="Content-Type" content="text/html; charset= GB2132" />
```

设置 HTML 页面所使用的字符集为 GB2132（简体中文）。常用的字符集还有 BIG5 码、ISO8859-1、UTF-8 等。对于不同的字符集页面，如果浏览器不能显示该字符，则显示乱码。

2. 主体（body）

<body>…</body>标记之间的内容为页面的主体内容。在浏览器窗口中显示的网页内容即为 body 元素的内容。

body 元素的属性有很多，可以设置网页的文字颜色、背景颜色、背景图片、页边距等。body 元素的常用属性如表 7-1 所示。

表 7-1　　　　　　　　　　　　　body 元素的常用属性

属性	说明	举例
text	文字颜色	\<body text="#009900">
bgcolor	网页背景颜色	\<body bgcolor="#FF0000">
background	网页背景图片	\<body background="images/bg.jpg">

7.2.3　常用 HTML 标记

HTML 标记非常多，这里主要介绍常用 HTML 标记及其属性，其他标记请查阅 HTML 参考手册。

1. 文字效果

（1）\<font>

\<font> 用来规定文本的字体、字体尺寸、字体颜色。如：

```
<font color="#FF0000" face="黑体" size="5">font 标签示例</font>
```

属性含义如下：

color：设置字体颜色。

face：设置文字字体。

size：设置字体大小，默认值为 3。用户可以在 size 属性值之前加上"+"或"-"号，来指定相对于字号初始值的改变量，如 size="+4"，size="-3"。

例 7-1　　font 标签使用示例。

```
<html>
<head>
    <meta http-equiv="Content-Type" content="text/html; charset=utf-8" />
    <title>font 标签使用示例</title>
</head>
<body>
    <p><font face="黑体" color="#FF0000">黑体红色文字</font></p>
    <p><font face="宋体" size="-1">宋体显示效果</font></p>
    <p><font face="汉仪菱心体简" size="+6">汉仪菱心体简</font></p>
    <p><font face="书体坊雪纯体 3500" size="6">书体坊雪纯体 3500</font></p>
</body>
```

\</html>代码显示效果如图 7-10 所示。

图 7-10　font 标签使用示例

（2）<hn>

<hn>用来定义网页中的标题，n 的取值范围为 1～6。<h1>为一级标题，默认字体最大。<h6>为 6 级标题，默认字体最小。align 属性可以设置标题文字的对齐方式，其取值有 left、right、center。

例 7-2　标题使用示例。

```html
<html>
<head>
    <meta http-equiv="Content-Type" content="text/html; charset=utf-8" />
    <title>标题示例</title>
</head>
<body >
    <h1 align="center">标题 1</h1>
    <h2 align="left">标题 2</h2>
    <h3 align="right">标题 3</h3>
    <h4>标题 4</h4>
    <h5>标题 5</h5>
    <h6>标题 6</h6>
</body>
</html>
```

代码显示效果如图 7-11 所示。

图 7-11　标题使用示例

（3）字形标记

字形标记可以让文字有丰富的变化，用于给文字添加粗体、斜体、下划线、删除线、强调、上标、下标等效果。

例 7-3　字形标记使用示例。

```html
<html>
<head>
    <meta http-equiv="Content-Type" content="text/html; charset=utf-8" />
    <title>字形标记使用示例</title>
</head>
<body >
    <p><b>粗体</b></p>
    <p> <em>斜体</em></p>
```

```
    <p><u>下划线</u></p>
    <p><strike>删除线</strike></p>
    <p><strong>强调</strong></p>
    <p>x<sub>2</sub></p>
    <p>y<sup>2</sup></p>
</body>
</html>
```

代码显示效果如图 7-12 所示。

图 7-12　字形标记使用示例

2. 排版标记

（1）注释<!--注释内容-->

注释标签用于在源代码中插入注释，用来声明版权、增强代码可读性、方便以后查阅和修改等。注释的内容不会显示在浏览器中。

如<!--注释示例，该行文字不会在浏览器中显示。-->

（2）段落标记<p>

<p>…</p>标记一个段落，默认会在<p>之前和</p>之后留一空白行。

（3）换行标记

标记用于强制换行，是最常用的单标签。

（4）水平线标记<hr>

<hr>可以在网页中插入一条水平线。水平线的常用属性如下。

size：设置水平线的高度（厚度）。

width：设置水平线的宽度。

color：设置水平线的颜色。

例 7-4　水平线使用示例。

```
<html>
<head>
<title>水平线使用示例</title>
</head>
<body>
    <hr>
```

```
    <hr size="5" width="300" color="#006600">
    <hr size="1" width="500" color="#FF0000">
</body>
</html>
```

代码显示效果如图 7-13 所示。

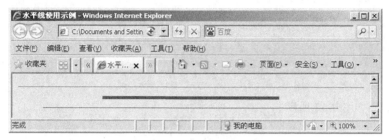

图 7-13　水平线使用示例

（5）块引用标记<blockquote>

<blockquote> 与 </blockquote> 之间的文本会从正文中分离出来，并在左、右两边进行缩进。

例 7-5　块引用标记<blockquote>使用示例。

```
<html>
<head>
    <title>块引用标记<blockquote>使用示例</title>
</head>
<body >
        冰心:<blockquote> 修养的花儿在寂静中开过去了，成功的果子便要在光明里结实。</blockquote>
</body>
</html>
```

代码显示效果如图 7-14 所示。

图 7-14　块引用标记<blockquote>使用示例

3. 列表标记

常用的列表标记有<ol>、<ul>、<li> 。<ol>是有序列表，<ul>是无序列表，<li>表示列表项目。

例 7-6　列表标记使用示例。

```
<html>
<head>
<title>列表标记使用示例</title>
</head>
<body >
<ul>
```

```
    <li>篮球</li>
    <li>足球</li>
    <li>乒乓球</li>
</ul>
<ol>
    <li>html 简介</li>
    <li>html 语法</li>
    <li>html 标签</li>
</ol>
</body>
</html>
```

代码显示效果如图 7-15 所示。

图 7-15　列表标记使用示例

4. 表格

<table>标记用于定义表格，表格由表格标题、表头、行和单元格组成，常用于网页布局。表格相关标记及常用属性如表 7-2 和表 7-3 所示。

表 7-2　　　　　　　　　　　　　　　　表格相关标记

标记	说明	标记	说明
table	定义表格区域	tr	定义表格行
caption	定义表格标题	td	定义单元格
th	定义表头		

表 7-3　　　　　　　　　　　　　　　　表格常用属性

属性	说明
width	表格宽度
border	表格边框
bordercolor	边框颜色
bgcolor	背景颜色
background	背景图片
cellspacing	单元格填充（单元格内文字到边框的距离）
cellpadding	单元格间距（单元格边框之间的距离）
colspan	当前单元格跨越几列
rowspan	当前单元格跨越几行

例 7-7　表格使用示例。

```
<html>
<head>
<title>表格使用示例</title>
</head>
<body >
  <table width="300" border="1" cellpadding="5" cellspacing="5" bordercolor="#FF0000">
  <caption>表格标题</caption>
  <tr>
    <th>表头</th>
    <th>表头</th>
  </tr>
  <tr>
    <td>第 2 行 1 列</td>
    <td>第 2 行 2 列</td>
  </tr>
  <tr>
    <td colspan="2"> </td>
  </tr>
    </table>
  </body>
  </html>
```

代码显示效果如图 7-16 所示。

图 7-16　表格使用示例

5. 超链接

<a> </a> 标签定义超链接，用于在当前页面和其他页面或文件间建立链接。如：

```
<a href="http://www.mobile521.com/"  target="_blank">手机 521</a>。
```

其中属性含义如下。

href：指定链接地址，可以链接到网站内部页面或文件，也可以链接到网站外部页面。

target：指定显示链接的目标窗口，取值有_blank（在新窗口中打开）、_self（默认值，链接文档在当前窗口显示）、_parent（在父窗口中显示）和_top（网页中存在框架时，在上层框架中打开）。

建立指向 E-mail 地址的超链接，如：

```
<a href="mailto:mobile521@126.com">联系我们</a>。
```

6. 图像

<img>标签用于在网页中插入图片。网页中常用的图片格式有.jpg、.gif 和.png。图像标签的常用属性如表 7-4 所示。

表 7-4 图像标签的常用属性

属性	说明
src	图像的源文件路径
width	图像宽度
height	图像高度
border	图像边框厚度
alt	图像的替代文本
hspace	图像与其他元素的水平边距
vspace	图像与其他元素的垂直边距

img 标签使用示例：

```
<img src="images/fengjing.jpg" alt="托斯卡纳风景" width="300" border="2"/>。
```

代码效果如图 7-17 所示。

图 7-17　img 标签使用示例

7. 多媒体标记

（1）背景音乐

<bgsound>标签可以给网页添加背景音乐，只适用于 IE 浏览器。

bgsound 使用示例：

```
<bgsound loop="-1" src="song.mp3">。
```

其中，loop= "-1" 表示无限循环播放，也可以指定播放次数，如 loop=2 表示重复播放两次。

（2）插入视频

HTML5 新增的 video 标签可以在网页中插入视频，并使得视频播放控制更加容易。video 标签支持 Ogg、MPEG4、WebM 3 种视频格式。video 标签的常用属性如表 7-5 所示。

表 7-5		video 标签的常用属性
属性	值	说明
autoplay	autoplay	如果指定，视频会在准备好后自动播放
controls	controls	添加播放控制及音量控制功能栏
height	pixels	设置视频播放器的高度
loop	loop	指定视频播放循环次数
src	url	要播放的视频的 URL
width	pixels	设置视频播放器的宽度

video 标签使用示例：

```
<video src="mov.mp4" controls="controls" width="300" height="200" autoplay="au-
toplay">你的浏览器不支持 video 标签</video>。
```

7.3 使用 Dreamweaver 制作网页

Dreamweaver 由著名软件开发商 Adobe 公司推出，是一个“所见即所得”的可视化网站开发工具。

7.3.1 Dreamweaver 简介

Dreamweaver 是一套拥有可视化编辑界面，用于制作并编辑网站和移动应用程序的网页设计软件。Dreamweaver CS6 与 CS5 版本相比多了对 HTML5、CSS3、JQuery 的关联支持，可以更方便地在 Dreamweaver 中编写前端代码。Dreamweaver CS6 支持代码、拆分、设计、实时视图等多种方式来创作、编写和修改网页。Dreamweaver CS6 开始界面如图 7-18 所示。

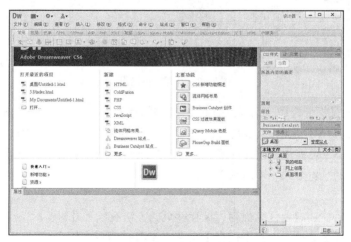

图 7-18 Dreamweaver CS6 开始界面

7.3.2 Dreamweaver CS6 的基本操作

1. 新建网页

在菜单栏选择【文件】→【新建】命令，打开“新建文档”对话框，如图 7-19 所示。在“空白页"下的"页面类型"中选择"HTML"，然后单击"创建"按钮，即可创建一个空白页面，如图7-20所示。

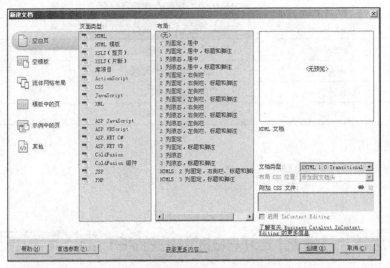

图7-19　新建文档对话框

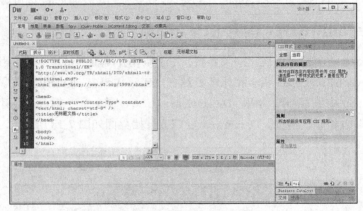

微课：新建网页

图7-20　新建空白网页

图7-20显示的是拆分视图，在该视图下可以同时看到一个网页的代码视图和设计视图。代码视图适合手工编写HTML、JavaScript、CSS等代码，特别是编写ASP、PHP、JSP等动态页面的用户。设计视图是一个可视化的设计环境，适用于Web前端页面设计和初学者。实时视图显示的是网页在浏览器中的预览效果，不可编辑。

2．保存网页

网页制作完成后，一定要注意保存，保存网页的方法有以下几种。

（1）单击【文件】菜单，选择【保存】命令或使用CTRL+S组合键。

（2）单击【文件】菜单，选择【另存为】命令，可以将当前网页另存。

（3）单击【文件】菜单，选择【保存全部】命令，可以保存正在编辑的所有文档。

3．预览网页

在网页制作过程中，可以随时在本地浏览器中预览网页，以查看实际网页效果是否符合制作要求。预览网页的方法主要有以下几种。

（1）单击【文件】菜单，选择【在浏览器中预览】命令，选择
相应浏览器预览。

（2）单击工具栏中的"预览"按钮，选择浏览器预览，如图 7-21
所示。单击"编辑浏览器列表"在"首选参数"对话框中选择"在
浏览器中预览"，即可添加或删除浏览器，以及设置主次浏览器，
如图 7-22 所示。

图 7-21　通过工具栏中的预览
按钮预览网页

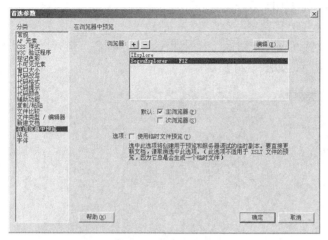

微课：预览网页

图 7-22　编辑浏览器列表界面

（3）使用快捷键 F12 在主浏览器中预览网页。

4. 设置页面属性

为保证网页各页面具有统一的风格，在开始制作网页之前要对页面的属性进行设置，包括页
面外观、链接、标题、标题/编码、跟踪图像等。

在 Dreamweaver CS6 中新建或打开一个已有网页，选择【修改】→【页面属性】命令或在"属
性"面板中单击"页面属性"按钮，打开"页面属性"对话框，如图 7-23 所示。

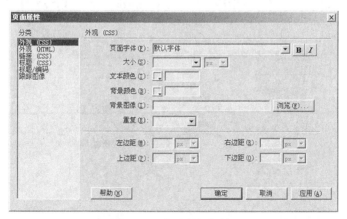

图 7-23　页面属性对话框

"页面属性"对话框的分类包含外观（CSS）、外观（HTML）、链接（CSS）、标题（CSS）、
标题/编码、跟踪图像。

（1）外观

外观（CSS）可以设置页面字体、字体大小、文本颜色、网页的背景颜色、背景图像，以及背景图像是否重复和页边距等。背景图像重复方式有 no-repeat、repeat、repeat-x、repeat-y 4 个选项，其含义如下。

no-repeat：背景图片不重复，只显示一次。

repeat：背景图片沿 x 轴方向和 y 轴方向同时重复。

repeat-x：背景图片沿 x 轴方向重复。

repeat-y：背景图片沿 y 轴方向重复。

外观（HTML）可以设置网页背景图像、背景颜色、文本颜色、链接文字颜色、已访问链接颜色、活动链接颜色和页边距，如图 7-24 所示。

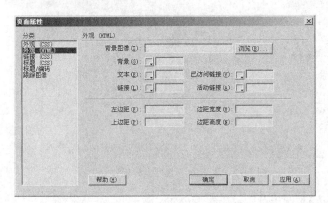

图 7-24　外观（HTML）设置界面

外观（CSS）设置完成后会生成相应的 CSS（Cascading Style Sheets 层叠样式表）代码来控制页面外观显示。外观（HTML）则是通过生成 Html 代码控制页面外观显示。

（2）链接

链接（CSS）可以设置链接字体、大小、4 种不同状态下超级链接的颜色和下划线样式。下划线样式有始终有下划线、始终无下划线、仅在变换图像时显示下划线、变换图像时隐藏下划线 4 个选项，如图 7-25 所示。

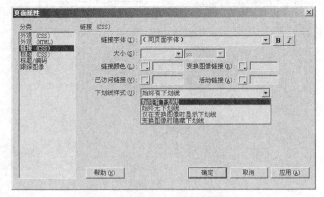

图 7-25　链接（CSS）设置界面

（3）标题

标题（CSS）可以设置标题字体以及"标题 1"至"标题 6"的字体大小和颜色。

（4）标题/编码

标题/编码分类可以设置网页标题、文档类型和编码方式，如图 7-26 所示。在 Dreamweaver CS6 中，网页的默认编码为 UTF-8。

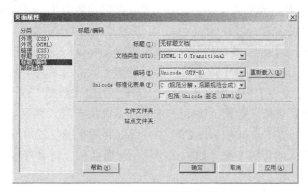

图 7-26　标题/编码设置界面

（5）跟踪图像

跟踪图像允许用户在网页中将原来的平面设计稿作为辅助的背景，方便用户确定文字、图像、表格、层等网页元素在该页面中的位置。使用了跟踪图像的网页用 Dreamweaver 编辑时，只显示跟踪图像不显示背景图片。用浏览器浏览时则只显示背景图片，不显示跟踪图像。拖动"透明度"右侧的滑块可以设置图像的透明度，透明度越高，图像显示越清晰。跟踪图像设置界面如图 7-27 所示。

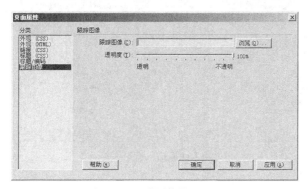

图 7-27　跟踪图像设置界面

5. 设置网页标题

设置网页标题有以下两种方法。

（1）在文档工具栏的标题后直接输入，如图 7-28 所示。

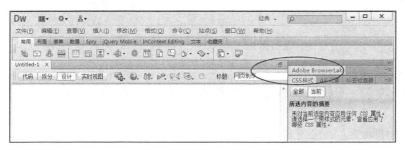

微课：设置网页
标题

图 7-28　设置网页标题

（2）在 Dreamweaver 的代码视图，找到<title>无标题文档</title>，修改其中的文字即可。

6. 插入文本

（1）插入普通文本。在 Dreamweaver 中添加文本非常方便，可以使用以下方法。

① 直接输入法：打开需要输入文本的网页文档。在网页窗口中，将插入点放置在需要插入文本的位置，通过键盘直接输入。

② 复制粘贴法：打开其他文本编辑软件（如记事本、Word）制作的文档，复制需要的文本，然后在 Dreamweaver 中选择【编辑】→【粘贴】/【选择性粘贴】命令粘贴到网页中。

③ 导入法：通过【文件】→【导入】命令，选择"表格式数据"或"Word 文档"或"Excel 文档"命令，可以直接将表格式数据、Word 文档或 Excel 文档导入网页。

（2）插入特殊字符。在 Dreamweaver CS6 中，可以利用系统自带的符号集合，方便地插入一些无法通过键盘直接输入的特殊字符，如版权符号、注册商标、货币符号等。插入特殊字符可以使用以下几种方法。

① 单击【插入】菜单，选择【HTML】→【特殊字符】命令，选择需要的特殊符号或"其他字符"命令插入其他字符。

② 通过"插入面板"的"文本"选项，单击"其他字符"图标选择要插入的特殊字符，如图 7-29 所示。

微课：插入特殊字符

图 7-29　通过插入面板插入特殊字符

7. 设置文本格式

可以通过"属性"面板或"格式"菜单中的相应命令设置文本的字体、大小、颜色、粗体、斜体和对齐方式等。"属性"面板和"格式"菜单如图 7-30 和图 7-31 所示。

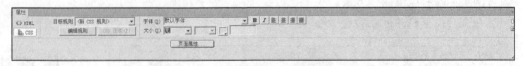

图 7-30　通过"属性"面板设置文本格式

8. 设置段落格式

段落是文章的基本单位。光标定位到网页中需要分段的位置，按 Enter 键，即可划分一个段落。一个段落由若干行组成，选择【插入】→【HTML】→【特殊字符】命令，选择"换行符"命令可以实现换行。换行命令的组合键是 Shift+Enter。

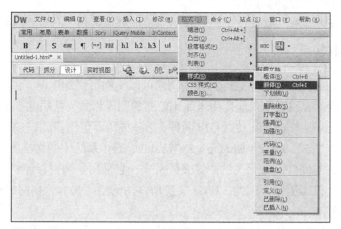

微课：设置文本格式

图 7-31　通过格式菜单设置文本格式

通过【格式】→【段落格式】命令可以给文本块设置段落、标题和已编排格式，如图 7-32 所示。若要删除段落格式，可以在【段落格式】菜单下选择"无"选项。已编排格式命令可以让文本按照预先格式化的样式进行显示。

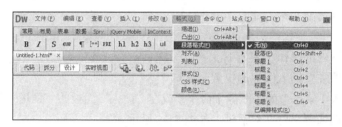

图 7-32　段落格式设置

9. 插入空格

默认状态下（输入法为半角状态），按空格键只能输入一个空格，要在文本之间插入多个连续的空格，可以使用以下几种方法。

（1）使用 Ctrl+Shift+Space 组合键。

（2）在中文全角状态下，使用空格键。

（3）选择【插入】→【HTML】→【特殊字符】命令下的"不换行空格"命令。

（4）直接在代码视图输入" "字符。

10. 插入水平线

在网页制作中，经常会用到水平线，水平线起到分隔的作用。将光标定位到所需位置，选择【插入】→【HTML】→【水平线】命令或在"插入"面板的"常用"选项中单击"水平线"按钮，即可在网页中插入一条水平线。

单击网页中的水平线，在"属性"面板中会出现水平线的相关设置，如水平线的 ID、宽度、高度、对齐方式、阴影等，如图 7-33 所示。"宽"文本框用于设置水平线的长度，单位可以是像

图 7-33　水平线属性面板

微课：插入水平线

素或百分比（%）。对齐方式有"默认""左对齐""居中对齐"和"右对齐"4个选项。

7.3.3 插入图像

图像是网页上最常用的元素之一，适当的使用图像可以使网页更加生动、图文并茂，吸引浏览者访问。由于网络的限制，网页中只能使用压缩比较高的图像格式，常用的有 JPEG 格式、GIF格式、PNG 格式。GIF 分为静态 GIF 和动画 GIF 两种，是一种压缩位图格式，支持透明背景图像，网上很多小动画都是 GIF 格式。BMP（Bitmap）是 Windows 操作系统中的标准图像文件格式，属于静态图像文件，是一种与硬件设备无关的图像文件格式，它采用位映射存储格式，除了图像深度可选以外，不采用其他任何压缩，因此，BMP 文件所占用的空间很大，在网页上使用较少。

1. 插入图像占位符

当在网页制作过程中需要插入一张图片，但该图片还没有制作完成或没选择好时，我们可以在插入图片的位置先插入图像点占位符，等图片制作完成后再替换下来。

选择【插入】→【图像对象】→【图像占位符】命令，打开"图像占位符"对话框，在对话框中可以设置图像占位符的名称、宽度、高度和替换文本，如图 7-34 所示。

图 7-34　图像占位符对话框

2. 插入图像

在网页中插入图像的操作步骤如下。

（1）将光标定位在要插入图像的位置。

（2）选择【插入】菜单下的【图像】命令，或在"插入"面板的"常用"选项中单击"图像"按钮，弹出"选择图像源文件"对话框，如图 7-35 所示。

（3）在"选择图像源文件"对话框中选择所需要的图片，单击"确定"按钮，弹出"图像标签辅助功能属性"对话框，如图 7-36 所示。

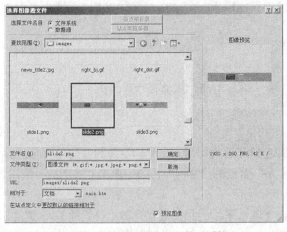

图 7-35　选择图像源文件对话框

微课：插入图像

图 7-36　图像标签辅助功能属性对话框

（4）在"图像标签辅助功能属性"对话框中，输入替换文本，单击"确定"按钮即可在网页中插入图片。如果需要给图片添加详细说明，可以在"详细说明"文本框中输入该图片的详细说明文件地址，或单击"浏览"文件夹按钮选择图像详细说明文件。

插入图片后，选中图片，在图片属性面板可以设置图片的 ID、替换文本、宽度、高度、链接、链接打开目标等，如图 7-37 所示。

图 7-37　图片属性面板

3. 插入鼠标经过图像

鼠标经过图像是交互式图像的一种，当鼠标经过一幅图片时，该图片会变成另外一张图片。在网页中插入鼠标经过图像的操作步骤如下。

（1）将光标定位在要插入鼠标经过图像的位置。

（2）选择【插入】→【图像对象】→【鼠标经过图像】命令，或在"插入"面板的"常用"选项中单击"图像"按钮，选择 "鼠标经过图像"，弹出"插入鼠标经过图像"对话框，如图 7-38 所示。

微课：插入鼠标
经过图像

图 7-38　插入鼠标经过图像对话框

（3）在"插入鼠标经过图像"对话框中，输入图像名称，替换文本，选择原始图像（鼠标经过前的图像）和鼠标经过图像，单击"确定"按钮，即可插入鼠标经过图像。如果选中"预载鼠标经过图像"复选框，网页打开时会预先下载鼠标经过图像到浏览器的缓存中，以避免当鼠标经过图像时出现不连贯的情况。在"按下时，前往的 URL"文本框中可以设置图像链接的 URL 地址。

7.3.4　插入多媒体

在网页中不仅可以添加图像，还可以添加动画、声音、视频等多媒体文件，使网页更加丰富多彩。

1. 插入 Flash 动画

Flash 动画是网页上最流行的动画格式，许多网站的欢迎页面、导航菜单和 banner（网站横幅广告）都是 Flash 动画。Flash 动画文件的扩展名为 SWF。

在网页中插入 Flash 动画的操作步骤如下。

微课：插入 Flash
动画

（1）打开需要插入 Flash 动画的网页，将光标定位在要插入 Flash 动画的位置。

（2）选择【插入】→【媒体】→【SWF】命令，或在"插入"面板的"常用"选项中单击"媒体"按钮，选择 "SWF"，弹出"选择 SWF"对话框，如图 7-39 所示。

（3）在"选择 SWF"对话框中选择需要插入的 SWF 文件，单击"确定"按钮，即可插入 Flash 动画。

在第一次保存有 SWF 文件的网页时，会弹出如图 7-40 所示的对话框，单击"确定"按钮即可。

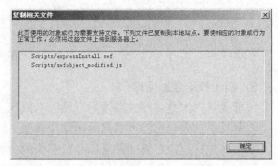

图 7-39　选择 SWF 对话框　　　　　　　　　　图 7-40　复制相关文件对话框

单击插入的 SWF 文件，在 SWF 属性面板可以设置 SWF 文件的 ID、宽度、高度、背景颜色、是否自动播放、是否循环播放等，如图 7-41 所示。

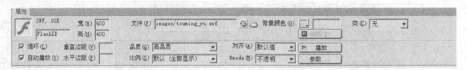

图 7-41　SWF 属性面板

2. 插入音频文件

音频文件的类型和格式非常多，在网上经常用到的音频格式主要有 WAV、MP3、RAM、MIDI 等。

将光标定位在要插入音频文件的位置，选择【插入】→【媒体】→【插件】命令，或在"插入"面板的"常用"选项中单击"媒体"按钮，选择"插件"，在弹出的"选择文件"对话框中选择需要插入的声音文件，单击"确定"按钮即可。

单击插入的音频文件，在插件属性面板中可以设置音频文件的 ID、宽、高、对齐方式、垂直边距、水平边距、边框和参数等，如图 7-42 所示。如果想把声音文件设置为背景音乐，可以单击"参数"按钮，弹出"参数"设置对话框，添加参数 hidden，值设置为 true。还可以通过"+"和"−"来添加和删除参数，如添加参数设置文件加载后自动播放，不循环播放，具体设置如图 7-43 所示。

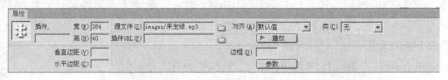

图 7-42　插件属性面板

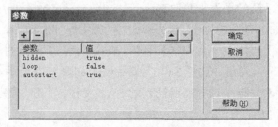

图 7-43　参数设置对话框

3. 插入视频文件

有很多网页包含视频，还有不少专门的视频网站。网络上的视频格式常见的有 WMV、FLV、RM、MP4、AVI 和 3GP 等。

FLV（Flash Video）即 Flash 视频文件，是目前增长最快、最为广泛的视频传播格式。它形成的文件极小、加载速度非常快，使得网络观看视频文件成为可能，它的出现有效地解决了视频文件导入 Flash 后，导出的 SWF 文件体积庞大，不能在网络上很好使用等问题。目前国内大型的视频网站都使用 FLV 格式的视频，如新浪播客、六间房、56、优酷、土豆等。FLV 已经成为当前视频文件的主流格式。

插入 FLV 文件的操作步骤如下。

（1）打开需要插入视频的网页，将光标定位在要插入的位置。

（2）选择【插入】→【媒体】→【FLV】命令，或在"插入"面板的"常用"选项中单击"媒体"按钮，选择 "FLV"，弹出"插入 FLV"对话框，如图 7-44 所示。

图 7-44　插入 FLV 对话框

（3）在"插入 FLV"对话框中，视频类型选择累进式下载视频，URL 文本框中输入视频文件的地址或单击"浏览"按钮选择。通过外观选项可以为视频组件选择合适的外观。宽度、高度可以输入，也可以通过单击"检测大小"按钮自动检测视频文件的宽度和高度。还可以设置是否自动播放和是否重新播放，全部设置好后单击"确定"按钮即可插入 FLV 文件。

要插入其他格式的视频文件，可以执行【插入】→【媒体】命令，选择需要插入的对象类型。

7.3.5　创建超链接

超链接是超级链接的简称。按照链接对象的不同，网页中的链接可以分为文本链接、图像链接、E-mail 链接、锚点链接、空链接等。

1. 文本链接

创建文本链接的方法主要有以下几种。

（1）选中要创建超链接的文本，在【属性】面板的"链接"下拉列表框中输入链接地址，或单击【浏览文件】按钮，在弹出的【选择文件】对话框中选择链接文件，如图 7-45 所示。在"标题"文本框中可以输入链接的标题。在"目标"下拉列表框中可以选择链接网页打开的窗口方式。

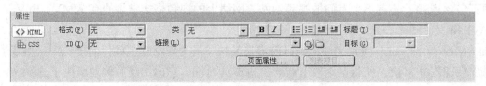

微课：创建文本
链接

图 7-45　通过属性面板创建文本链接

（2）单击【属性】面板中的【指向文件】按钮，拖动到"文件"面板中要链接的文件上，如图 7-46 所示。

图 7-46　通过"指向文件"按钮创建超链接

（3）选择【插入】菜单下的【超级链接】命令，或在"插入"面板的"常用"选项中单击"超级链接"按钮，弹出"超级链接"对话框，如图 7-47 所示。

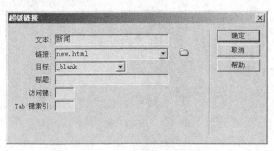

图 7-47　超级链接对话框

2. 图像超链接

图像超链接和文本超链接的创建方法类似，不再赘述。Dreamweaver CS6 有 3 个图片热点工具，可以在图片的不同区域创建图像热点链接。

创建图像热点链接的操作步骤如下。

（1）选中需要创建图像热点链接的图片。

（2）在"属性"面板中选择一个合适的热点工具（矩形热点工具、圆形热点工具、多边形热点工具），在图片上拖动鼠标绘制热点区域。

（3）在"属性"面板的"链接"文本框中输入链接地址，或单击"浏览文件"按钮，在弹出的"选择文件"对话框中选择链接文件，如图 7-48 所示。

图 7-48　通过属性面板设置图形热点链接

3. E-mail 链接

E-mail 链接即指向电子邮件的超级链接，一般网站上的"站长信箱"或"联系我们"都链接到电子邮箱，便于网站访问用户和站长交流。

创建电子邮件链接的操作步骤如下。

（1）选择【插入】菜单下的【电子邮件链接】命令，或在"插入"面板的"常用"选项中单击"电子邮件链接"按钮，弹出"电子邮件链接"对话框，如图 7-49 所示。

微课：创建电子
邮件链接

图 7-49　电子邮件链接对话框

（2）在"电子邮件链接"对话框中输入要链接的文本和电子邮件地址即可。还可以选中要创建电子邮件链接的文本，在"属性"面板的"链接"下拉列表框中直接输入"mailto:zhanzhang@126.com"。

4. 锚点链接

当要浏览的网页内容非常多时，我们需要不断地拖动滚动条来查看网页下方的内容，为了方便用户查看，可以在网页中创建锚点链接（也称锚记链接）。当单击锚点链接时，可以直接跳转到网页中的指定位置。

创建锚点链接分为以下两步。

（1）插入锚记。

将光标定位到要插入锚记的位置（即要跳转到的位置），选择【插入】菜单下的【命名锚记】命令，或在【插入】面板的【常用】选项中单击【命名锚记】按钮，弹出"命名锚记"对话框，如图 7-50 所示。在"命名锚记"对话框中输入锚记名称，单击"确定"按钮即可插入锚记。

（2）创建锚点超链接。

选中要创建锚点链接的网页元素，在"属性"面板的"链接"下拉列表框中输入"#"+锚记名称，如"#产品介绍"。还可以通过【插入】菜单下的【超级链接】命令，打开"超级链接"对话框，在链接下拉列表框中选择要链接的锚记名称，如图 7-51 所示。

图 7-50　命名锚记对话框

微课：创建锚点
链接

图 7-51　通过超级链接对话框创建锚点链接

5. 空链接

空链接是一种没有指向的链接，用于向页面上的对象或文本附加行为。选中要创建空链接的网页元素，在"属性"面板的"链接"下拉列表框中输入"#"号即可。

7.3.6 表格的使用

表格是网页制作中最常用的布局对象之一，可以实现网页元素的精确排版和定位。目前很多网站使用的是表格布局。表格的使用非常简单，对初学者来说，使用表格可以快速的制作出精美的网页。

1. 插入表格

插入表格的常用方法有以下 3 种。

（1）执行【插入】菜单下的【表格】命令。

（2）在【插入】面板的【常用】选项中单击【表格】按钮。

（3）使用 Ctrl+Alt+T 组合键。

在弹出的"表格"对话框中，可以对表格的行、列、表格宽度、边框粗细、单元格边距、单元格间距、标题等参数进行设置，如图 7-52 所示。

2. 表格的常用操作

（1）选中表格。

单击表格边框线上的任意位置，即可选中表格。

（2）修改表格。

选中表格，在"属性"面板中可以修改表格的行、列、宽度、填充、间距、边框、对齐方式等，如图 7-53 所示。

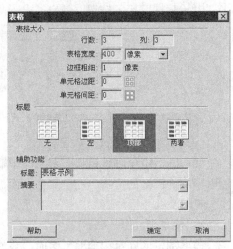

图 7-52　表格对话框

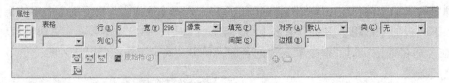

图 7-53　通过属性面板调整表格

微课：表格的
操作

（3）插入行/列。

执行【修改】→【表格】命令，选择"插入行"或"插入列"，可以在当前单元格的上面添加一行或在当前单元格的左边添加一列。如果要一次添加多行或多列，可以选择【修改】→【表格】→【插入行或列】命令，在弹出的"插入行或列"对话框中进行设置，如图 7-54 所示。

（4）删除行/列。

选中要删除的行或列，执行【修改】→【表格】菜单下的"删除行"或"删除列"命令，也可以单击鼠标右键在快捷菜单中选择【表格】→"删除行"或"删除列"命令。还可以选中要删除的行或列后，直接按 Delete 键进行删除。

（5）调整行高或列宽。

将光标放在行或列的边框上，当鼠标指针变成可调整的形状时，拖动鼠标即可。如果要精确调整行高或列宽，则先选中行或列，在"属性"面板的高或宽文本框中输入具体的值，如图 7-55 所示。

图 7-54　插入行或列对话框

图 7-55 通过属性面板调整行高

3. 单元格设置

将光标定位到要调整的单元格内,在"属性"面板中可以设置单元格的水平/垂直对齐方式、宽、高、单元格内容是否换行以及背景颜色等,如图 7-56 所示。

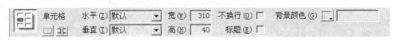

图 7-56 通过属性面板调整单元格

微课:单元格
设置

(1)合并单元格。

选中要合并的单元格,单击"属性"面板中的"合并单元格"按钮,或右键选择【表格】→【合并单元格】命令。

(2)拆分单元格。

将光标定位到要拆分的单元格内,单击"属性"面板中的"拆分单元格"按钮,或右键选择【表格】→【拆分单元格】命令,弹出"拆分单元格"窗口,如图 7-57 所示。设置完成后单击"确定"按钮即可。

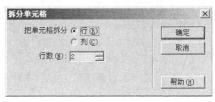

图 7-57 拆分单元格窗口

7.3.7 表单

表单是制作交互式网页必不可少的元素。网页上的问卷调查、留言本、会员注册、商品订单及登录页面等都用到了表单。

1. 插入表单

选择【插入】→【表单】下的"表单"选项,或在"插入"面板的"表单"选项中,单击"表单"按钮。插入的表单在编辑器中以红色的虚线框显示。单击表单后可以在"属性"面板中设置表单的属性。

2. 插入文本域/文本区域

选择【插入】→【表单】下的"文本域"或"文本区域"选项,或在"插入"面板的"表单"选项中,单击"文本字段"或"文本区域"按钮,弹出"输入标签辅助功能属性"对话框,如图 7-58 所示。设置完成后单击"确定"按钮,即可在网页中插入文本域或文本区域。文本域只能输入单行文本,文本区域可以输入多行文本。单击插入的文本域或文本区域,在"属性"面板中,可以设置其属性。

3. 插入单选按钮/单选按钮组

当需要访问者只能从一组选项中选择一个选项时,就要用到单选按钮。选择【插入】→【表单】下的"单选按钮"命令可以插入单选按钮。单击插入的"单选按钮",在"属性"面板中可以设置其初始状态为已勾选或未选中。

要同时插入多个单选按钮,可选择【插入】→【表单】下的"单选按钮组"命令,弹出"单选按钮组"对话框,如图 7-59 所示。设置完成后单击"确定"按钮即可。

4. 插入复选框

若要在网页中为用户提供多个选项,使用户可以选择一项或多项,就要用到复选框。在"插入"面板的"表单"选项中单击"复选框"或"复选框组"按钮，或选择【插入】→【表单】下的"复选框"或"复选框组"命令可以添加复选框。复选框应用示例如图7-60所示。

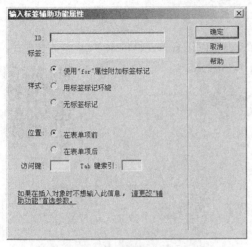

图7-58 输入标签辅助功能属性对话框

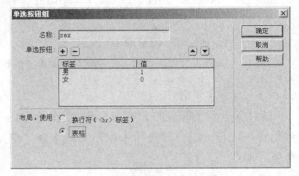

图7-59 单选按钮组对话框

选择你喜欢的水果：☑ 苹果 ☑ 香蕉 ☐ 桃子 ☑ 西瓜

图7-60 复选框应用示例

5. 插入列表/菜单

选择【插入】→【表单】下的"选择（列表/菜单）"选项，或在"插入"面板的"表单"选项中，单击"选择（列表/菜单）"按钮即可插入列表/菜单。单击插入后的列表/菜单，在"属性"面板中单击"列表值"按钮，弹出"列表值"对话框。通过"列表值"对话框中的"+""−"按钮可以添加或删除列表的项目标签和值，如图7-61所示。设置完成后，单击"确定"按钮，即可插入列表/菜单，在浏览器中的运行效果如图7-62所示。

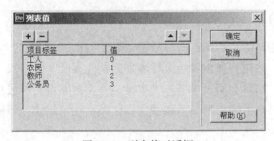

图7-61 列表值对话框

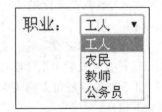

图7-62 在浏览器中的运行效果

6. 插入按钮

选择【插入】→【表单】下的"按钮"选项，或在"插入"面板的"表单"选项中，单击"按钮"按钮即可插入按钮。默认情况下插入的按钮为"提交"按钮，选中该按钮可以在"属性"面板中看到其动作为"提交表单"。如果在"属性"面板中将其动作改为"重设表单"，则按钮的值自动变为"重置"，单击该按钮将重置表单的所有元素。

7.3.8 站点的创建

网站不仅包含网页，还包括制作网页所用到的图片、音频、视频、数据库等文件。为了更好地管理网站的资源，可以在本地硬盘建立一个目录存放网站用到的所有文件。Dreamweaver CS6提供的站点管理功能可以非常方便地管理和整合网站资源。

1. 创建站点

选择【站点】→【新建站点】命令，弹出"站点设置对象"对话框，如图 7-63 所示。在该对话框中输入站点名称，选择站点根目录，单击"确定"按钮即可。

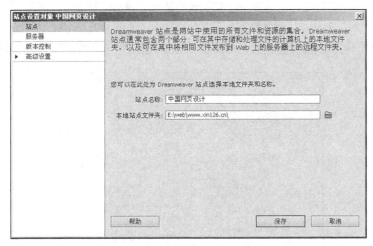

图 7-63 站点设置对象对话框

2. 管理站点

在 Dreamweaver CS6 中可以创建多个站点，要在不同的站点之间切换，可以选择【站点】→【管理站点】命令，弹出"管理站点"对话框，选择要编辑的站点，单击"完成"按钮即可。

7.4 网站的测试与发布

1. 网站测试

网站制作完成后，网站测试是必不可少的一个环节，其通常包括链接检查、浏览器兼容性测试、打开速度测试、功能测试、安全测试、压力测试等。

单击【文件】→【检查页】→【链接】命令可以检查网页的链接情况，并将检查结果显示在"链接检查器"面板中。要测试浏览器兼容性，可以在不同的浏览器中预览网页，查看显示情况，包括页面布局是否错乱、代码是否支持、框架页面是否显示等。在 Dreamweaver CS6 中，可以单击【文件】→【检查页】→【浏览器兼容性】命令来检查。

网上有不少优秀的站长工具，如 JavaScript/CSS 压缩工具、图片压缩工具等，可以大大压缩网页的大小，提高网站打开速度。还有一些专用工具可以对网站进行安全测试和压力测试，如Web Application Stress Tool 和 LoadRunner 等工具可以对站点进行压力测试，测试页面的响应时间，为服务器的性能优化和调整提供数据支持。而功能测试一般需要人工进行，以检验网站功能是否可用，能否满足客户需求。

2. 网站发布

网站测试完毕，就可以把网站发布到服务器上，让更多人访问。可以申请免费空间或购买虚拟主机来发布网站。

上传网页通常有以下几种方法。

（1）利用 FTP 工具上传网页。常用的 FTP 工具有 CuteFTP、LeapFTP、8uFTP 等。

（2）通过服务器商提供的网站管理后台，在 Web 页面上传网页。

（3）在 Dreamweaver CS6 中上传网页。

单击【站点】→【管理站点】→双击已经创建的站点→弹出"站点设置对象"窗口→单击"服务器"选项左下角的"+"号按钮，添加新服务器。在弹出的对话框中输入需要的信息，如图 7-64 所示。单击"测试"按钮，可测试服务器连接是否成功。最后单击"保存"按钮，保存服务器设置。

图 7-64　服务器信息设置

在"文件"面板中选中要上传的文件，右键选择上传，或单击"文件"面板上的"向远程服务器上传文件"按钮即可上传文件。

第8章
平面设计

平面设计（Graphic Design），也称为视觉传达设计，是以"视觉"作为沟通和表现的方式，通过符号、图片和文字等多种方式传达想法或讯息的视觉表现。平面设计师可利用视觉艺术、版面设计等技巧达到创作的目的。平面设计通常指制作（设计）的过程，以及最后完成的作品。

Adobe Photoshop 是由美国 Adobe 公司开发的图形图像处理软件，简称"PS"。PS 有很多功能，在图像、图形、文字、视频等各方面都有涉及，应用于广告设计、封面制作、图像制作、照片编辑等领域。

本章要点：

- 了解图像的基本概念，掌握 Photoshop 的工作环境及面板功能
- 了解 Photoshop 选区工具
- 掌握 Photoshop 图层
- 掌握 Photoshop 钢笔工具和路径
- 掌握 Photoshop 蒙版的应用

8.1 图像基本概念

利用 Photoshop CS6 可以对图像进行各种平面处理，绘制简单的几何图形，给黑白图像上色等，进行图像格式和颜色模式的转换。

8.1.1 图像的基本概念

为了更好地介绍 Photoshop CS6 的功能，需要先了解图像的基本概念，包括颜色色彩、颜色模式、图像类型、图像格式与分辨率等。

1. 颜色色彩

颜色色彩包括亮度、色相、饱和度和对比度。

亮度（Brightness）：亮度就是各种图像模式下图像原色（如 RGB 图像的原色为 R、G、B 三种）的明暗度。例如：灰度模式，就是将白色到黑色间连续划分为 256 种色调，即由白到灰，再由灰到黑。在 RGB 模式中则代表各种原色的明暗度，即红、绿、蓝三原色的明暗度，例如：将红色加深就成为了深红色。

（1）色相（Hue）：色相就是从物体反射或透过物体传播的颜色。也就是说，色相就是色彩颜色，对色相的调整也就是在多种颜色之间变化。在通常的使用中，色相是由颜色名称标识的。

例如，光由红、橙、黄、绿、青、蓝、紫7色组成，每一种颜色代表一种色相。

（2）饱和度（Saturation）：也称为彩度，是指颜色的强度或纯度。调整饱和度也就是调整图像彩度。将一个彩色图像的饱和度降低为0时，它就会变为一个灰色的图像；增加饱和度时就会增加其彩度。

（3）对比度（Contrast）：就是指不同颜色之间的差异。对比度越大，两种颜色之间的反差就越大，反之对比度越小，两种颜色之间的反差就越小，颜色越相近。例如：将一幅灰度的图像增加对比度后，会变得黑白鲜明，当对比度增加到极限时，则变成了一幅黑白两色的图像。反之，将图像对比度减到极限时，它就成了灰度图像，看不出图像效果，只是一幅灰色的底图。

2. 颜色模式

颜色模式包括RGB模式、CMYK模式、Bitmap（位图）模式、Grayscale（灰度）模式、Lab模式、HSB模式、Multichannel（多通道模式）、Duotone（双色调）模式、lndexde Clolr（索引色）模式等。

（1）RGB模式：是Photoshop中最常用的一种颜色模式。不管是扫描输入的图像，还是绘制的图像，几乎都是以RGB模式存储的。这是因为在RGB模式下处理图像作较为方便，而且RGB图像比CMYK图像文件要小得多，可以节省内存和存储空间。在RGB模式下，用户还能够使用Photoshop中所有的命令和滤镜。

（2）RGB模式：由红、绿、蓝3种原色可混合产生出成千上万种颜色，在RGB模式下的图像是三通道图像，每一个像素由24位的数据表示，其中RGB三种原色各使用了8位，每一种原色都可以表现出256种色调，所以三种原色混合起来就可以生成1670万种颜色，也就是我们常说的真彩色。

（3）CMYK模式：由分色印刷的4种颜色组成，在本质上与RGB模式没什么区别。但它们产生色彩的方式不同，RGB模式产生色彩的方式称为加色法，而CMYK模式产生色彩的方式称为减色法。例如，显示器采用了RGB模式，这是因为显示器可以用电子光束轰击荧光屏上的磷质材料发出光亮从而产生颜色，当没有光时为黑色，光线加到极限时为白色。假如采用RGB颜色模式去打印一份作品，将不会产生颜色效果，因为打印油墨不会自己发光。此时需采用一些能够吸收特定的光波而靠反射其他光波产生颜色的油墨，也就是说当所有的油墨加在一起时是纯黑色，油墨减少时才开始出现色彩，当没有油墨时就成了白色，这样才能产生颜色，这种生成色彩的方式称为减色法。

理论上，只要将生成CMYK模式中的三原色，即100%的洋红色（Magenta）和100%的黄色（Yellow）组合在一起就可以生成黑色（Black），但实际上等量的C、M、Y三原色混合并不能产生完美的黑色或灰色。因此，只有再加上一种黑色后，才会产生图像中的黑色和灰色。为了与RGB模式中的蓝色区别，黑色就以K字母表示，这样就产生了CMYK模式。在CMYK模式下的图像是四通道图像，每一个像素由32位的数据表示。在处理图像时，我们一般不采用CMYK模式，因为这种模式的文件大，会占用更多的磁盘空间和内存。此外，在这种模式下，有很多滤镜都不能使用，编辑图像时有很多不便，因而通常在印刷时才转换成这种模式。

（4）Bitmap模式：也称为位图模式，该模式只有黑色和白色两种颜色。它的每一个像素只包含1位数据，占用的磁盘空间最少。因此，在该模式下不能制作出色调丰富的图像，只能制作一些黑白两色的图像。当要将一幅彩图转换成黑白图像时，必须转换成灰度模式的图像，然后再转换成只有黑白两色的图像，即位图模式图像。

Bitmap模式的图像可以表现出丰富的色调，表现出自然界物体的生动形态和景观。但它始终是一幅黑白的图像，就像我们通常看到的黑白电视和黑白照片一样。灰度模式中的像素是由 8 位的位分辨率来记录的，因此能够表现出 256 种色调。利用 256 种色调我们就可以使黑白图像表现得相当完美。灰度模式的图像可以直接转换成黑白图像和 RGB 的彩色图像，同样黑白图像和彩色图像也可以直接转换成灰度图像。但需要注意的是，当一幅灰度图像转换成黑白图像后再转换成灰度图像，将不再显示原来图像的效果。这是因为灰度图像转换成黑白图像时，Photoshop 会丢失灰度图像中的色调，因而转换后丢失的信息将不能恢复。

（5）Lab 模式：它由 3 种分量来表示颜色。此模式下的图像由三通道组成，每像素有 24 位的分辨率。通常情况下我们不会用到此模式，但使用 Photoshop 编辑图像时，事实上就已经使用了这种模式，因为 Lab 模式是 photoshop 内部的颜色模式。例如，要将 RGB 模式的图像转换成 CMYK 模式的图像，Photoshop 会先将 RGB 模式转换成 Lab 模式，然后由 Lab 模式转换成 CMYK 模式，只不过这一操作是在内部进行而已。因此，Lab 模式是目前所有模式中包含色彩范围最广泛的模式，它能毫无偏差地在不同系统和平台之间进行交换。L：代表亮度，范围在 0～100。A：是由绿到红的光谱变化，范围在 –120～120。B：是由蓝到黄的光谱变化，范围在 –120～120。

（6）HSB 模式：这是一种基于人的直觉的颜色模式，利用此模式可以很轻松自然地选择各种不同明亮度的颜色。在 Photoshop 中不直接支持这种模式，只能在 Color 控制面板和 Color Picker 对话框中定义这种颜色。HSB 模式描述的颜色有 3 个基本特征。H：色相（Hue），用于调整颜色，范围 0 度～360 度。S：饱和度，即彩度，范围 0%～100%，0%时为灰色，100%时为纯色。B：亮度，颜色的相对明暗程序，范围 0%～100%。

（7）Multichannel（多通道）模式：该模式在每个通道中使用 256 灰度级图像。多通道图像对特殊的打印非常有用，例如，转换双色调（Duotone）模式用于以 ScitexCT 格式打印。

（8）Duotone（双色调）模式：是用两种油墨打印的灰度图像，黑色油墨用于暗调部分，灰色油墨用于中间调和高光部分。但是，在实际过程中，更多地使用彩色油墨打印图像的高光颜色部分，因为双色调使用不同的彩色油墨重现不同的灰阶。要将其他模式的图像转换成双色调模式的图像，必须先将色彩模式转换成灰度模式再转换成双色调模式。转换时，我们可以选择单色版、双色版、三色版和四色版，并选择各个色版的颜色。但要注意在双色调模式中颜色只是用来表示"色调"而已，所以在这种模式下彩色油墨只是用来创建灰度级的，不是创建彩色的。

（9）索引色模式：该模式在印刷中很少使用，但在制作多媒体或网页上却十分实用。因为这种模式的图像比 RGB 模式的图像小得多，大概只有 RGB 模式的 1/3，所以可以大大减少文件所占的磁盘空间。当一个图像转换成索引色模式后，就会激活 Image/Mode/Color Table 命令，以便编辑图像的"颜色表"。RGB 模式和 CMYK 模式的图像可以表现出各种颜色，使图像完美无缺，而索引色模式则不能完美地表现出色彩丰富的图像，因为它只能表现 256 种颜色，因此会有图像失真的现象，这是索引色模式的不足之处。

3. 图像模式

图像格式包括 BMP、TIFF、PSD、PCX、JPEG、GIF、PNG、PDF 等。

（1）BMP：此格式最早应用于微软公司推出的 Microsoft Windows 系统，是一种 Windows 标准的位图式图形文件格式，它支持 RGB、索引颜色、灰度和位图颜色模式，但不支持 Alpha 通道。

（2）TIFF：此格式便于在应用程序之间和计算机平台之间进行图像数据交换。因此，TIFF 格式应用非常广泛，可以在许多图像软件和平台之间转换，是一种灵活的位图图像格式。TIFF 格式支持 RGB、CMYK、Lab、IndexedColor、位图模式和灰度的颜色模式，并且在 RGB、CMYK 和灰度 3 种颜色模式中还支持使用通道（Channels)、图层（Layers）和路径（Paths）的功能，只要在 Save As 对话框中选中 Layers、Alpha Channels、Spot Colors 复选框即可。

（3）PSD：此格式支持 Photoshop 中所有的图层、通道、参考线、注释和颜色模式的格式。在保存图像时，若图像中包含有层，则一般都用 PDS 格式保存。若要将具有图层的 PSD 格式图像保存为其他格式的图像，则在保存时会合并图层，即保存后的图像将不具有任何图层。PSD 格式在保存时会将文件压缩以减少占用磁盘空间，由于 PSD 格式所包含的图像数据信息较多（如图层、通道、剪辑路径、参考线等），所以比其他格式的图像文件要大得多。

（4）PCX：此格式最早是 Zsoft 公司的 PC PaintBrush（画笔）图形软件所有支持的图像格式。PCX 格式与 BMP 格式一样支持 1～24 位的图像，并可以用 RLE 的压缩方式保存文件。PCX 格式还可以支持 RGB、索引颜色、灰度和位图的颜色模式，但不支持 Alpha 通道。

（5）JPEG：此格式的图像通常用于图像预览和一些超文本文档中（HTML 文档），JPEG 格式的最大特色就是文件比较小。其经过高倍率的压缩，是目前所有格式中压缩率最高的格式。但是 JPEG 格式在压缩保存的过程中会以失真方式丢掉一些数据，因而保存后的图像与原图有所差别，没有原图像的质量好。因些印刷品最好不要用此图像格式。

（6）GIF：此格式是 CompuServe 提供的一种图形格式，在通信传输时较为经济。它也可使用 LZW 压缩方式将文件压缩而不会太占磁盘空间，因此也是一种经过压缩的格式。这种格式可以支持位图、灰度和索引颜色的颜色模式。GIF 格式还可以广泛应用于因特网的 HTML 网页文档中，但它只能支持 8 位（256 色）的图像文件。

（7）PNG：此格式是由 Netscape 公司开发出来的格式，可以用于网络图像，但它不同于 GIF 格式图像只能保存 8 位（256 色），PNG 格式可以保存 24 位（1670 万色）的真彩色图像，并且支持透明背景和消除锯齿边缘的功能，可以在不失真的情况下压缩保存图像。但由于 PNG 格式不完全支持所有浏览器，且所保存的文件也较大而影响下载速度，所以在网页中的使用要比 GIF 格式少得多。但相信随着网络的发展和因特网传输速度的改善，PNG 格式将是未来网页中使用的一种标准图像格式。PNG 格式文件在 RGB 和灰度模式下支持 Alpha 通道，但在索引颜色和位图模式下不支持 Alpha 通道。

（8）PDF：此格式是 Adobe 公司开发的用于 Windows、Mac OS、UNIX 和 DOS 系统的一种电子出版软件的文档格式。它以 PostScript Level 2 语言为基础，因此可以覆盖矢量式图像和点阵式图像，并且支持超级链接。PDF 文件是由 Adobe Acrobat 软件生成的文件格式，该格式文件可以保存多页信息，还具有图形、文档的查找和导航功能。因此，使用该软件不需要排版或图像软件即可获得图文混排的版面。由于该格式支持超文本链接，因此是网络下载经常使用的文件。PDF 格式支持 RGB、索引色、CMYK、Grayscale、Bitmap 和 Lab 颜色模式，并且支持通道、图层等数据信息。PDF 格式还支持 JPEG 和 ZIP 的压缩格式（位图颜色模式不支持 ZIP 压缩格式保存）。

4. 分辨率

分辨率是指在单位长度内所含有的点（即像素）的多少。通常我们会将分辨率混淆，认为分辨率就是图像分辨率。

（1）输出分辨率是指激光打印机等输出设备在输出图像的每英寸上所产生的点数。在计算机中，图像是以数字方式来记录、处理和保存的，所以图像也可以说是数字化图像。图像类型大一致可以分为以下两种：矢量式图像与位图式图像。这两种类型的图像各有特色，也各有优缺点，两者各自的优点恰好可以弥补对方的缺点。因此在绘图与图像处理的过程中，往往需将这两种类型的图像交叉运用，取长补短。

（2）矢量式图像以数学描述的方式来记录图像内容。它的内容以线条和色块为主，例如一条线段的数据只需要记录两个端点的坐标、线段的粗细和色彩等。因此，它的文件所占的容量较小，也可以很容易地进行放大、缩小或旋转等操作，并且不会失真，可用以制作 3D 图像。但这种图像有一个缺点，即不易制作色调丰富或色彩变化太多的图像，而且绘制出来的图形不是很逼真，无法像照片一样精确地描述自然界的景观，同时也不易在不同的软件间交换文件。

制作矢量式图像的软件有 FreeHand、Illustrator、CorelDRAW、AutoCAD 等。美工插图与工程绘图多数在矢量式软件上进行。

（3）位图式图像弥补了矢量式图像的缺陷，它能够制作出颜色和色调变化丰富的图像，可以逼真地表现自然界的景观，同时也可以很容易地在不同软件之间交换文件，这就是位图式图像的优点。而缺点则是它无法制作真正的 3D 图像，并且图像缩放和旋转时会产生失真现象，同时文件较大，对内存和硬盘空间容量的需求也较高。位图式图像是由许多点组成的，这些点称为像素（Pixel）。当许许多多不同颜色的点（即像素）组合在一起后便构成了一幅完整的图像，例如照片由银粒子组成，屏幕图像由光点组成，印刷品由网点组成。位图式图像在保存文件时，需要记录下每一个像素的位置和色彩数据，因此，图像像素越多（即分辨率越高），文件也就越大，处理速度也就越慢。但由于它能够记录下每一个点的数据信息，因而可以精确地记录色调丰富的图像，可以逼真地表现自然界的图像，达到照片般的品质。Adobe Photoshop 属于位图式的图像软件，用它保存的图像都为位图式图像，同时它能够与其他矢量图像软件交换文件，且可以打开矢量式图像。在制作 Photoshop 图像时，像素的数目和密度越高，图像就越逼真。记录每一个像素或色彩所使用的位的数量，决定了它可能表现出的色彩范围。

8.1.2　Photoshop CS6 的工作环境

Photoshop CS6 的窗口如图 8-1 所示，该窗口有 3 种屏幕模式，分别为标准屏幕模式、带有菜单栏的全屏模式和全屏模式。按 F 键可以在 3 种屏幕模式之间进行切换。

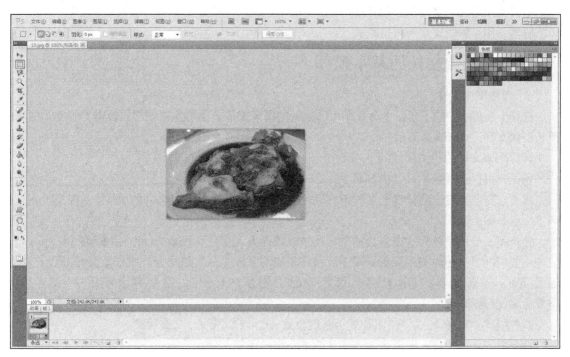

图 8-1　Photoshop CS6 的窗口组成

Photoshop CS6 的窗口主要包括以下选项。

菜单栏：由文件、编辑、图像、图层、文字、选择、滤镜、视图、窗口等菜单组成。

工具属性栏：又称"选项栏"，可随着工具的改变而改变，用于设置工具属性。

工具：PS 包含了 40 余种工具，工具图标中的小三角的符号，表示该工具相关的工具（隐藏工具）。工具的使用方法要按工具快捷键（工具后面的字母）。切换同类型工具按 Shift+工具组合键。按住 Alt 键，单击工具图标，可在多个工具之间切换。

图像窗口：由标题栏、图像显示区、控制窗口图标组成，用于显示、编辑和修改图像。

标题栏：由图像文件名、文件格式、显示比例大小、层名称及颜色模式组成。

浮动面版：窗口右侧的小窗口称为控制面版，用于改变图像的属性。

状态栏：由图像显示比例、文件大小、浮动菜单按钮及工具提示栏组成。

导航器：可以显示图像的缩略图，更改图像的显示比例。

信息：用于显示选定位置的坐标值、颜色数据、所选范围大小、旋转角度等信息。

颜色：用于快速更改前景色和背景色。

色板：功能类似于颜色面板，可以用吸管吸取颜色的方式，快速更改前景色和背景色。

图层：用于对每个图层的图像进行单独编辑处理，而不影响其他图层的图像效果。

通道：用于记录图像的颜色数据和保存蒙版内容。

路径：用于显示矢量式的图像路径。

历史记录：用于记录处理图像时操作的每一步。也可用于恢复图像和撤销上一步操作。

动作：用于录制编辑操作，是将一系列的操作活动组织成一个动作，提高操作的重用性，适合有规律的动作的重复使用，以实现操作自动化。

画笔：用于设置画笔大小、硬度、样式等工具的预设参数。

样式：用于给图形添加样式。

字符：用于编辑文本的字符格式。

段落：用于编辑文本的段落格式。

8.1.3 图像文件的基本操作

1. 新建图像文件

选择【文件】中的【新建】命令即可创建新的图像文件，也可直接使用快捷键 Ctrl+N 组合键新建图像文件，如图 8-2 所示。

新建图像文件的相关属性如下。

预设：可以选择常用尺寸的画布。

宽度、高度：用于设置自定义画布的尺寸。单位（用于设置画布尺寸的单位）：像素（px）、英寸、点、派卡和列。

分辨率：分辨率越大，图像越清楚，图像文件越大。单位：像素/厘米、像素/英寸（ppi）。

一般情况下上传时需要设置分辨率：打印输出时，A4、A3 纸张分辨率要设置到不低于 300 像素/英寸；写真喷绘广告牌分辨率和尺寸成反比，分辨率最小可以到 30 像素/英寸；大型写真分辨率为 86 像素/英寸。

颜色模式：RGB 模式、位图模式、灰度模式、CMYK 模式、Lab 模式。

背景内容：以白色、背景色及透明色为底色创建图像文件。

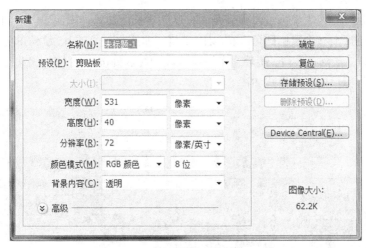

图 8-2　新建图像文件

2.　图像文件的保存与输出

选择【文件】中的【保存】命令即可保存新的图像文件，格式为*.psd。

选择【文件】中的【另存为】命令即可输出图像文件的其他格式，如：*.png、*.jpg、*.gif 等，具体的输出格式在【格式】列表中选择，如图 8-3 所示。

图 8-3　图像输出成其他格式

微课：另存为新
的图片格式

8.1.4　标尺和度量工具

单击【视图】→【标尺】或按 CTRL+R 组合键即可显示隐藏标尺。标尺的默认单位是厘米。
度量工具：用来测量图形任意两点的距离，也可以测量图形的角度。用户可以用信息面板来查看结果。其中 X、Y 代表坐标；A 代表角度；D 代表长度；W、H 代表图形的宽、高度。测量长度时，直接在图形上拖动鼠标即可，按 SHIFT 键以水平、垂直或 45 度角的方向操作。测量角度时，首先画出第一条测量线段，接着在条一条线段的终点处按 ALT 键拖出第二条测量的线段即可测量出角度。带标尺的工作模式如图 8-4 所示。

图 8-4　带标尺的工作模式

8.1.5　缩放工具

为了方便对图像的局部进行处理，有时候需要对图像进行放大或缩小。选择【视图】→【放大】选择工具后，变为放大镜工具，按 Alt 键可以变为缩小工具或者选择视图/放大或缩小进行操作，也可按 Ctrl++、Ctrl+-组合键。按 Ctrl+0 组合键可全屏显示，按 Ctrl+Alt+0 组合键显示实际大小。

8.2　图像的范围选取与调整

在 Photoshop 中处理图像时，进行范围选取是一项比较重要的工作。选取范围的优劣、准确与否，都与图像编辑的成败有着密切的关系。因此，在最短时间内进行有效的、精确的范围选取能够提高工作效率并有助于提高图像编辑质量，创作出生动活泼的艺术作品。在 Photoshop 中不管是执行滤镜、色彩或色调的高级功能，还是进行简单的复制、粘贴与删除等编辑操作，都与当前的选取范围有关，即图像操作只对选取范围以内的区域才有效，而对选取范围以外的图像区域不起作用。因此，编辑图像时必须选定要执行功能的区域范围，才能有效地进行编辑。范围选取的方法有很多种，可以使用工具箱中的工具，也可以使用菜单命令，还可以通过图层、通道、路径来选取范围。

8.2.1 选框工具

选框工具包括矩形、椭圆、单行、单列选框工具，如图 8-5 所示。按 Shift+M 组合键可以在矩形和圆之间切换。选择工具，然后在页面上直接拖动操作即可绘制选框。如果按 Shift 键则可以画正方形或者正圆；如果按 Alt 键可以从中心点绘制矩形或者圆；如果按 ALT+Shift 组合键则可以从中心点绘制正方形或者正圆的选框。如果想取消选框工具，则选择【选择/取消选区】或者按 Ctrl+D 组合键。按 Alt+Delete 组合键可填充前景色，按 Ctrl+Delete 组合键可填充背景色。

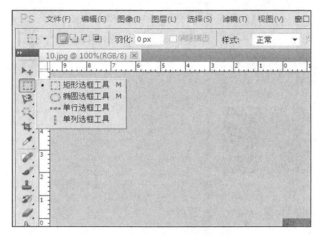

图 8-5　选框工具

选框工具的相关属性如下。

新选区：创建一个新的选区，第二个选区会自动替换上一个选区。

添加到选区：多个选区不相交时同时存在；相交时，两个选区融合为一个选区。

从选区中减去：多个选区不相交，保留第一个选区；相交时，相交区域被删除。

与选区交叉：多个选区不相交，无法生成选区；相交时，相交区域被保留。

正常：是默认的选择方式，也是最常用的方式，可以选择不同大小、形状的长方形和椭圆。

约束长宽比：可以设定选区的宽和高的比例。默认 1：1，可绘制正方形或正圆。若设置宽和高比例为 2：1 时，绘制的矩形选区的宽是高的两倍，椭圆选区的长轴是短轴的两倍。

固定大小：可以设定固定尺寸的选区范围。尺寸由宽度和高度文本框中输入的数值决定。此时在图像中单击即可获得选区范围，并且该选区范围的大小是固定不变的。

　　　　工具属性栏中的属性设置适用于矩形选框和椭圆选框工具。

调整边缘：用于对选区做平滑，羽化，锐化等调整及扩张或收缩选区，如图 8-6 所示。

8.2.2 套索工具

套索工具是一种常用的范围选取工具，工具箱中包含了 3 种类型的套索工具：曲线套索工具、多边形套索工具和磁性套索工具。

1. 曲线套索工具

使用套索工具，可以选取不规则形状的曲线区域。也可以设定消除锯齿和羽化边缘的功能。

在用套索工具拖动选取时，如果按住 Delete 键不放，则可以使曲线逐渐变直，到最后可删除当前所选内容，按 Delete 键时最好停止用鼠标拖动。在未放开鼠标键之前，若按 Esc 键，则可以直接取消刚才的选定。

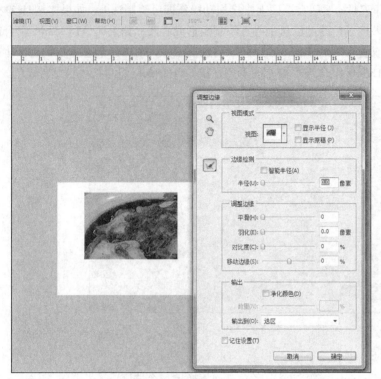

微课：调整图片
边缘

图 8-6 调整边缘

2. 多边形套索工具

使用多边形套索工具可以选择不规则形状的多边形，如三角形、梯形和五角星等区域。

若在选取时按 Shift 键，则可按水平、垂直或 45 度角的方向选取线段。在使用多边形套索工具选取时，若按 Alt 键，则可切换为磁性套索工具的功能，而在选用曲线套索工具时，按下 Alt 键可以切换为多边形套索工具的功能。在用多边形套索工具拖动选取时，若按 Delete 键，则可删除最近选取的线段；若按住 Delete 键不放，则可删除所有选取的线段；如果按 Esc 键，则取消选择操作。

3. 磁性套索工具

磁性套索工具是一个新型的、具有选取功能的套索工具。该工具具有方便、准确、快速选取的特点，是任何一个选框工具和其他套索工具无法相比的。

若在选取时按 Esc 键或 Ctrl+ . 组合键，则可取消当前选定。

磁性套索工具的基本属性如下。

羽化：可以设定选取范围的羽化功能。设定了羽化值后，在选取范围的边缘部分，会产生晕开的柔和效果。其值在 0～250 像素。

Anti-aliased（消除锯齿）：设定所选取范围是否具备消除锯齿的功能。选中后，这时进行填充或删除选取范围中的图像，都不会出现锯齿，从而使边缘较为平顺。

Width（宽度）：此选项用于设置磁性套索工具在选取时，指定检测的边缘宽度，其值在 1～40 像素，值越小检测越精确。

Frequency（频率）：用于设置选取时的定点数。

Edge Contrast（边对比度）：用于设定选取时的边缘反差（范围 1%～100%）。值越大反差越大，选取的范围越精确。

Pen Pressure（光笔）：用于设定绘图板的光笔压力。该选项只有安装了绘图板及其驱动程序时才有效。在某些工具中还可以设定大小、颜色及不透明度。这些光笔压力选项会影响磁性套索、磁性钢笔、铅笔、画笔、喷枪、橡皮擦、橡皮图章、图案图章、历史记录画笔、涂抹、模糊、锐化、减淡、加深和海绵等工具。

套索工具的属性如下。

羽化：用于设定选区的羽化功能，使选区边缘得到软化效果。其值在 0～1000px，如图 8-7 所示。

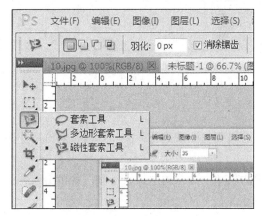

微课：套索工具
的使用

图 8-7　套索工具

消除锯齿：用于设定消除选区边缘的锯齿。用于使选区边缘平滑，不出现锯齿，如图 8-8 所示。

宽度：用于设定探查的边缘宽度，其值在 1～256 像素。数值越大探查的范围越大，数值越小探查范围越精确。

对比度：用于设定套索的敏感度，其值在 1%～100%。数值越大，选区范围越精确。

频率：用于设置选取时的定点数，数值越大定点越多，固定选区边框越快。

图 8-8　羽化功能

8.2.3　魔棒与快速选择工具

魔棒工具的主要功能是在进行选取时，能够选择出颜色相同或相近的区域。基本属性如下。

容差：容差数值（0～255）决定选区范围。值越小，选取的颜色越相近，选区范围越小。

消除锯齿：将选定区域消除锯齿。

应用于所有图层：该复选框用于具有多个图层的图像。未选中它时，魔棒只对当前选中的层起作用，若选中它则对所有层起作用，即可以选区所有层中相近的颜色区域。

邻近的选择：可选择图像中相邻区域的相同像素；未选择时，可选择图像中符合该像素要求的所有区域中的相同像素。

反向选择：在选区上右键单击，选择【反向】，或使用 Ctrl+Shift+I 组合键。

快速选择工具：其应用于所有图层，用此工具可以一边预览一边调整图像。

魔棒与快速选择工具如图 8-9 所示。

图 8-9　魔棒与快速选择工具

8.2.4　调整图像

按照实际的规划和设计方案，有时候要对图像进行调整与修改，可选择【图像】→【图像大小】来实现，基本属性如下。

图像大小：可以显示和修改图像的尺寸、图像的文件大小和图像的分辨率。图像尺寸包括图像的宽度和高度（像素尺寸和文档尺寸）。

修改图像尺寸大小与修改图像分辨率，有显示上的区别。

修改图像尺寸：图像的尺寸改变，图像的文件大小改变，但图像分辨率不会改变。

修改图像分辨率：图像的尺寸、文件大小及分辨率都会被改变。

画布大小：画布是指绘制和编辑图像的工作区域。画布大小可以显示和修改图像编辑区域的尺寸大小和新建画布的尺寸大小；调整画布大小可以在图像四边增加空白区域，或者裁剪多余的图像边缘，如图 8-10 所示。

微课：调整画布
大小

图 8-10　调整画布

8.2.5　调整变形、旋转和翻转

在【编辑】菜单的【变换】中可以对图像进行变形、旋转和翻转等操作，以实现具体的效果，如图 8-11 所示，基本属性如下。

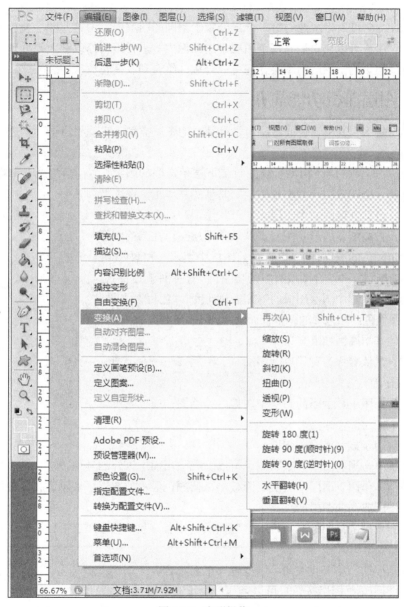

图 8-11　变形操作

缩放、旋转：用于缩放图像大小和旋转图像，相当于自由变换。

斜切：基于选定点的对称点位置不变的情况下，对图像的变形。其只在原图水平方向和垂直方向进行变形，组合键为 Ctrl+Shift+鼠标拖动。

扭曲：可以对图像进行任何角度的变形，组合键为 Ctrl+鼠标拖动。

透视：可以对图像进行"梯形"或"顶端对齐三角形"的变化。

变形：把图像边缘变为路径，对图像进行调整。矩形空白点为锚点，实心圆点为控制柄。

8.3　图层及其应用

Photoshop CS6 可以将图像的每一个部分置于不同的图层中，由这些图层叠放在一起形成完整的图像效果，用户可以独立地对每个图层中的图像内容进行编辑修改和效果处理等操作，而对其他图层没有任何影响，图层与图层之间可以合成、组合和改变叠放次序。

8.3.1　图层面板功能简介

图层的类型较多，其中"普通图层"是最基本的图层类型，它就相当于一张透明纸如图 8-12 所示。

"背景图层"即背景层，相当于绘图时最下层不透明的画纸，一幅图像只能有一个背景层。"文本图层"是使用文本工具在图像中创建文字后，自动创建的文本图层。"形状图层"是使用形状工具绘制形状后，自动创建的形状图层。"填充图层"可在当前图像文件中新建指定颜色的图层，即可以在当前图层中填入一种颜色(纯色或渐变色）或图案，并结合图层蒙版的功能，产生一种遮盖特效。"调整图层"可以调整单个图层图像的"亮度/对比度""色相/饱和度"等，用于控制图像色调和色彩的调整，而使原图不受影响。

图层面板的基本属性如下。

图层名称：默认名称为背景层、图层 1、图层 2……右击图层名称可重命名图层。

图层缩略图：用于显示当前图层中图像的缩略图，通过它可以迅速辨识每一个图层。

图 8-12　图层

眼睛图标：用于显示或隐藏图层。

按住 Alt 键单击当前图层的眼睛图标可以隐藏除当前层以外的其他图层。再次单击可以恢复全部显示。当前（作用）图层即在图层面板中以蓝颜色显示的图层，表示其正在被用户修改，所以称之为作用图层或当前图层。

图层链接：出现链条图标时，表示这些图层链接在一起，链接图层可以同时进行移动、旋转和变换等操作。

创建图层组按钮：单击此按钮可以创建一个新集合。

创建填充图层/调整图层按钮：可以创建一个填充图层或者调整图层。

创建新图层按钮：可以建立一个新图层。将现有图层拖到此按钮可以复制当前图层。

删除当前图层按钮：可以将当前图层删除，用鼠标拖动图层至该按钮上也可以删除图层。

添加图层蒙版按钮：可以给当前图层建立一个图层蒙版。

添加图层效果按钮：可以给当前图层添加图层效果。

不透明度：用于设置图层的不透明度，应用于所有图层。

色彩混合模式：可以选择不同色彩混合模式来决定两个图层叠合在一起的效果。

锁定：在此选项组中指定要锁定的图层内容。

锁定图层透明区域：可以将当前图层保护起来，不受任何填充、描边及其他绘图操作的影响。

锁定图层：不能够对锁定的图层进行移动、旋转、翻转和自由变换等编辑操作。

锁定位置：不能对锁定的图像进行位置的移动。

锁定全部：将完全锁定这一图层，此时任何绘图操作、编辑操作（包括删除图像、色彩混合模式、不透明度、滤镜功能和色彩、色调调整等功能）均不能在这一图层上使用， 而只能够在图层面板中调整这一层的叠放次序。

8.3.2 图层样式与图层混合模式

图层样式是应用于一个图层或图层组的一种或多种效果。单击【图层】中的【图层样式】即可实现，如图 8-13 所示。应用图层样式十分简单，可以为包括普通图层、文本图层和形状图层在内的任何种类的图层应用图层样式。将某一个新样式应用到一个已应用了样式的图层中时，则新样式中的效果将替代原有样式中的效果。而如果按 Shift 键将新模式拖动至已应用了样式的图层中，则可将新样式中的效果加到图层中，并保留原有样式的效果。

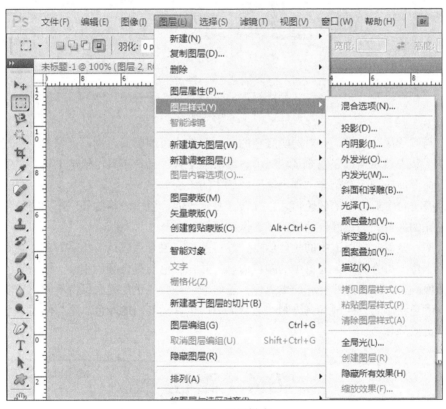

图 8-13 图层样式

混合图层如图 8-14 所示，基本属性如下。

正常：为 PS 默认模式，新绘制的颜色会覆盖原有的底色，当色彩是半透明时才会透出底部的颜色。

溶解：结果颜色将随机地取代具有底色或混合颜色的像素，取代程度取决于像素位置的不透明度。

背后：只能用于透明底色的图层，仅在图层的透明部分编辑或绘画。此模式仅在取消了"锁定透明区域"的图层中使用，类似于在透明纸的透明区域背面绘画。

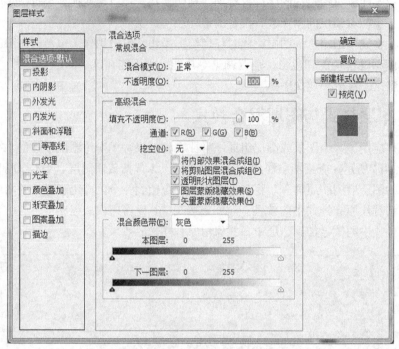

图 8-14　混合图层

清除：与"背后"一样，只对透明底色的图层有效，可编辑或绘制每个像素，使其透明。此模式可用于形状工具（当选定填充区域时）、油漆桶工具、画笔工具、铅笔工具、"填充"命令和"描边"命令。应用于未选择"锁定透明区域"的图层。

变暗：查看每个通道中的颜色信息，并选择基色或混合色中较暗的颜色作为结果色。它将替换比混合色亮的像素，而比混合色暗的像素保持不变。

正片叠底：查看每个通道中的颜色信息，并将基色与混合色进行（相乘）正片叠底，用于完全融合两个图像。可查看每个通道中的颜色信息，并将底色与混合颜色相乘，结果颜色总是较暗的颜色。任何颜色与黑色正片叠底产生黑色，任何颜色与白色正片叠底保持不变。当使用黑色或白色以外的颜色绘画时，绘画工具绘制的连续描边产生逐渐变暗的颜色。这与使用多个标记笔在图像上绘图的效果相似。

8.4　路径

图像有两种基本的构成方式：一种是矢量图像；另一种是位图图像。对于矢量图像来说，路径和点是它的二要素。路径指矢量对象的线条，点则是确定路径的基准。在矢量图像的绘制中，图像中每个点和点之间的路径都是通过计算自动生成的。在矢量图像中记录的是图像中每个位置的坐标以及这些坐标间的相互关系。与矢量图像不同，位图图像中记录的是像素的信息，整个位图图像是由像素矩阵构成的。位图图像不用记录烦琐复杂的矢量信息，而以每个点为图像单元的方式真实地表现自然界中的任何画面，因此通常用位图来制作和处理照片等需要逼真效果的图像。

在 Photoshop 中，路径功能是其矢量设计功能的充分体现。"路径"是指用户勾绘出来的由一系列点连接起来的线段或曲线。用户可以沿着这些线段或曲线填充颜色，或者进行描边，从而绘制出图像。

使用路径的功能，可以将一些不够精确的选区范围转换成路径后再进行编辑和微调，以完成一个精确的选区范围，此后再转换为选区范围使用。

使用路径中的 Clipping Path（剪贴路径）功能，可在将 Photoshop 的图像插入到其他图像软件或排版软件时，去除其路径之外的图像背景而成为透明，而路径之内的图像被贴入。一般使用钢笔工具来实现，如图 8-15 所示。

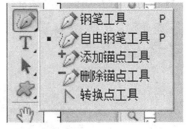

图 8-15　图径使用示例

1. 使用钢笔工具建立路径

钢笔工具是建立路径的基本工具，使用该工具可创建直线路径和曲线路径。注意：在单击确定锚点的位置时，若按住 Shift 键，则可按 45 度角水平或垂直的方向绘制路径。

在绘制路径线条时，可以配合该工具的工具栏进行操作。选中钢笔工具后，在工具栏上将显示如下有关钢笔工具的属性。

（1）建立形状图层。选择此按钮创建路径时，会在绘制出路径的同时，建立一个形状图层，即路径内的区域将被填入前景色。

（2）建立工作路径。选择此按钮创建路径时，只能绘制出工作路径，而不会同时创建一个形状图层。

（3）填充像素。选择此按钮时，直接在路径内的区域填入前景色。

（4）自动增加/删除。移动钢笔工具鼠标指针到已有路径上单击，可以增加一个锚点，而移动钢笔工具鼠标指针到路径的锚点上单击则可删除锚点。

2. 使用自由钢笔工具建立路径

自由钢笔工具的功能跟钢笔工具的功能基本一样，两者的主要区别在于建立路径的操作不同——自由钢笔工具不是通过建立锚点来建立勾划路径的，而是通过绘制曲线来勾划路径。

自由钢笔工具的工具栏比钢笔工具的工具栏多了一个 Magnetic 复选框。选中该复选框后，磁性钢笔工具被激活，表明此时的自由钢笔工具具有磁性。磁性钢笔工具的功能与磁性套索工具基本相同，也是根据选区边缘在指定宽度内的不同像素值的反差来确定路径，差别在于使用磁性钢笔工具生成的是路径，而不选区范围。效果如图 8-16 所示。

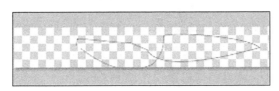

图 8-16　自由钢笔工具

8.5　蒙版的应用

蒙版与选区范围的功能是相同的，两者之间可以互相转换，但本质上有所区别。选区范围是一个透明无色的虚框，在图像中只能看出它的虚框形状，但不能看出经过羽化边缘后的选区范围效果。而蒙版则是以一个实实在在的形状出现在 Channels 面板中，可以对它进行修改和编辑，然后转换为选区范围应用到图像中，如图 8-17 所示。

微课：蒙版的
使用

图 8-17　蒙版的使用

快速蒙版功能可以快速地将一个选区范围变成一个蒙版，然后对这个快速蒙版进行修改或编辑，以完成精确的选区范围，此后再转换为选区范围使用。注意：从快速蒙版模式切换到标准模式时，Photoshop 会将颜色灰度值大于 50%的像素转换成被遮盖区域，而小于或等于 50%的像素转换为选区范围。